FLÜGGE · THEORETISCHE PHYSIK I

LEHRBUCH
DER THEORETISCHEN PHYSIK

VON

DR. PHIL. SIEGFRIED FLÜGGE
ORDENTLICHER PROFESSOR AN DER
UNIVERSITÄT MARBURG / LAHN

IN FÜNF BÄNDEN

BAND I · EINFÜHRUNG

ELEMENTARE MECHANIK UND KONTINUUMSPHYSIK

MIT 47 ABBILDUNGEN

SPRINGER-VERLAG BERLIN HEIDELBERG GMBH

ISBN 978-3-642-49427-7 ISBN 978-3-642-49706-3 (eBook)
DOI 10.1007/978-3-642-49706-3

Ursprünglich erschienen bei Springer-Verlag OHG. Berlin · Göttingen · Heidelberg 1961

Softcover reprint of the hardcover 1st edition 1961

Vorwort

Mit dem vorliegenden Einführungsbande übergebe ich den ersten Teil eines auf insgesamt fünf Bände bemessenen Unterrichtswerkes für theoretische Physik der Öffentlichkeit. Alle fünf Bände sind organisch herausgewachsen aus einer zwanzigjährigen Lehrtätigkeit an den Universitäten Berlin, Königsberg, Göttingen und vor allem Marburg.

Da die deutsche Literatur auf dem Gebiet solcher Lehrbücher eine beachtliche Tradition besitzt, innerhalb deren so hervorragende Werke wie die von PLANCK und SOMMERFELD bestehen — um nur die bedeutendsten Namen zu nennen, denen sich der Verfasser selbst zutiefst verpflichtet fühlt —, bedarf es einer etwas eingehenderen Begründung, wenn ein neuer Versuch unternommen wird.

Die Ursache ist im Grunde einfach. Die genannten Werke sind bei aller Schönheit im einzelnen wie in der Gesamtkonzeption, die ihre Benutzung auch heute noch zu einem Genuß machen können, aus einer Idee heraus geschrieben, die nicht mehr dem Bilde entspricht, das die Physik heute darbietet. Der tiefe Einschnitt, der die Physik *vor* Begründung der Quantenmechanik von der heutigen Physik *nach* Begründung der Quantenmechanik trennt, kommt im Aufbau dieser Werke noch nicht zum Ausdruck. Dort ist die Quantentheorie vielmehr ein Appendix an den in sich geschlossenen Bau der klassischen Physik; eben diese klassische Physik darzustellen, ist das Anliegen der Verfasser, und die klare Durchsichtigkeit, die innere Harmonie dieses Baues soll etwas von ihrer klassischen Ausgeglichenheit und in sich ruhenden Schönheit auf den Lernenden ausstrahlen. Dies Ziel kann in sehr verschiedenen Formen, je nach Temperament und Anlage des Verfassers angestrebt werden. In PLANCKs meisterhaft ausgewogenen fünf Bänden steht das Systematische und der physikalische Gedanke stärker im Vordergrund, während SOMMERFELD das bunte Bild der vielfältigen Einzelerscheinungen und die mathematische Methode stärker betont. Aber hinter diesem persönlichen Element steht bei beiden das gleiche Ziel, den Dom der klassischen Physik zu wölben und in ihm die Vollendung zu suchen.

Seit der Begründung der Quantenmechanik — also seit immerhin 35 Jahren — haben sich die Inhalte der Physik erweitert und verschoben. Der Unterricht muß daher eine seiner vornehmsten Aufgaben darin sehen, den Lernenden zu einem gründlichen Verständnis der

Quantenmechanik zu führen, die nicht nur zum Begreifen der geistigen Inhalte und der wichtigsten Objekte der modernen Physik unerläßlich ist, sondern ihm auch in deren Anwendung auf Schritt und Tritt begegnet. Dies ist gewiß ohne ein klassisches Fundament nicht möglich. Wohl aber muß die Darbietung dieses Fundaments erhebliche Kürzungen und Strukturänderungen erfahren, welche auch die klassischen Vorlesungen von Anfang an stärker auf den Fragenkreis richten, dem alles zustrebt.

Im ganzen ist natürlich keineswegs zu bestreiten, daß der Unterricht in der theoretischen Physik die Kräfte des Studenten (und auch des Dozenten) stärker beansprucht als vor dreißig Jahren. Da wir weder die Belastungsgrenze des menschlichen Gehirns nach Wunsch ausweiten noch die Dauer des Studiums beliebig verlängern können, zwingt das zu Abstrichen an anderer Stelle. Dem Verfasser will es manchmal scheinen, als sei hier von einer Reform der Laboratoriumsausbildung der künftigen Physiker manches zu hoffen. Vor hundert Jahren war es ein großer Fortschritt, als es an einigen preußischen Universitäten gelang, Praktika in den Unterricht einzubauen und einer am Mathematischen orientierten einseitigen Ausbildung dort die fehlende Ergänzung zu geben. Neigen wir nicht heute umgekehrt vielleicht zu einer Überschätzung der praktischen Ausbildung im Experimentieren und vergessen darüber ein wenig die geistigen Inhalte unserer Wissenschaft? Tritt wohl in der Art, wie unsere Praktika aufgebaut sind, der Gedanke, aus dem heraus ein bestimmtes Experiment erwächst, und der Gedanke, der die Bedeutung seiner Ergebnisse abschätzt, immer ganz mit dem nötigen Gewicht hervor?

Wie dem auch sei, der Weg durch die theoretische Physik ist mühevoller und notwendig länger geworden. Soll er nicht später als ehedem enden, so muß er zeitiger beginnen. Hier stoßen wir hart gegen eine andere Tatsache: Den ersten Semestern fehlt das mathematische Rüstzeug. Es ist das gute Recht des Mathematikers, einige Semester Zeit zu dessen systematischem Aufbau zu fordern; aber es ist dem Physiker heute nicht mehr wie ehedem möglich, darauf zu warten. Ein Stück Selbsthilfe — wie unbefriedigend sie auch immer sein mag — wird sich hier nicht vermeiden lassen; gerade in den Einführungsvorlesungen wird der theoretische Physiker manche Abschnitte aus der Mathematik selbst zu entwickeln haben. Daß die wissenschaftliche Moral des Physikers dabei eine andere ist als die des Mathematikers, hat H. A. KRAMERS in klassischer Weise formuliert[1]; schaden dürfte es keinem Studenten, wenn er diese Seite der Mathematik, die der Physiker schätzt und liebt, früher dargeboten bekommt als die strenge Schönheit der rein mathematischen Theorie.

---

[1] H. A. KRAMERS: Die Grundlagen der Quantentheorie, Leipzig 1937, zweiter Absatz des Vorworts.

Der erste, einführende Band des vorliegenden Werkes gibt mit geringen Erweiterungen den Inhalt eines zweistündigen Marburger Kurses wieder, dessen erste Hälfte (elementare Mechanik) normalerweise im dritten, dessen zweite Hälfte (Kontinuumsphysik) im vierten Semester gehört wird, und der im ganzen etwa den Prüfungsstoff in theoretischer Physik für die Marburger physikalische Vordiplomprüfung enthält. Hier wird versucht, ehe der systematische Aufbau der Theorie beginnt, eine der Vorbildung und Entwicklungsstufe der Hörer angepaßte Einführung zu geben, bei der an einfachen und überschaubaren Problemen die merkwürdige Verflechtung von Natur und Mathematik vorgeführt wird, deren Erfassung für den Lernenden offenbar immer die größte Schwierigkeit bietet. In diesem Sinne könnte man den Band als Propädeutik der theoretischen Physik bezeichnen, wäre nicht mit einem solchen Ausdruck der Gedanke an eine Vorstufe viel niedrigeren Niveaus verbunden.

Zwei didaktische Notwendigkeiten haben bei diesem Bande mitgewirkt.

Erstens mußte das Dilemma der mathematischen Vorbildung gelöst werden. Daher ist der Anteil, den die Entwicklung mathematischer Bauelemente in diesem Bande einnimmt, relativ groß: Aus der Theorie der gewöhnlichen und partiellen Differentialgleichungen, der Theorie spezieller Funktionen und der Vektoranalysis ist ein bunter Strauß zusammengebunden, der, so unsystematisch er ist, nach allen Erfahrungen des Verfassers dem Studenten später die Konzentration auf das eigentlich Physikalische sehr erleichtert. Der Kern der Maxwellschen Theorie tritt z. B. später viel klarer hervor, wenn die Vorlesung über Elektrodynamik nicht zu wesentlichen Teilen eine solche über Vektoranalysis werden muß, und in der Quantenmechanik rücken die Akzente auf das Wesentliche, wenn Eigenwertprobleme von Schwingungsgleichungen schon in der klassischen Physik von jeher behandelt worden sind.

Zweitens scheint dem Verfasser der allzu systematische Aufbau der theoretischen Physik im Unterricht, wie er ihn selbst als Student und junger Assistent erlebt hat, einen didaktischen Mangel zu besitzen. Das normale Mechanikkolleg z. B. umfaßt sowohl die elementaren Probleme, welche etwa auf den ersten 90 Seiten des vorliegenden Bandes dargestellt sind, als auch — im gleichen Semester! — die abstrakte Theorie bis hin zu den Poissonklammern und der Hamilton-Jacobischen partiellen Differentialgleichung. Diese Gegenstände sind in ihrem Schwierigkeitsgrad so von einander verschieden, daß kein Student aus beiden Teilen eines solchen Semesters gleichen Nutzen zu ziehen vermag; entweder langweilt er sich bei der ersten Hälfte, oder er kann bei der zweiten nicht mehr folgen. Auch aus diesem Grunde glaubt der Verfasser, den vorliegenden Einführungskurs dem systematischen Aufbau der Theorie vorausschicken zu sollen. So wie er die späteren Vorlesungen vom Aufbau mathematischer Hilfsmittel entlastet, so entlastet er die Systematik auch von den einfacheren Problemen und kann damit in den folgenden Semestern (und Bänden) Raum schaffen zu einer anderen Setzung der Akzente.

Marburg, im März 1961 Der Verfasser

Inhaltsverzeichnis

Erster Teil

Einführung in die elementare Mechanik

I. Statik

§ 1. Der Kraftbegriff

Alle physikalischen Begriffe entspringen dem Bereich der sinnlichen Wahrnehmung und Erfahrung. Dem Ausgangspunkt solcher Begriffe kann daher die mangelnde Definitionsschärfe des täglichen Lebens sehr wohl anhaften. Die nötige Schärfe wird erst in dem Augenblick erreicht, in welchem durch Angabe einer Meßvorschrift quantitative Angaben ermöglicht werden. Kann man für einen Begriff mehrere Meßvorschriften geben, die zum gleichen Resultat führen, so ist in dieser Übereinstimmung ein Naturgesetz enthalten. Seine Gültigkeit reicht genau soweit wie die Übereinstimmung der Meßresultate nach den beiden Vorschriften. Durch immer neue Abwandlung der Bedingungen wird der Bereich abgesteckt, innerhalb dessen das Gesetz gilt und außerhalb dessen es versagt. Jedes auf diesem Wege gefundene Versagen bedeutet, daß das Gesetz noch unvollständig formuliert war, d.h., daß eine stillschweigende Voraussetzung darin enthalten war, deren ausdrückliche Formulierung notwendig ist. Wird sie klar formuliert in das Gesetz eingefügt, so erweitert sich dessen Gültigkeitsbereich.

Ein physikalischer Begriff, der diese Entwicklung sehr deutlich macht, ist der Begriff der Kraft, der deshalb hier an die Spitze gestellt sei. Sein Ursprung geht letzten Endes auf die physiologische Erfahrung zurück, auf die Muskelkraft, die Tier oder Mensch aufwenden muß, um Bewegungen hervorzurufen oder zu hindern. Jedermann hat ein deutliches Gefühl für die Größe der Anstrengung, die er dabei zu leisten hat: sie gibt dem Gefühl einen rohen Anhalt für die Größe der Kraft, jedoch keine quantitative und objektivierbare Möglichkeit der Kraftmessung. Man weiß auch, daß die Kraft nicht nur eine bestimmte Größe, sondern auch stets eine bestimmte Richtung hat, in welcher sie an dem zu bewegenden Gegenstand angreift.

Ist es also jedermann qualitativ klar, was mit einer Kraft gemeint ist, so entsteht nach dem eingangs dargelegten Programm für den Physiker als erstes die Aufgabe, eine quantitative Meßvorschrift anzugeben. Hierzu nun ist die Physik zwei Wege gegangen, den statischen und den dynamischen. Die Übereinstimmung der Resultate beider Vorschriften umschließt ein Naturgesetz: Es ist die Newtonsche Grundgleichung, auf der sich das Gebäude der klassischen Mechanik erhebt.

Wir beginnen hier mit dem *statischen Kraftbegriff*. Die einfachste Art, Kräfte zu realisieren, welche an ruhenden Körpern angreifen, beruht darauf, daß jedes Gewicht eine senkrecht nach unten wirkende Kraft darstellt, und daß Kräfte in Seilen als Spannung fortgeleitet werden können. Diese letzte Erfahrung ermöglicht die Umlenkung eines in der Vertikalen wirkenden Gewichtes in jede beliebige Richtung. Kräfte besitzen also einen *Betrag*, der durch das bei ihrer Realisierung verwendete Gewicht repräsentiert wird, und sie besitzen eine *Richtung*, in der sie an einem Körper angreifen. Schließlich existiert ein *Angriffspunkt* der Kraft am Körper, der z.B. durch die Stelle realisiert werden kann, an welcher das übertragende Seil am Körper befestigt ist.

Der *Betrag* der Kraft läßt sich auf verschiedene Weise in die Physik einführen. Wir können ihn aus dem Begriff der Masse ableiten, doch ist dieser Weg in der Dynamik beheimatet. Wir können ihn auch als primären Begriff zugrundelegen, was eher dem Standpunkt der Statik entspricht. Wir wählen hier zunächst diesen zweiten Weg, kommen aber später in der Dynamik (§§ 6 und 7a) auf den ersten zurück. Als nächstes brauchen wir eine Meßvorschrift. Eine statische Methode hierzu benutzt das Gleichgewicht einer Waage, die beidseitig durch die gleichen Kräfte belastet wird. Wir werden weiter unten sehen, daß hierbei der abgeleitete Begriff des Moments benutzt wird. Als Einheit dient das Kilogramm, das entweder als das Gewicht eines Liters Wasser unter thermodynamischen Normalbedingungen oder als Gewicht des kilogramme prototype in Paris definiert werden kann. Dann können Vielfache dieses Grundgewichtes durch Herstellen und Hinzufügen von Kopien, und Bruchteile durch Herstellen von untereinander gleichen Gewichten, die zusammen 1 kg wiegen, gewonnen werden. Auf diese Weise kann mit einer nur durch technische Grenzen bedingten Genauigkeit jede Kraft durch Wägung gemessen werden.

Die *Richtung* der Kraft gibt dieser ihren vektoriellen Charakter. Man muß aber stets beachten, daß nicht jede gerichtete Größe ein Vektor ist. Diesen Charakter erhält sie erst durch die Möglichkeit der Komponentenzerlegung bzw. ihrer Zusammensetzung aus Komponenten nach der *Parallelogrammregel*. Es ist eine weitere empirische Erfahrung, daß sich Kräfte, die im gleichen Punkte eines Körpers angreifen, nach der Parallelogrammregel zusammensetzen und in Komponenten nach vorgegebenen Richtungen zerlegen lassen. Erst auf Grund dieser Erfahrung sind wir berechtigt, Kräfte als Vektoren zu betrachten.

Diese Aussagen sind keineswegs trivial; denn wir kennen in der Geometrie gerichtete Größen, welche keine Vektoren sind. Ein bekanntes Beispiel sind die endlichen Raumdrehungen, welche eine Richtung (die Drehachse) und einen Betrag (den Drehwinkel) besitzen. Hier gilt nicht nur nicht die Parallelogrammregel, sondern die beiden Größen sind nicht einmal kommutativ verknüpft, wie man sofort erkennt, wenn man ein rechtwinkliges Achsenkreuz nacheinander zweimal um 90° um zwei zueinander senkrechte Achsen dreht. Fig. 1 zeigt in der oberen Reihe die Drehung des Achsenkreuzes, wenn man zuerst die (links definierte) Drehung R, danach die Drehung S anwendet, während sie in der unteren Reihe das völlig andere Ergebnis wiedergibt, das sich bei umgekehrter Reihenfolge einstellt.

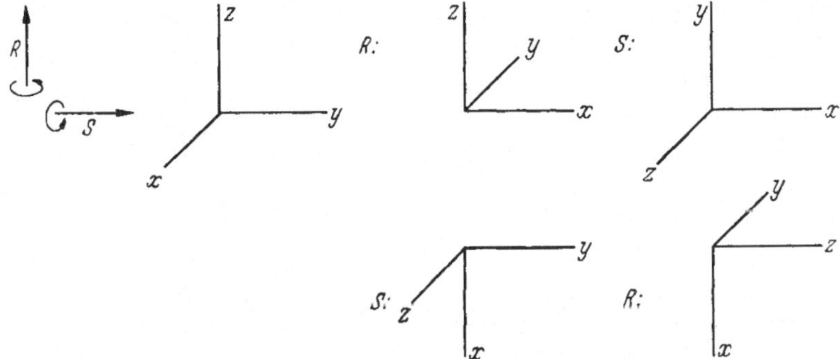

Fig. 1. Nichtvertauschbarkeit von Drehungen. R und S bezeichnen Drehungen um 90° um zwei zueinander senkrechte Achsen. In der oberen Zeile ist zuerst die Drehung R, dann S an dem gezeichneten Achsenkreuz vorgenommen, in der unteren Zeile umgekehrt

In der analytischen Geometrie definiert man einen Vektor gewöhnlich durch seine Transformationseigenschaften bei einer Drehung des rechtwinkligen Achsenkreuzes. Es ist wichtig, sich klar zu machen, daß diese Definition äquivalent zu derjenigen mit Hilfe der Parallelogrammregel ist. Die Zerlegung des Vektors ergibt eindeutig seine Komponenten in den Richtungen x, y, z; die Komponenten in den Richtungen x', y', z' eines gedrehten Achsenkreuzes folgen, indem man jede der drei ungestrichenen Komponenten gemäß der Parallelogrammregel nach den neuen Richtungen zerlegt.

Mehrere Kräfte, welche den gleichen *Angriffspunkt* haben, können nach der Parallelogrammregel für die Wirkungen, welche sie an einem Körper hervorrufen, durch ihre Resultierende ersetzt werden. Wie aber, wenn zwei Kräfte in verschiedenen Punkten des Körpers angreifen? Hier sind zwei Fälle zu unterscheiden je nachdem, ob die Wirkungslinien der beiden Kräfte sich in einem Punkte schneiden oder nicht.

Schneiden sich die beiden Wirkungslinien, so kann man für das Verhalten des Körpers oft so verfahren, als ob beide Kräfte im Schnittpunkt angriffen. Der Fehler, den man dabei begeht, besteht lediglich in der Nichtbeachtung innerer Spannungszustände des Körpers; solange wir diese ausschließen und uns lediglich für die Lagebeziehungen am starren Körper interessieren, können wir daher Kräfte als „*linienflüchtig*" ansehen, d. h. ihren Angriffspunkt (innerhalb des Körpers) beliebig längs ihrer Wirkungslinie verschieben. Am deutlichsten zeigt das der einfache Sonderfall zweier entgegengesetzt gleicher Kräfte, die einander das Gleichgewicht halten (Fig. 2). Zwischen den Angriffspunkten A und B erfährt der Körper eine Zugspannung, die nicht aufträte, wenn beide Kräfte in A oder beide in B oder in noch einem anderen Punkte ihrer gemeinsamen Wirkungslinie angriffen.

Auch wenn sich die Wirkungslinien der beiden Kräfte nicht in einem Punkte schneiden, gilt das Prinzip der Linienflüchtigkeit, solange wir uns für die inneren Spannungszustände des Körpers nicht interessieren. Nur scheint uns das Prinzip jetzt für die Zusammensetzung wenig zu nützen. Wir unterscheiden hier nun wieder zwei Fälle ohne Schnittpunkt: Die Kräfte sind entweder parallel (in zwei oder drei Dimensionen) oder windschief (nur in drei Dimensionen).

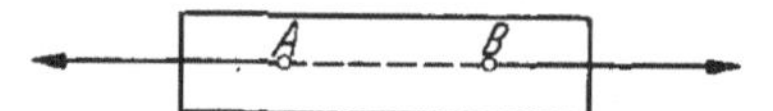

Fig. 2. Linienflüchtigkeit der Kräfte: Gleichgewicht zweier entgegengesetzt gleicher Kräfte, die in derselben Linie angreifen

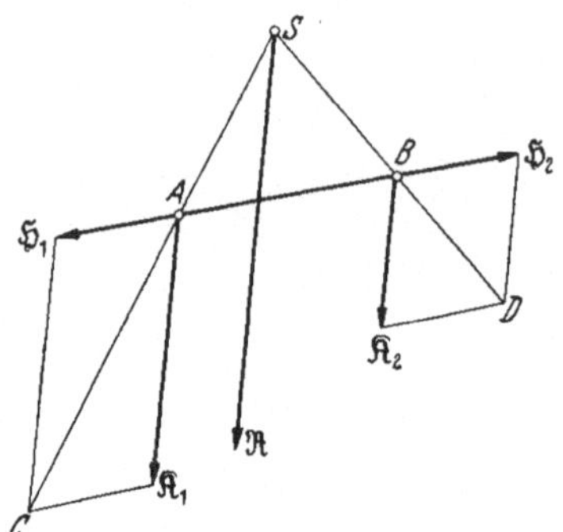

Fig. 3. Resultierende $\mathfrak{R}$ zweier paralleler Kräfte $\mathfrak{K}_1$ und $\mathfrak{K}_2$

Die Zusammensetzung zweier *paralleler Kräfte* gelingt durch einen einfachen Trick ohne physikalisch wesentlich Neues zu lehren. Um die parallelen Kräfte $\mathfrak{K}_1$ und $\mathfrak{K}_2$ (Fig. 3) zusammenzusetzen, zeichnen wir längs einer beide Kräfte beliebig schneidenden Linie AB die Hilfskräfte $\mathfrak{H}_1$ und $\mathfrak{H}_2$ ein, die sich gegenseitig gerade aufheben, durch deren Hinzufügung sich daher auch (außer inneren Spannungen) physikalisch nichts ändert. Sodann setzen wir zuerst $\mathfrak{K}_1$ und $\mathfrak{H}_1$ zu einer Resultierenden $\overrightarrow{AC}$, und $\mathfrak{K}_2$ und $\mathfrak{H}_2$ zu einer Resultierenden $\overrightarrow{BD}$ zusammen. Diese beiden Teilresultierenden sind nicht mehr parallel zueinander und schneiden sich daher in einem Punkte S, durch welchen ihre Resultierende $\mathfrak{R}$ hindurchgehen muß, die gleichzeitig die Resultierende von $\mathfrak{K}_1$ und $\mathfrak{K}_2$ ist. Mit dieser Auffindung des Angriffspunktes S der Resultierenden ist die Aufgabe gelöst; denn die Richtung von $\mathfrak{R}$ ist natürlich die gleiche wie die von $\mathfrak{K}_1$ und $\mathfrak{K}_2$ und ihr Betrag gleich der algebraischen Summe der beiden.

Physikalisch interessanter ist die Zusammensetzung zweier *windschiefer Kräfte*. Hier reichen unsere bisherigen Begriffsbildungen nicht mehr aus; das System enthält eine zusätzliche Eigenschaft, die in der Angabe der Resultierenden allein nicht enthalten ist. Fig. 4 mag diese Lage veranschaulichen. Die beiden windschiefen Kräfte $\mathfrak{K}_1$ und $\mathfrak{K}_2$ sollen zusammengesetzt werden. Wir verbinden ihre Angriffspunkte A

und B; dann schieben wir $\mathfrak{K}_2$ parallel von B nach A hinüber ($\mathfrak{K}_2'$) und fügen außerdem in A noch die zu $\mathfrak{K}_2'$ entgegengesetzte, mit $-\mathfrak{K}_2'$ bezeichnete Kraft hinzu. Im ganzen haben wir dann also zu den Kräften $\mathfrak{K}_1$ und $\mathfrak{K}_2$ noch $\mathfrak{K}_2'$ und $-\mathfrak{K}_2'$ in A hinzugefügt, d.h. am ursprünglichen Zustand nichts verändert. Fassen wir nun statt $\mathfrak{K}_1$ und $\mathfrak{K}_2$, für die das nicht möglich ist, $\mathfrak{K}_1$ und $\mathfrak{K}_2'$ zur Resultierenden $\mathfrak{R}$ zusammen, so bleibt außer dieser durch A gehenden Resultierenden noch ein „Kräftepaar" übrig, das aus den entgegengesetzt gleichen, antiparallelen Kräften $\mathfrak{K}_2$ und $-\mathfrak{K}_2'$ besteht, deren Resultierende Null ist, das aber doch eine physikalische Wirkung auf den Körper hervorbringt: Es dreht ihn, in unserer Figur im Uhrzeigersinn. Hier tritt zum ersten Male deutlich die Zweiheit der Bewegungsmöglichkeiten eines starren Körpers in Erscheinung: die von Kräften herrührende Verschiebung (Translation) und die von Kräftepaaren herrührende Drehung (Rotation).

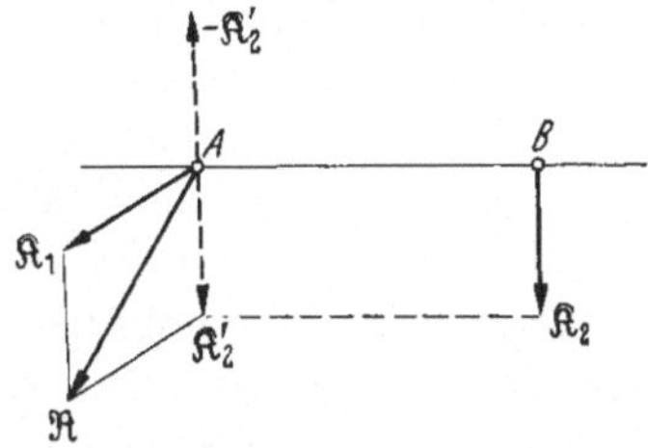

Fig. 4. Zusammensetzung zweier windschiefer Kräfte $\mathfrak{K}_1$ und $\mathfrak{K}_2$ zu einer resultierenden Kraft $\mathfrak{R}$ und einem Kräftepaar ($\mathfrak{K}_2$, $-\mathfrak{K}_2'$)

Die Wirkung, welche das Kräftepaar auf den Körper ausübt, bleibt die gleiche, wenn man jede der beiden Kräfte $\mathfrak{K}_2$ und $-\mathfrak{K}_2'$ beliebig in ihrer eigenen Wirkungslinie verschiebt. Daher hängt die Drehwirkung des Kräftepaares nur von drei Dingen ab: Von der Achse, um welche gedreht wird, und zu der die von $\mathfrak{K}_2$ und $-\mathfrak{K}_2'$ aufgespannte Ebene senkrecht steht, von dem Betrage von $\mathfrak{K}_2$ und von dem senkrechten Abstand der Wirkungslinien von $\mathfrak{K}_2$ und $-\mathfrak{K}_2'$ voneinander. Maßgebend für die Drehwirkung ist das Produkt der beiden letzteren, $K \cdot a$ (Fig. 5). Wir können sie daher durch das Vektorprodukt $\mathfrak{K} \times \mathfrak{r}$ beschreiben, da

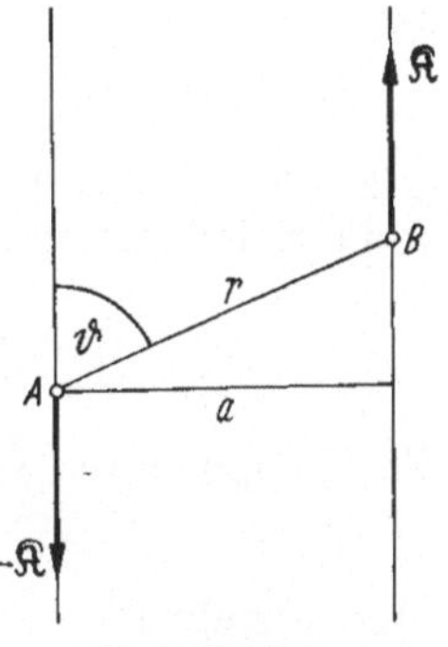

Fig. 5. Kräftepaar

$$|\mathfrak{K} \times \mathfrak{r}| = K \cdot r \cdot \sin\vartheta = K a$$

ist und die Richtung der Drehachse besitzt, welche durch A gehen möge. Wir bezeichnen diese Größe

$$\mathfrak{M} = \mathfrak{K} \times \mathfrak{r}$$

als statisches *Moment* oder Drehmoment des Kräftepaares, bzw. der Kraft $\mathfrak{K}$ in bezug auf den Drehpunkt A.

Mit den Begriffen von Kraft und Moment beherrschen wir nunmehr vollständig die Grundlagen der Statik starrer Körper.

§ 2. Die Gleichgewichtsbedingungen

Wir haben gesehen, daß die an einem starren Körper angreifenden Kräfte sich zu einer Resultierenden und restlichen Kräftepaaren zusammenfassen lassen. Zeichnen wir einen Punkt O des Körpers als Drehpunkt aus, so können wir senkrecht zur Ebene jedes Kräftepaares eine Drehachse durch O zeichnen und jedes Moment auf eine solche Achse beziehen. Die Summe aller so aus übriggebliebenen Kräftepaaren aufgebauten Momente kann sodann durch Vektoraddition gebildet werden und ergibt das Gesamtmoment um O. Mithin genügt die Angabe dieses resultierenden Moments neben der resultierenden Kraft, um alle Fragen etwaiger Bewegungen des starren Körpers zu beurteilen. Soll sich der Körper nicht bewegen — im Fall der Statik —, so muß sowohl die resultierende Kraft verschwinden, damit der Körper nicht in Richtung dieser Kraft verschoben wird, als auch das resultierende Moment in bezug auf jeden Punkt des Körpers, damit keine Drehung um diesen eintritt. Statt einer geometrischen Konstruktion bilden wir rechnerisch die resultierenden Größen. In welcher Linie die resultierende Kraft auch am Körper angreift, sicher wird sie durch einen Vektor

$$\mathfrak{K} = \sum_i \mathfrak{K}_i \tag{1}$$

gegeben. Vektoren $\mathfrak{K}_i$ mit den Komponenten X_i, Y_i, Z_i werden aber addiert, indem man ihre Komponenten addiert; daher sind

$$X = \sum_i X_i; \quad Y = \sum_i Y_i; \quad Z = \sum_i Z_i \tag{2}$$

die Komponenten von $\mathfrak{K}$. Gleichgewicht des Körpers erfordert

$$\mathfrak{K} = 0, \tag{3}$$

oder ausführlich:

$$\sum_i X_i = 0; \quad \sum_i Y_i = 0; \quad \sum_i Z_i = 0. \tag{G1}$$

Sind die Kräfte nicht windschief, sondern gehen alle durch einen Punkt, so ist dies Gleichungssystem schon ausreichend, damit Gleichgewicht besteht. Bleiben Kräftepaare übrig, so tritt die Bedingung hinzu, daß auch die Momentensumme

$$\mathfrak{M} = \sum_i \mathfrak{M}_i = \sum_i (\mathfrak{K}_i \times \mathfrak{r}_i) \tag{4}$$

verschwinden muß. Dabei bedeuten die $\mathfrak{r}_i$ die Ortsvektoren der Angriffspunkte von $\mathfrak{K}_i$, alle von einem einzigen Punkte O aus gemessen. Ist

$$\sum_i (\mathfrak{K}_i \times \mathfrak{r}_i) = 0, \tag{5}$$

oder in Komponentenschreibweise

$$\sum_i (Y_i z_i - Z_i y_i) = 0; \quad \sum_i (Z_i x_i - X_i z_i) = 0; \quad \sum_i (X_i y_i - Y_i x_i) = 0, \tag{G2}$$

so besteht kein Drehmoment mehr um den Punkt O.

Zum Gleichgewicht ist nun aber erforderlich, daß um *keinen* Punkt des Körpers ein resultierendes Moment zurückbleibt. Es läßt sich leicht zeigen, daß dies keine zusätzlichen Bedingungen mehr nach sich zieht, wenn die sechs Bedingungen (G1) und (G2) bereits für *einen* Bezugspunkt O erfüllt sind. Hat nämlich ein anderer Momentenbezugspunkt O' im System zu O den Ortsvektor $\overrightarrow{OO'} = \mathfrak{r}_0$, so tritt zu (5) die analoge Bedingung

$$\sum_i (\mathfrak{K}_i \times \mathfrak{r}_i') = 0$$

mit

$$\mathfrak{r}_i' = \mathfrak{r}_i - \mathfrak{r}_0$$

hinzu, d.h.

$$\sum_i [(\mathfrak{K}_i \times \mathfrak{r}_i) - (\mathfrak{K}_i \times \mathfrak{r}_0)] = 0$$

oder

$$\sum_i (\mathfrak{K}_i \times \mathfrak{r}_i) - \left(\sum_i \mathfrak{K}_i\right) \times \mathfrak{r}_0 = 0.$$

Hierin verschwindet nun aber wegen (5) der erste und wegen (G1) der zweite Summand für beliebiges $\mathfrak{r}_0$, so daß diese Bedingung für *jeden* Punkt O' erfüllt ist, sofern sie für *einen* Punkt O zutrifft.

Es ist nicht schwer für das Gleichgewicht eines starren Körpers Beispiele aus der Technischen Mechanik in großer Zahl beizubringen. Ihr physikalischer Erkenntniswert ist oft gering; wir wollen uns deshalb auf wenige Anwendungen beschränken, die uns physikalisch Neues lehren können.

Betrachten wir einen beliebig geformten Körper unter dem Einfluß der Schwerkraft allein. Jedes Volumelement $d\tau$ des Körpers hat dann ein zu $d\tau$ proportionales Gewicht[1]. Das Gewicht der Volumeinheit (das von Ort zu Ort variieren kann) heißt spezifisches Gewicht σ; daher greift an jedem Volumelement senkrecht nach unten eine Kraft $\sigma\, d\tau$ an:

$$d\mathfrak{K} = -\sigma\, d\tau\, \mathfrak{e}, \tag{6}$$

wobei $\mathfrak{e}$ der Einheitsvektor der Richtung nach oben sei. Soll der Körper im Gleichgewicht sein, so muß sein gesamtes Gewicht

$$\mathfrak{K} = -\mathfrak{e} \int \sigma\, d\tau \tag{7}$$

[1] Solche dem Volumen proportionale Kräfte heißen Volumkräfte (body forces) im Gegensatz z.B. zu den elastischen Spannungen.

von einer Unterstützung oder Aufhängung aufgenommen werden. Es müssen aber auch die Bedingungen (G2) erfüllt sein. Nun ist das Moment aller Schwerkraftanteile um einen Punkt O:

$$\mathfrak{M} = -\int d\tau\,\sigma(\mathfrak{e}\times\mathfrak{r}). \tag{8}$$

Hierzu kommt das Moment der Stützkraft $-\mathfrak{K}$, welche durch einen Punkt S mit der Koordinate $\mathfrak{r}_S$ bezüglich O gehen möge:

$$-\mathfrak{K}\times\mathfrak{r}_S = \int d\tau\,\sigma(\mathfrak{e}\times\mathfrak{r}_S). \tag{9}$$

Das Gesamtmoment aller Kräfte um einen Punkt O wird also:

$$-\int d\tau\,\sigma\,\mathfrak{e}\times(\mathfrak{r}-\mathfrak{r}_S) = 0. \tag{10}$$

Führen wir Koordinaten x, y, z mit $z \| \mathfrak{e}$ ein, so ergibt sich

$$-\int d\tau\,\sigma\,[-(y-y_S)] = 0; \qquad -\int d\tau\,\sigma\,(x-x_S) = 0,$$

d.h.

$$x_S = \frac{\int d\tau\,\sigma\,x}{\int d\tau\,\sigma}; \qquad y_S = \frac{\int d\tau\,\sigma\,y}{\int d\tau\,\sigma}. \tag{11}$$

Damit ist die Vertikale gefunden, auf der der Unterstützungs- oder Aufhängepunkt liegen muß, damit der Körper keine Drehbewegung mehr ausführt.

Gibt man dem Körper nun eine andere Orientierung im Raume, so ist das gleichbedeutend mit einer Drehung des Vektors $\mathfrak{e}$ relativ zum Körper. Soll der Körper so unterstützt werden, daß er auch dann wieder im Gleichgewicht bleibt, so ist die Forderung (10) wegen der willkürlichen Richtung von $\mathfrak{e}$ zu verschärfen zu

$$\int d\tau\,\sigma(\mathfrak{r}-\mathfrak{r}_S) = 0$$

oder

$$\mathfrak{r}_S = \frac{\int d\tau\,\sigma\,\mathfrak{r}}{\int d\tau\,\sigma}; \tag{12}$$

in Komponenten:

$$x_S = \frac{\int d\tau\,\sigma\,x}{\int d\tau\,\sigma}; \qquad y_S = \frac{\int d\tau\,\sigma\,y}{\int d\tau\,\sigma}; \qquad z_S = \frac{\int d\tau\,\sigma\,z}{\int d\tau\,\sigma}. \tag{13}$$

Es gibt also einen Unterstützungspunkt, der den Körper in jeder Lage im Gleichgewicht läßt. Dieser Punkt heißt der Schwerpunkt oder, entsprechend dem Aufbau der Gln. (12) und (13), der Massenmittelpunkt des Körpers.

Im folgenden geben wir ein paar einfache Beispiele für die Berechnung des Schwerpunktes von Körpern mit konstantem spezifischem Gewicht σ, bei denen sich der Faktor σ in (12) und (13) heraushebt.

1. Beispiel. Der Schwerpunkt eines Halbzylinders (Fig. 6) liegt, wenn dieser sich senkrecht zur Zeichenebene von $z=0$ bis $z=l$ erstreckt, bei $z_S = \frac{1}{2}l$. Ferner folgt aus Symmetriegründen sofort $x_S = 0$, und es bleibt lediglich y_S zu berechnen:

$$y_S = \frac{\int y\,df}{\int df}.$$

Hierbei genügt die Integration über die Querschnittsfläche df, da die gemeinsame Länge $\int dz = l$ herausgekürzt werden kann. Das Problem ist also im Grunde zweidimensional. Die Integration über die Fläche nehmen wir durch Zerlegung in Streifen nach Art des in Fig. 6 schraffierten vor, dessen Fläche

$$df = 2R\cos\varphi \cdot dy$$

ist. Mit

$$y = R\sin\varphi; \qquad dy = R\cos\varphi\, d\varphi$$

entsteht dann in der Integrationsvariablen φ:

$$y_S = \frac{2R^3 \int\limits_0^{\pi/2} d\varphi \cos^2\varphi \sin\varphi}{\frac{1}{2}\pi R^2},$$

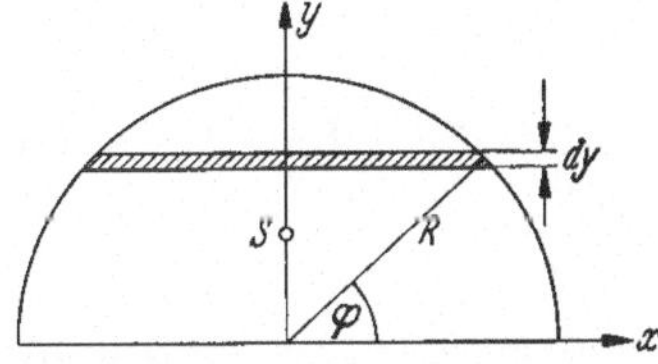

Fig. 6. Schwerpunkt eines Halbzylinders oder einer Halbkugel

wobei im Nenner für $\int df$ einfach die Fläche des Halbkreises steht. Mit $\cos\varphi = \zeta$ ergibt sich

$$\int\limits_0^{\pi/2} d\varphi \cos^2\varphi \sin\varphi = \int\limits_0^1 d\zeta\,\zeta^2 = \frac{1}{3},$$

mithin

$$y_S = \frac{4}{3\pi} R. \tag{14}$$

2. Beispiel. Als eigentlich dreidimensionales Beispiel betrachten wir die Halbkugel, die sich bei Rotation des in Fig. 6 gezeichneten Halbkreises um die y-Achse ergibt. Der Schwerpunkt liegt dann auf der Rotationsachse ($x_S = 0$, $z_S = 0$), und wir haben wieder nur

$$y_S = \frac{\int y\,d\tau}{\int d\tau}$$

auszurechnen. Das schraffierte Volumelement ist jetzt ein Kreiszylinder der Höhe dy und der Grundfläche πx^2 mit $x = \sqrt{R^2 - y^2}$, d.h.

$$d\tau = \pi (R^2 - y^2)\, dy.$$

Daher wird, wenn wir im Nenner von y_S sofort das Volumen der Halbkugel einsetzen:

$$y_S = \frac{\pi \int\limits_0^R (R^2 - y^2)\, y\, dy}{\frac{2\pi}{3} R^3} = \frac{3}{2R^3} \int\limits_0^R dy\, y\,(R^2 - y^2).$$

Mit der dimensionslosen Variablen $\eta = y/R$ erhalten wir

$$y_S = \tfrac{3}{2} R \int_0^1 d\eta\, \eta\, (1 - \eta^2) = \tfrac{3}{2} R \left(\tfrac{1}{2} - \tfrac{1}{4}\right)$$

oder

$$y_S = \tfrac{3}{8} R. \tag{15}$$

Es sei noch allgemein angemerkt, daß die Gln. (12), (13), welche das statische Moment des Körpers um den Koordinatenursprung bestimmen, einer Generalisierung fähig sind. Neben die ,,Momente erster Ordnung"

$$M_i^{(1)} = \int d\tau\, \sigma\, x_i \qquad (x_i = x, y, z) \tag{16}$$

treten die ,,Momente zweiter Ordnung"

$$M_{ik}^{(2)} = \int d\tau\, \sigma\, x_i\, x_k \tag{17}$$

und entsprechende Bildungen höherer Ordnung. Es wird sich später[1] zeigen, daß zur Untersuchung der Bewegungen eines starren Körpers die Kenntnis der Momente erster und zweiter Ordnung ausreicht. Während die Momente erster Ordnung, wie wir schon gesehen haben, einen Vektor bilden, der den Schwerpunkt des Körpers bestimmt, bilden die Momente zweiter Ordnung den Tensor der *Trägheitsmomente*, welche für Drehbewegungen des Körpers eine entscheidende Rolle spielen. Sie werden im allgemeinen in einem Koordinatensystem angegeben, in dem der Schwerpunkt als Nullpunkt gewählt ist.

§ 3. Seileck und Seilkurve

In diesem Paragraphen behandeln wir eine Anwendung der Gleichgewichtsbedingungen, die in der methodischen Entwicklung der Statik eine Rolle gespielt und auch auf die Entwicklung der Mathematik im 18. Jahrhundert Einfluß gehabt hat. Zugleich ist dies eine Anwendung auf ein einfaches nichtstarres Gebilde.

In Fig. 7a ist ein Seil dargestellt, das in den zwei Endpunkten A und B aufgehängt und durch angehängte Gewichte mit den Kräften $\mathfrak{K}_1$, $\mathfrak{K}_2$, $\mathfrak{K}_3$, $\mathfrak{K}_4$ belastet ist. Diese Kräfte mögen groß genug sein, um daneben das Eigengewicht des Seils zu vernachlässigen. Das Seil hängt dann in Form einer ganz bestimmten Linie, des sog. Seilecks oder Seilpolygons, dessen Gestalt zu ermitteln ist.

Zur graphischen Lösung des Problems wenden wir ein Verfahren an, das in der Graphostatik immer wieder angewandt wird: Wir trennen zunächst einen Lageplan (Fig. 7a), der die Form des Seiles und die Angriffslinien der belastenden Kräfte enthält, von einem Kräfteplan

[1] In Band 2 dieses Werkes.

(Fig. 7b), in dem wir die Kräfte nach Größe und Richtung eintragen und gemäß der Parallelogrammregel zusammenfügen. In diesem Kräfteplan setzen wir zuerst die „äußeren“ Kräfte $\mathfrak{K}_1$ bis $\mathfrak{K}_4$ durch Aneinanderreihung zu einer Resultierenden zusammen. Wir wählen dann einen „Pol“ O, von dem aus wir Verbindungslinien zu den Anfangs- und Endpunkten der $\mathfrak{K}_i$ im Kräfteplan ziehen; diese Verbindungslinien sind mit $\mathfrak{S}_1$ bis $\mathfrak{S}_5$ bezeichnet. Zu ihnen ziehen wir im Lageplan Parallelen: zu $\mathfrak{S}_1$ durch A bis zum „Knoten“ I, anschließend durch I bis II, usw. Geht die letzte durch den Knoten IV gelegte Parallele zu $\mathfrak{S}_5$ durch den Aufhängepunkt B, so ist eine mögliche Gestalt des Seils gefunden, sonst muß der Pol neu gewählt und die Konstruktion wiederholt werden.

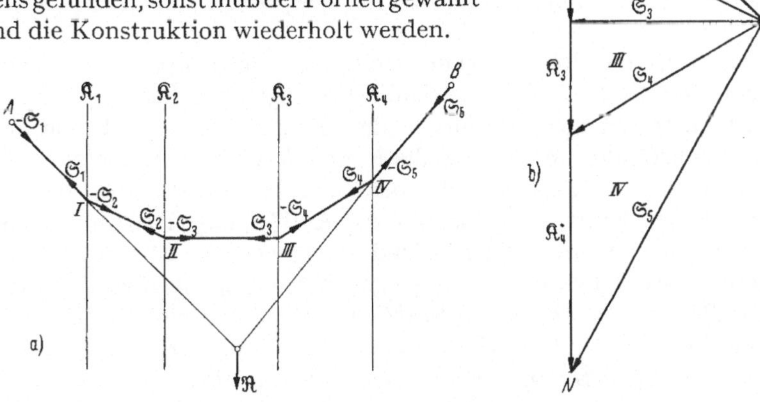

Fig. 7a u. b. Seilpolygon. a Lageplan. b Kräfteplan

Wir wollen hier nicht in die Frage eindringen, wie O zu wählen ist, damit das Verfahren sofort zum Ziele führt, sondern uns auf den Beweis beschränken, daß die Konstruktion überhaupt richtig ist. Wir führen dazu die „inneren“ Kräfte ein, nämlich die längs des Seils übertragenen Spannkräfte. Steht etwa das Seilstück AI unter der Spannkraft $\mathfrak{S}_1$, so wirkt am Knoten I nach links ein Zug $\mathfrak{S}_1$, am Aufhängepunkt A nach rechts die Kraft $-\mathfrak{S}_1$. Entsprechendes gilt für die Spannkraft $\mathfrak{S}_2$ im Abschnitt $I\,II$, usw. bis zu $\mathfrak{S}_5$ in $IV\,B$. Nun soll das Seil in der gezeichneten Gestalt im Gleichgewicht sein, d.h. an jedem Knoten muß Gleichgewicht herrschen. Daher muß die Summe aller in I angreifenden Kräfte verschwinden:

$$\mathfrak{S}_1 + \mathfrak{K}_1 - \mathfrak{S}_2 = 0.$$

Das wird erreicht, weil das Dreieck I im Kräfteplan dem Knoten I im Lageplan genau entspricht: Die drei Vektoren $\mathfrak{S}_1$, $\mathfrak{K}_1$, $-\mathfrak{S}_2$ bilden einen geschlossenen Linienzug, also ist ihre Vektorsumme gleich Null.

Genauso wird am Knoten *II*:

$$\mathfrak{S}_2 + \mathfrak{K}_2 - \mathfrak{S}_3 = 0,$$

entsprechend dem geschlossenen Dreieck II im Kräfteplan, usw. Auf diese Weise heben sich alle Kräfte gegenseitig auf und, da immer Gruppen von Kräften verschwinden, die am gleichen Punkt angreifen, auch die damit verbundenen Momente mit Ausnahme von $-\mathfrak{S}_1$ in A und $\mathfrak{S}_5$ in B. Diese ergeben daher zusammen die Resultierende, entsprechend dem großen Dreieck MNO im Kräfteplan. Die Resultierende ist also

$$\mathfrak{R} = \mathfrak{K}_1 + \mathfrak{K}_2 + \mathfrak{K}_3 + \mathfrak{K}_4,$$

d.h. gleich der Summe der äußeren Kräfte: ihre Angriffslinie muß durch den Schnittpunkt R der Kräfte $-\mathfrak{S}_1$ und $\mathfrak{S}_5$ im Lageplan hindurchgehen.

Nun muß die Resultierende sämtlicher am Körper angreifenden äußeren Kräfte Null werden, damit Gleichgewicht herrscht. In der Tat ist unsere zu einer Resultierenden $\mathfrak{R}$ führende Betrachtung auch noch unvollständig: Wir haben die in den Aufhängepunkten A und B angreifenden Kräfte noch nicht berücksichtigt. Zieht aber das Seil an A mit der Kraft $-\mathfrak{S}_1$, so übt die Aufhängung dort auf das Seil die umgekehrte Kraft $+\mathfrak{S}_1$ aus, und entsprechendes gilt für B. Diese Folgerung aus den statischen Gleichgewichtsbedingungen wird gewöhnlich als *Prinzip von Aktion und Reaktion* an die Spitze gestellt. Demnach bleiben drei Kräfte übrig: die Resultierende $\mathfrak{R}$, die Kraft $\mathfrak{S}_1$ in A und die Kraft $-\mathfrak{S}_5$ in B. Die Summe dieser drei Kräfte

$$\mathfrak{R} + \mathfrak{S}_1 - \mathfrak{S}_5 = 0,$$

wie man am Dreieck MNO im Kräfteplan abliest, und da sie alle drei durch den gleichen Punkt R im Lageplan gehen, besitzen sie auch kein resultierendes Moment. Erst damit ist das Gleichgewicht des Seilpolygons vollständig bewiesen.

Die hier entwickelte Konstruktionsmethode läßt eine große Zahl von Anwendungen zu, z.B. auf das Konstruieren der Resultierenden paralleler Kräfte, die an einem Körper angreifen. Hierbei spielt die Seilkurve nur mehr eine Rolle als Hilfskonstruktion. Auf diese Weise läßt sich z.B. der *Schwerpunkt* eines kompliziert geformten Körpers durch graphische Addition der Gewichte seiner einfacher geformten Bestandteile finden, indem man die Resultierende für zwei verschiedene Orientierungen von Schwerkraft und Körper zueinander ermittelt. Wichtig ist das hier am einfachsten Fall vorgeführte Verfahren auch bei der graphischen Ermittlung des Kräftespieles in einem Fachwerk, wo der sich durch systematisches Fortschreiten von Knoten zu Knoten ergebende Kräfteplan eine interessante geometrische Reziprozität zum

Lageplan besitzt: Jedem Knoten des Lageplanes entspricht ein Flächenstück im Kräfteplan, jedem Knoten im Kräfteplan ein Flächenstück im Lageplan. Für ein einfaches Fachwerk ist dies in Fig. 8 aufgezeichnet: Der Kräfteplan wurde mit den äußeren Kräften (Last $\mathfrak{K}$ im Knoten *IV*, Stützkräfte $\mathfrak{B}$ und $\mathfrak{A}$ aus Symmetriegründen einander gleich, Eigengewicht des Stabwerks vernachlässigt, sonst auf die Knoten des Fachwerks verteilt) begonnen, und sodann wurden von Knoten zu Knoten

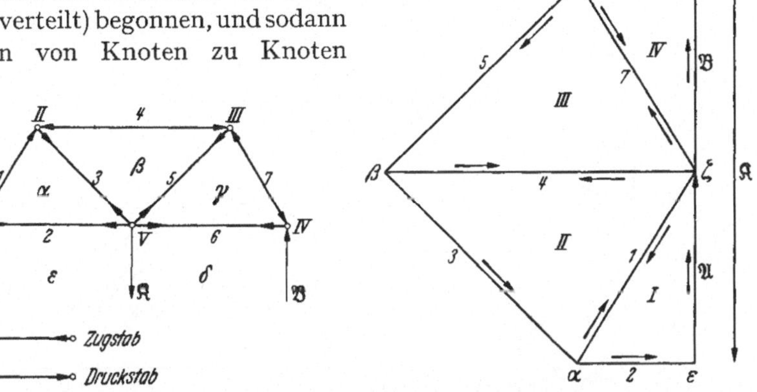

Fig. 8a u. b. Fachwerk. Einzellast $\mathfrak{K}$, Gewicht der Stäbe vernachlässigt. Stützkräfte $\mathfrak{A}$ und $\mathfrak{B}$, entgegengesetzt gleich $\frac{1}{2}\mathfrak{K}$. a Lageplan. b Kräfteplan. Die beiden Figuren sind zueinander reziprok: Aus Knoten im Lageplan (römische Ziffern) werden Flächen im Kräfteplan, aus Linien im Lageplan (arabische Ziffern) Linien im Kräfteplan, und aus Flächen im Lageplan (griechische Buchstaben) Punkte im Kräfteplan. Der Punkt ζ im Kräfteplan ist aus der von $\mathfrak{A}$, *1*, *4*, *7*, $\mathfrak{B}$ eingeschlossenen Gesamtfläche im Lageplan entstanden; umgekehrt geht der Knoten V des Lageplans in die von $\mathfrak{K}$, *2*, *3*, *5*, *6* im Kräfteplan umrandete Gesamtfläche über

im Fachwerk fortschreitend die Stabkräfte ermittelt (arabische Ziffern). Die beiden Fig. 8a und 8b zeigen durch die Rolle, welche in ihnen die römischen Ziffern und die griechischen Buchstaben spielen, deutlich die Reziprozität von Knotenpunkten und Flächen. Man bezeichnet einen solchen reziproken Plan auch als einen *Cremonaplan.*

Wir wollen in die Methoden der Graphostatik nicht weiter eindringen, da sie nicht der Physik, sondern der Ingenieurmechanik angehören. Statt dessen kehren wir zum Seilpolygon zurück, suchen jetzt aber die Lösung rechnerisch zu finden, wobei wir eine kontinuierlich verteilte Belastung anstelle der Einzelkräfte $\mathfrak{K}_i$ einführen wollen: Auf die Strecke dx in horizontaler Richtung soll die senkrechte Last $q(x)\,dx$ entfallen („Belastungsquerschnitt"). In Fig. 9 sind diese Verhältnisse im Prinzip aufgezeichnet: Unter dem über der x-Achse aufgetragenen Belastungsquerschnitt ist die Seillinie gezeichnet; die Durchbiegung $y(x)$ und der Neigungswinkel φ ändern sich von x nach $x+dx$ infolge der hinzutretenden Last $q(x)\,dx$, wie im Kräfteplan eingezeichnet. Es ist

$$\tan\varphi = \frac{V}{H} = \frac{dy}{dx}$$

und

$$\frac{dV}{H} = d\tan\varphi = -\frac{1}{H}\,q(x)\,dx.$$

Dabei ist H die Horizontalkomponente der Seilspannung, die nach Ausweis des Kräfteplanes konstant ist („Horizontalzug"). Wir erhalten die Beziehung

$$\frac{1}{H}\,\frac{dV}{dx} = -\frac{1}{H}\,q(x) = \frac{d^2y}{dx^2},$$

d.h. die Differentialgleichung

$$\frac{d^2y}{dx^2} = -\frac{1}{H}\,q(x). \tag{1}$$

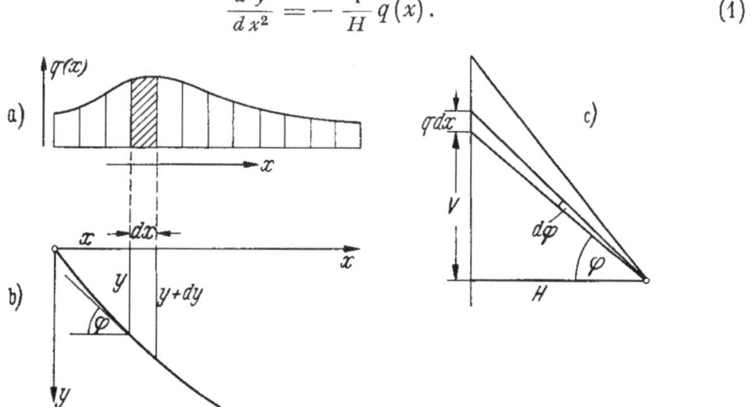

Fig. 9a—c. Seilkurve unter kontinuierlicher Lastverteilung (Prinzipskizze). a Belastungsquerschnitt. b Lageplan. c Kräfteplan

Das einfachste *Beispiel* hierfür entsteht bei *konstantem Belastungsquerschnitt:*

$$q = \text{const}. \tag{2}$$

Dies gilt sehr genähert für ein schwach durchhängendes, homogenes Seil, also z.B. einen Telefondraht einer Freileitung. Dann läßt sich sofort durch zweimalige Integration die allgemeine Lösung von (1) gewinnen:

$$y = -\frac{q}{2H}\,x^2 + C_1 x + C_2. \tag{3}$$

Wählen wir als Aufhängepunkt etwa $y=0$ für $x=0$ und $x=l$, so bestimmen sich die Integrationskonstanten C_1 und C_2 aus diesen beiden Randbedingungen zu

$$C_1 = \frac{q\,l}{2H}; \qquad C_2 = 0. \tag{4}$$

Damit lautet die Gleichung der Seillinie

$$y = \frac{q}{2H}\,x(l-x); \tag{5}$$

das ist eine Parabel, die um die Mitte $x = l/2$ des Seiles symmetrisch ist. Dort ist die Stelle des größten Durchhangs; seine „Pfeilhöhe“ $y_{\max} = f$ wird

$$f = \frac{q}{2H}\left(\frac{l}{2}\right)^2 = \frac{q\,l^2}{8H}. \tag{6}$$

Nun ist es eine wichtige praktische Aufgabe, bei vorgegebener Länge s des Seiles und vorgegebenem Gewicht q [kg/cm] der Längeneinheit, f und H zu berechnen. Die Seillänge ist stets etwas größer als l, nämlich

$$s = \int_0^l dx \sqrt{1 + \left(\frac{dy}{dx}\right)^2}. \tag{7}$$

Für geringen Durchhang kann man hierin die Wurzel entwickeln:

$$s = \int_0^l dx \left\{1 + \frac{1}{2}\left(\frac{dy}{dx}\right)^2 + \cdots\right\}$$

und darin den Differentialquotienten von Gl. (5)

$$\frac{dy}{dx} = \frac{q}{2H}(l - 2x)$$

einsetzen:

$$s = \int_0^l dx \left\{1 + \frac{q^2}{8H^2}(l - 2x)^2\right\} = l + \frac{q^2}{8H^2}\,\frac{l^3}{3},$$

also:

$$\left.\begin{aligned} s &= l\left(1 + \frac{q^2\,l^2}{24H^2}\right); \\ \frac{s-l}{l} &= \frac{q^2\,l^2}{24H^2}. \end{aligned}\right\} \tag{8}$$

Sind also s und l vorgegeben, so folgt aus der letzten Gleichung der Horizontalzug

$$H = q\,l\sqrt{\frac{l}{24(s-l)}}. \tag{9}$$

Da nun $q\,l \approx q\,s = G$ das Gewicht des Seiles ist, können wir auch schreiben

$$H \approx G\sqrt{\frac{l}{24(s-l)}}. \tag{10}$$

Diese Formel gestattet z.B. die Berechnung der Beanspruchung einer Freileitung *unter Schneelast:* Der Schnee erhöht G, die Kälte verringert $s - l$; beides wirkt zusammen zu einer Erhöhung des Zuges H. Andererseits tritt infolge eben dieses Zuges eine elastische Dehnung des Drahtes nach dem Hookeschen Gesetz ein, d.h. wenn s_0 die Länge des Drahtes bei 0° C und ohne Zug ist, dann haben wir in Gl. (10)

$$s = s_0(1 + \beta\vartheta + \sigma H) \tag{11}$$

einzusetzen, worin β der thermische Ausdehnungskoeffizient und ϑ die Celsiustemperatur, $1/\sigma = QE$ = Querschnitt [mm²] × Elastizitätsmodul [kg/mm²] bedeutet. Da in Gl. (11) H nochmals eingeht, ergibt sich aus (10) eine etwas komplizierte Bestimmungsgleichung für H. Hat man aus dieser H gefunden, so folgt aus (6) die Pfeilhöhe des Durchhangs:

$$f = \frac{G}{8H} l. \tag{12}$$

Zum Schluß stellen wir noch die Frage nach dem Verhalten eines Seiles von homogenem Querschnitt bei *großem Durchhang*. Auch dann gilt Gl. (1) streng, aber $q(x)$ ist nicht mehr konstant. Ist das Seilgewicht je Längeneinheit q_0, so wird die Last zwischen x und $x+dx$:

$$q(x)\,dx = q_0\,ds, \tag{13}$$

worin ds die Bogenlänge

$$ds = dx\sqrt{1+\left(\frac{dy}{dx}\right)^2} \tag{14}$$

bedeutet. Die Differentialgleichung (1) geht daher über in

$$\frac{d^2y}{dx^2} = -\frac{q_0}{H}\sqrt{1+\left(\frac{dy}{dx}\right)^2}. \tag{15}$$

Das ist eine nicht-lineare Differentialgleichung zweiter Ordnung, die nicht mehr durch bloße Quadraturen lösbar ist. Die Lösung gelingt trotzdem leicht, da y nicht in der Gleichung vorkommt, so daß sie sich als Differentialgleichung erster Ordnung in der Hilfsvariablen

$$p = \frac{dy}{dx} \tag{16}$$

behandeln läßt:

$$\frac{dp}{dx} = -\frac{q_0}{H}\sqrt{1+p^2}. \tag{17}$$

Durch Separation der Variablen folgt dann

$$\int \frac{dp}{\sqrt{1+p^2}} = -\frac{q_0}{H}\int dx,$$

oder bei Ausführung der Integrale

$$\ln\left(p+\sqrt{1+p^2}\right) = -\frac{q_0}{H}x + C \tag{18}$$

mit einer Integrationskonstanten C. Wir bestimmen C, indem wir das Koordinatensystem x, y so wählen, daß der tiefste Punkt des Seiles ($p=0$) bei $x=0$ erreicht wird. Dann ist $C=0$, so daß aus (18) folgt

$$p+\sqrt{1+p^2} = \mathrm{e}^{-\frac{q_0 x}{H}},$$

woraus wir durch Isolieren der Wurzel und Quadrieren finden:

$$1+p^2=\left(e^{-\frac{q_0 x}{H}}-p\right)^2=p^2-2p\,e^{-\frac{q_0 x}{H}}+e^{-\frac{2q_0 x}{H}},$$

woraus schließlich

$$p=-\frac{1}{2}\left(e^{\frac{q_0 x}{H}}-e^{-\frac{q_0 x}{H}}\right)=-\operatorname{Sin}\frac{q_0 x}{H} \tag{19}$$

folgt. Nun ist aber nach (16) $p=dy/dx$; d.h. durch Quadratur folgt

$$y=y_0-\frac{H}{q_0}\operatorname{Cos}\frac{q_0 x}{H}, \tag{20}$$

wobei y_0 Integrationskonstante ist. Diese Kurve heißt wegen ihrer physikalischen Herkunft in der Mathematik auch die *Kettenlinie.* Wollen wir den Scheitel etwa in den Punkt $y=0$, $x=0$ legen, so folgt $y_0=H/q_0$ und daher

$$y=\frac{H}{q_0}\left(1-\operatorname{Cos}\frac{q_0 x}{H}\right). \tag{21}$$

Man beachte, daß y nach unten positiv gewählt ist, die Kurve (21) also überall negative y ergibt.

II. Kinematik

§ 4. Grundlagen

Wir haben in dem voraufgehenden Kapitel im Rahmen der *Statik* die auf einen Körper wirkenden Kräfte besprochen und untersucht, welche Bedingungen sie erfüllen müssen, damit keine Bewegung eintritt. Die vornehmste Aufgabe der Mechanik ist nun aber die Untersuchung von Bewegungen materieller Körper unter dem Einfluß auf sie einwirkender Kräfte. Ehe wir uns dieser vollen Aufgabe der *Dynamik* zuwenden, ehe wir also untersuchen, welche Bewegungen eintreten, wenn die Gleichgewichtsbedingungen der Statik nicht erfüllt sind, wollen wir versuchen, die möglichen Bewegungen der Körper genauer zu beschreiben, ohne dabei auf die sie hervorrufenden Kräfte einzugehen. Dieser eingeschränkte Problemkreis wird als die *Kinematik* bezeichnet.

Ein materieller Körper kann drei verschiedene Arten von Bewegungen ausführen: Deformationen, Rotationen und Translationen. Sehen wir von den *Deformationen*, also Gestaltänderungen des Körpers, zunächst ab, so betrachten wir nur starre Körper. Es ist geometrisch evident, daß ein starrer Körper aus einer Lage in eine beliebige andere durch eine Verschiebung *(Translation)*, bei der sich also alle Punkte des Körpers auf parallelen Geraden um die gleiche Strecke fortbewegen, und eine Drehung *(Rotation)* um einen geeigneten Punkt, z.B. den Schwerpunkt, gebracht werden kann.

Je kleiner nun der Körper im Vergleich zu den Abmessungen seiner Bahn ist, um so mehr erscheint es berechtigt, seine räumliche Ausdehnung zu vernachlässigen. Dies führt zu der mathematischen Abstraktion des *Massenpunktes:* Wir denken in einem extremen Bilde, die ganze Masse des Körpers in einen Punkt zusammengezogen, z.B. in den Schwerpunkt des Körpers. Dann verliert die Rotation des Körpers um den Schwerpunkt ihren Sinn, und die gesamte Kinematik des Massenpunktes beschränkt sich auf die Untersuchung der *Bahnkurve* des Schwerpunktes.

Die Lage eines Massenpunktes im Raume wird durch die Angabe seines Ortsvektors $\mathfrak{r}$ beschrieben, die Bewegung des Massenpunktes durch die Zeitabhängigkeit $\mathfrak{r}(t)$ dieses Vektors.

Ist der Ort $\mathfrak{r}$ zu einer bestimmten Zeit t gegeben, so erhält man ihn zu einer späteren Zeit $t+\tau$ durch Taylor-Entwicklung

$$\mathfrak{r}(t+\tau) = \mathfrak{r}(t) + \tau \frac{d\mathfrak{r}(t)}{dt} + \frac{\tau^2}{2}\frac{d^2\mathfrak{r}(t)}{dt^2} + \frac{\tau^3}{6}\frac{d^3\mathfrak{r}(t)}{dt^3} + \cdots.$$

Die Vektoren $d\mathfrak{r}/dt = \mathfrak{v}$ und $d^2\mathfrak{r}/dt^2 = \mathfrak{b}$ haben besondere Namen, sie heißen die *Geschwindigkeit* und die *Beschleunigung* des Massenpunktes zur Zeit t. Die dabei formal verwendeten Differentiationssymbole für den Vektor $\mathfrak{r}$ können folgendermaßen erklärt werden:

a) In vektorieller Sprache: Der Massenpunkt befindet sich zur Zeit t an der Stelle $\mathfrak{r}$, zu der etwas späteren Zeit $t+\tau$ an der Stelle $\mathfrak{r}'$. Er hat sich also während des Zeitintervalls τ um den Vektor $\mathfrak{r}'-\mathfrak{r}$ fortbewegt. Dividiert man diesen Weg $\mathfrak{r}'-\mathfrak{r}$ durch die Zeit τ, d.h., bildet man einen Vektor vom Betrage $\frac{1}{\tau}|\mathfrak{r}'-\mathfrak{r}|$ in Richtung $\mathfrak{r}'-\mathfrak{r}$, so heißt dieser die mittlere Geschwindigkeit des Massenpunktes während des Zeitintervalls τ. Geht man mit $\tau = dt$ gegen Null, so geht die mittlere Geschwindigkeit in den Vektor

$$\mathfrak{v} = \frac{d\mathfrak{r}}{dt} = \lim_{\tau\to 0}\frac{\mathfrak{r}'-\mathfrak{r}}{\tau} \tag{1}$$

im Sinne der Differentialrechnung über, der als die Geschwindigkeit im Zeitpunkt t bezeichnet wird. Diese Grenzbetrachtung zeigt, daß meßbar immer nur mittlere Geschwindigkeiten sind, daß der abstrakte Begriff der Geschwindigkeit zu einem bestimmten Zeitpunkt aber durch Verkürzung des Meßzeitintervalls τ ohne prinzipielle Schranke angenähert werden kann.

b) In kartesischen Koordinaten: Wir zerlegen alle vorkommenden Vektoren nach den Richtungen eines festen, rechtwinkligen Achsenkreuzes. Die Komponenten des Vektors $\mathfrak{r}$ nach diesen Achsen heißen die Koordinaten x_1, x_2, x_3 des Massenpunktes. Dann gilt für jede der drei Koordinaten ($i = 1, 2, 3$):

$$x_i(t+\tau) = x_i(t) + \tau \frac{d x_i(t)}{dt} + \frac{\tau^2}{2} \frac{d^2 x_i(t)}{dt^2} + \cdots.$$

Nach einer infinitesimalen Zeit $\tau = dt$ ändert sich die Koordinate x_i um dx_i; die Komponenten des Vektors $d\mathfrak{r}$ sind die drei Größen

$$dx_i = \frac{d x_i}{dt} dt.$$

Die Differentialquotienten

$$\frac{d x_i}{dt} = v_i \tag{2}$$

heißen die Komponenten der Geschwindigkeit (oder auch kurz: die drei Geschwindigkeiten) des Massenpunktes.

Entsprechende Aussagen erhält man für die Beschleunigung, wenn man die Geschwindigkeit des Massenpunktes zu zwei einander folgenden Zeitpunkten betrachtet:

$$\mathfrak{v}(t+dt) = \mathfrak{v}(t) + dt \frac{d\mathfrak{v}(t)}{dt} + \cdots;$$

bzw.

$$v_i(t+dt) = v_i(t) + dt \frac{dv_i(t)}{dt} + \cdots.$$

Die Beschleunigung

$$\mathfrak{b} = \frac{d\mathfrak{v}}{dt} = \frac{d^2\mathfrak{r}}{dt^2} \tag{3}$$

ist also ein Vektor, welcher die Änderung der Geschwindigkeit um

$$d\mathfrak{v} = \mathfrak{b}\, dt$$

während des Zeitintervalls dt mißt; die Komponenten des Beschleunigungsvektors

$$b_i = \frac{dv_i}{dt} = \frac{d^2 x_i}{dt^2} \tag{4}$$

messen entsprechend die Änderungen

$$dv_i = b_i\, dt$$

der Geschwindigkeitskomponenten v_i während dieses Zeitintervalls.

Die vorstehende Einführung der Begriffe Geschwindigkeit und Beschleunigung zeigt klar deren Vektorcharakter: Bei einer Drehung des Achsenkreuzes x_i, definiert durch neue Koordinaten

$$x'_i = \sum_k \alpha_{ik} x_k \tag{5}$$

mit konstanten Koeffizienten α_{ik}, welche eine orthogonale Matrix bilden,

$$\sum_k \alpha_{ik}\alpha_{jk} = \delta_{ij}; \quad \sum_k \alpha_{ki}\alpha_{kj} = \delta_{ij}, \quad \det|\alpha_{ik}| = 1, \tag{6}$$

transformieren sich die Geschwindigkeiten wie Koordinatendifferentiale:

$$v_i' = \frac{d x_i'}{dt} = \sum_k \alpha_{ik} \frac{d x_k}{dt} = \sum_k \alpha_{ik} v_k. \tag{7}$$

Entsprechend folgt für die Beschleunigungskomponenten

$$b_i' = \frac{d v_i'}{dt} = \sum_k \alpha_{ik} \frac{d v_k}{dt} = \sum_k \alpha_{ik} b_k. \tag{8}$$

Aus diesem Vektorcharakter folgt auch notwendig die Gültigkeit der Parallelogrammregel für die Zusammensetzung von Geschwindigkeiten und Beschleunigungen, die daher anders als bei den Kräften keine besondere physikalische Erfahrung darstellt, sondern in der Definition enthalten ist.

Physikalisch enthält eine solche Zusammensetzung den Begriff der *Relativbewegung:* Ein Mensch bewegt sich z.B. in einem Eisenbahnwagen mit der Geschwindigkeit $\mathfrak{v}_1$ gegen den Wagen; der letztere bewegt sich mit $\mathfrak{v}_2$ gegen den Erdboden; für die Geschwindigkeit $\mathfrak{v} = \mathfrak{v}_1 + \mathfrak{v}_2$ des Menschen gegen den Erdboden gilt die Parallelogrammregel. Analoges läßt sich über die Beschleunigung aussagen.

Wir haben uns bei der Koordinatenwahl hier auf raumfeste, also zeitunabhängige kartesische Koordinaten beschränkt. Natürlich lassen sich statt dessen auch andere Koordinaten benutzen. In der *Differentialgeometrie der Raumkurven* geschieht dies in einer sehr natürlichen Form, indem man an jedem Punkt der Raumkurve das „begleitende Dreibein" einführt, das aus Tangente, Hauptnormale und Binormale aufgebaut ist: Zwei Nachbarpunkte der Raumkurve definieren die Tangentenrichtung; durch drei Nachbarpunkte wird die Schmiegungsebene aufgespannt, in der die Hauptnormale senkrecht zur Tangente liegt; auf beiden Richtungen senkrecht endlich steht die Binormale. Durchläuft ein Massenpunkt eine Raumkurve, so zeigt seine Geschwindigkeit in die Tangentenrichtung und hat den Betrag ds/dt, wenn ds ein Bogenelement längs der Kurve bedeutet. Zeichnen wir in der Schmiegungsebene den Krümmungskreis vom Radius R, dessen Mittelpunkt auf der Hauptnormalen liegt, so besteht zwischen der Winkelgeschwindigkeit $d\varphi/dt$ der Richtungsänderung des Radius um φ und der linearen Bahngeschwindigkeit $v = ds/dt$ wegen $ds = R\,d\varphi$ der Zusammenhang

$$v = R\frac{d\varphi}{dt}. \tag{9}$$

Die Größe

$$\omega = \frac{d\varphi}{dt} \tag{10}$$

heißt die *instantane Winkelgeschwindigkeit* und kann auch als Vektor in Richtung der Binormalen aufgefaßt werden. — Etwas komplizierter ist die Untersuchung der Beschleunigung auf der Raumkurve. Auch diese fällt als Differenz zweier aufeinander folgender Geschwindigkeiten in die Schmiegungsebene. Den Winkel γ, welchen sie in dieser Ebene mit der tangential weisenden Geschwindigkeit $\mathfrak{v} = d\mathfrak{r}/dt$ einschließt, können wir berechnen; es ist nämlich das skalare Produkt

$$(\mathfrak{v}\,\mathfrak{b}) = v\,b\cos\gamma. \tag{11}$$

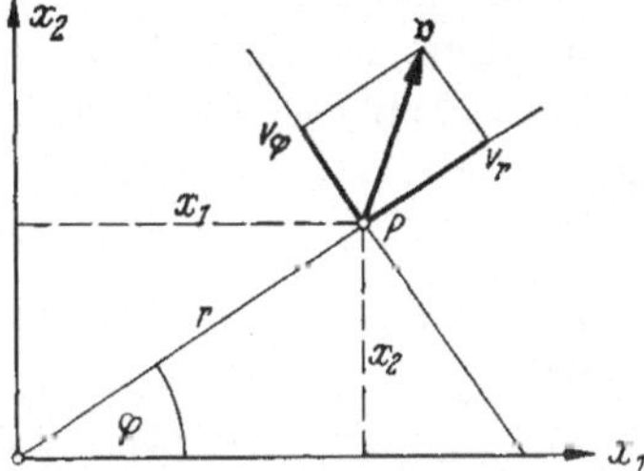

Fig. 10. Polarkoordinaten

Andererseits ist

$$v^2 \equiv \mathfrak{v}^2,$$

woraus durch Differenzieren folgt[1]

$$2v\dot{v} = 2(\mathfrak{v}\,\dot{\mathfrak{v}}). \tag{12}$$

Hierin bedeutet $\dot{v} = dv/dt$ keineswegs dasselbe wie $|\dot{\mathfrak{v}}| = b$. Da $(\mathfrak{v}\,\dot{\mathfrak{v}}) \equiv (\mathfrak{v}\,\mathfrak{b})$, erhalten wir nunmehr

$$\cos\gamma = \frac{v\dot{v}}{v\,b} = \frac{\dot{v}}{b},$$

woraus

$$\dot{v} = b\cos\gamma \tag{13}$$

folgt. Die Beschleunigung $\mathfrak{b}$ zeigt also nicht in die Tangentialrichtung; ihre Komponente in Tangentialrichtung, die sog. *Tangentialbeschleunigung* ist die zeitliche Ableitung des Geschwindigkeitsbetrages.

Für alle praktischen Rechnungen erweist sich neben dem kartesischen Achsenkreuz schließlich noch ein *raumfestes Polarkoordinatensystem* (r, φ) als wichtig, wenn es sich um Bewegungen in der Ebene handelt. Wir führen also bei Beschränkung auf die Ebene $x_3 = 0$ anstelle der rechtwinkligen Koordinaten x_1 und x_2 eines Punktes P dessen Polarkoordinaten r und φ (Fig. 10) durch die Relationen ein:

$$x_1 = r\cos\varphi, \qquad x_2 = r\sin\varphi. \tag{14}$$

Anstelle einer Zerlegung der Geschwindigkeit $\mathfrak{v}$ in Komponenten v_1 und v_2 nach den Koordinaten x_1 und x_2 zerlegen wir $\mathfrak{v}$ jetzt in eine radiale

[1] Wir benutzen von jetzt an für Differentiationen nach der Zeit meist den zuerst von NEWTON eingeführten Punkt, also

$$\dot{\mathfrak{r}} = \frac{d\mathfrak{r}}{dt} \quad \text{usw.}$$

Komponente v_r und eine azimutale Komponente v_φ, wie dies in Fig. 10 angedeutet ist. Das entspricht einer Zerlegung des Linienelementes

$$ds = \sqrt{dr^2 + r^2\, d\varphi^2} \tag{15}$$

in seine Komponenten dr und $r\,d\varphi$:

$$v_r = \frac{dr}{dt}; \qquad v_\varphi = r\,\frac{d\varphi}{dt}. \tag{16}$$

Wir können diese geometrisch anschauliche Betrachtung auch analytisch wenden: Wir rechnen zunächst durch Differenzieren die kartesischen Geschwindigkeitskomponenten x_1 und x_2 auf Polarkoordinaten um:

$$\dot{x}_1 = \dot{r}\cos\varphi - r\sin\varphi\,\dot{\varphi}$$
$$\dot{x}_2 = \dot{r}\sin\varphi + r\cos\varphi\,\dot{\varphi}$$

oder

$$\dot{x}_1 = \dot{r}\cos\varphi + r\,\dot{\varphi}\cos\left(\varphi + \frac{\pi}{2}\right)$$
$$\dot{x}_2 = \dot{r}\sin\varphi + r\,\dot{\varphi}\sin\left(\varphi + \frac{\pi}{2}\right).$$

Diese zwei Gleichungen lassen sich auch so lesen: Die Geschwindigkeit setzt sich zusammen aus einer Komponente vom Betrage $\dot{r}$, die mit der x_1-Achse den Winkel φ einschließt, und einer Komponente vom Betrage $r\dot{\varphi}$, die mit der x_1-Achse den Winkel $\varphi + \frac{\pi}{2}$ einschließt. Dies sind offenbar genau die oben gewonnenen Aussagen über radiale und azimutale Komponente.

Diese analytische Behandlung hat den Vorteil, leicht auf die Beschleunigungskomponenten übertragbar zu sein:

$$\ddot{x}_1 = (\ddot{r}\cos\varphi - \dot{r}\sin\varphi\,\dot{\varphi}) - (\dot{r}\sin\varphi\,\dot{\varphi} + r\cos\varphi\,\dot{\varphi}^2 + r\sin\varphi\,\ddot{\varphi})$$
$$\ddot{x}_2 = (\ddot{r}\sin\varphi + \dot{r}\cos\varphi\,\dot{\varphi}) + (\dot{r}\cos\varphi\,\dot{\varphi} - r\sin\varphi\,\dot{\varphi}^2 + r\cos\varphi\,\ddot{\varphi}).$$

Diese durch Differentiation entstehenden Ausdrücke fassen wir wieder nach den Faktoren $\cos\varphi = \sin\left(\varphi + \frac{\pi}{2}\right)$ und $\sin\varphi = -\cos\left(\varphi + \frac{\pi}{2}\right)$ getrennt zusammen:

$$\ddot{x}_1 = (\ddot{r} - r\,\dot{\varphi}^2)\cos\varphi + (2\dot{r}\,\dot{\varphi} + r\,\ddot{\varphi})\cos\left(\varphi + \frac{\pi}{2}\right)$$
$$\ddot{x}_2 = (\ddot{r} - r\,\dot{\varphi}^2)\sin\varphi + (2\dot{r}\,\dot{\varphi} + r\,\ddot{\varphi})\sin\left(\varphi + \frac{\pi}{2}\right).$$

Mithin kann die Beschleunigung $\ddot{\mathfrak{r}}$ in eine radiale Komponente

$$b_r = \ddot{r} - r\,\dot{\varphi}^2 \tag{17}$$

und eine azimutale Komponente

$$b_\varphi = 2\dot{r}\,\dot{\varphi} + r\,\ddot{\varphi} = \frac{1}{r}\,\frac{d}{dt}\,(r^2\,\dot{\varphi}) \tag{18}$$

zerlegt werden. Die Radialbeschleunigung enthält also außer dem von der Änderung von r herrührenden Term einen zum Koordinatenursprung hin weisenden Anteil, dessen Bedeutung am klarsten wird, wenn die Bewegung auf einem Kreis $r = \text{const}$ erfolgt: Es ist die *Zentripetalbeschleunigung*, die auch bei konstantem Betrag der Geschwindigkeit von deren Richtungsänderung längs der Kreisbahn herrührt. Die Azimutalbeschleunigung wird für $r = \text{const}$ mit der in Bahnrichtung liegenden Bahnbeschleunigung $r\ddot{\varphi} = \frac{d}{dt}\,(r\dot{\varphi}) = \frac{dv}{dt}$ identisch. Besonders wichtig ist die Möglichkeit der Zusammenfassung der beiden für variables r entstehenden Glieder von b_φ zu dem Differentialquotienten von $r^2\dot{\varphi}$. Wir werden später sehen, daß die kinematische Größe $r^2\dot{\varphi}$ bereits weitgehend den Begriff des Drehimpulses enthält.

§ 5. Einfachste Aufgaben der Mechanik

Quantitative Experimente in der Physik bestehen letzten Endes fast immer darin, den Bewegungszustand eines oder mehrerer Körper zu beobachten. Dies gilt keineswegs nur für den Bereich der Mechanik, vielmehr ist auch der Zeigerausschlag eines Amperemeters, die von einem Lichtzeiger angezeigte Drehung eines Spiegels, die Verschiebung des Quecksilberfadens in einem Thermometer letzten Endes eine Bewegung, also eine mechanische Hilfsbeobachtung zur Untersuchung anderer, nicht mechanischer Vorgänge. Ausnahmen sind selten: als Beispiel sei der subjektive Vergleich zweier Helligkeiten oder Farben im Photometer genannt. Hierauf beruht die grundlegende Stellung, die sich die Mechanik in der Gesamtphysik von der Antike bis in die Gegenwart bewahrt hat, und aus diesem Gefühl für ihre grundlegende Stellung entspringen die bis tief ins 19. Jahrhundert reichenden Versuche, auch für elektrische, magnetische, optische Erscheinungen mechanische Modellvorstellungen zu entwickeln, ein Gedanke, den Huygens noch als einzige Möglichkeit bezeichnete, jemals etwas in der Natur zu verstehen, und der erst von Faraday und Maxwell überwunden wurde.

Aus der Fülle mechanischer Beobachtungen hat sich im Laufe der Zeit eine Reihe einfacher Erfahrungen herausschälen lassen, insbesondere einfacher Zusammenhänge zwischen Ort und Beschleunigung. Die ersten quantitativen Gesetze dieser Art hat Galilei experimentell gefunden; wir wollen im folgenden eine Reihe derartiger klassischer Probleme und Ergebnisse zusammenstellen.

a) Konstante Beschleunigung. Galileis experimentelle Erfahrungen besagen, daß alle frei fallenden oder geschleuderten Körper eine

Beschleunigung erfahren, die vom Ort auf der Erdoberfläche unabhängig ist und überall senkrecht nach unten, d.h. zur Erdmitte hin zeigt. Es ist natürlich nicht streng richtig, die experimentellen Erfahrungen in dieser Weise zu vereinfachen, und GALILEIs Zeitgenossen haben ihm bereits augenfällige Gegenbeispiele vorgehalten, wie den Unterschied zwischen dem glatten Herabfall einer Eisenkugel und dem langsamen Herabschweben eines Blattes Papier. Die Diskussion ist (trotz mancher damit verbundenen menschlichen Widerwärtigkeiten) im ganzen nützlich gewesen, weil sie die Gefahr vorschneller Schlüsse ebenso deutlich gemacht hat wie die Notwendigkeit kühner Vereinfachungen. Die physikalische Wirklichkeit ist hier wie überall ein sehr kompliziertes Zusammenspiel vieler Effekte: Über den Luftwiderstand spielen in die Fallbewegung die Gestalt des fallenden Körpers, Luftdruck, Luftströmungen usw. in unübersichtlicher Weise hinein. Erst NEWTON hat die ersten Versuche gewagt, den Luftwiderstand zu berücksichtigen, und die Entwicklung der äußeren Ballistik im 19., der Luftfahrt im 20. Jahrhundert hat die ganze Kompliziertheit dieser Vorgänge aufzuklären vermocht. Für GALILEI und seine Zeitgenossen mußte das Problem unlösbar bleiben, solange man diese Fragen nicht abtrennte. GALILEIs physikalisches Genie bestand eben darin, zu erkennen, wie sich das Problem zweckmäßig behandeln ließ, welche Züge wesentlich und welche unwesentlich waren. Er hat zum ersten Male die komplizierte Wirklichkeit der Natur bewußt durch ein *vereinfachtes Modell* ersetzt, das einfach genug war, um der sauberen mathematischen Behandlung zugänglich zu werden. Er hat den Näherungscharakter des Modells nicht geleugnet, aber als Kriterium für den Wert der von ihm gemachten Idealisierung angesehen, daß er dabei — um seine eigenen Worte zu brauchen — nur einen „Fehler von Haaresbreite" beging, während seine Kritiker, dic ihn dieses Fehlers ziehen, bei dem Versuch, das vollständige Problem zu bewältigen, in „Fehler von Ankertaudicke" verfielen, da sie die Kräfte des menschlichen Geistes überforderten.

In der genannten Näherung konstanter, abwärts gerichteter Beschleunigung kommen wir zur mathematischen Formulierung, wenn wir Koordinaten x, y, z einführen, von denen die z-Richtung senkrecht nach oben weisen möge:

$$\ddot{x} = 0, \quad \ddot{y} = 0, \quad \ddot{z} = -g. \tag{1}$$

Diese drei Gleichungen drücken das allen Fall- und Wurfbewegungen gemeinsame Naturgesetz aus. Um in einem konkreten Einzelfall die Bahn eines Körpers zu verfolgen, d.h. um seinen Ort (x, y, z) und seine Geschwindigkeit $(\dot{x}, \dot{y}, \dot{z})$ als Funktion der Zeit t zu bestimmen, müssen wir die drei Relationen (1) als Differentialgleichungen betrachten und integrieren. Der erste Integrationsschritt ergibt

$$\dot{x} = \xi, \quad \dot{y} = \eta, \quad \dot{z} = \zeta - g t \tag{2}$$

mit drei Integrationskonstanten (ξ, η, ζ); der zweite Schritt führt zu

$$x = x_0 + \xi t, \quad y = y_0 + \eta t, \quad z = z_0 + \zeta t - \tfrac{1}{2} g t^2 \tag{3}$$

mit drei weiteren Integrationskonstanten (x_0, y_0, z_0). Damit ist die gestellte Aufgabe, Ort und Geschwindigkeit als Funktion der Zeit anzugeben, im wesentlichen gelöst; es bleiben dabei aber sechs willkürliche Konstanten frei, deren Festlegung aus der unendlichen Schar der möglichen Bewegungen diejenige des Einzelfalles auswählt.

In der Tat läßt sich leicht einsehen, daß diese sechs Konstanten notwendig und hinreichend zur Erfassung aller konkreten Einzelfälle sind. Setzen wir in (2) und (3) $t=0$, so sehen wir, daß (ξ, η, ζ) die Anfangsgeschwindigkeiten und (x_0, y_0, z_0) den Anfangsort festlegen. Diese Größen nun sind es aber gerade, die wir beim Abwurf frei wählen können; hat der geworfene Stein zur Zeit $t=0$ die werfende Hand am Orte (x_0, y_0, z_0) erst einmal mit einer bestimmten Anfangsgeschwindigkeit (ξ, η, ζ) verlassen, so ist unser Einfluß auf den Wurf beendet, der nunmehr eindeutig nach dem Naturgesetz (1) abläuft.

Wir vollziehen als nächstes eine für die Physik sehr charakteristische Unterscheidung, indem wir die sechs Integrationskonstanten in wesentliche und unwesentliche aufteilen: Es ist unwesentlich für den realen Ablauf der Bewegung, ob wir den Anfangspunkt mit den Koordinaten x_0, y_0, z_0 oder mit anderen Koordinatenwerten belegen; durch den physikalischen Sachverhalt ist lediglich die z-Richtung festgelegt (nämlich nach oben), und wir können das zur Beschreibung benutzte Koordinatensystem im übrigen willkürlich wählen. Wir treffen diese Wahl im Sinne möglichst einfacher Beschreibung so, daß wir den Anfangspunkt zum Koordinatennullpunkt machen:

$$x_0 = 0, \quad y_0 = 0, \quad z_0 = 0. \tag{4}$$

Nach dieser Festlegung von z-Richtung und Nullpunkt können wir nun noch das Koordinatensystem um die z-Achse drehen, bis es in eine für unseren Zweck möglichst bequeme Lage kommt. Da sich durch Auflösen der beiden ersten Gln. (3)

$$t = \frac{x - x_0}{\xi} = \frac{y - y_0}{\eta} \tag{5}$$

ergibt, verläuft die Bewegung mit $x_0 = 0$, $y_0 = 0$ vollständig in der vertikalen Ebene

$$y = \frac{\eta}{\xi} x.$$

Drehen wir das Koordinatensystem solange, bis diese Ebene mit der Ebene $y = 0$ zusammenfällt, so können wir auch noch $\eta = 0$ festsetzen. Die Gln. (2) und (3) vereinfachen sich dann zu

$$\dot{x} = \xi, \qquad \dot{y} = 0, \qquad \dot{z} = \zeta - g\,t \tag{6}$$

und

$$x = \xi\,t, \qquad y = 0, \qquad z = \zeta\,t - \tfrac{1}{2}\,g\,t^2. \tag{7}$$

Es bleiben noch die zwei wesentlichen Integrationskonstanten ξ und ζ. Schreiben wir statt dessen

$$\xi = v_0 \cos\alpha; \qquad \zeta = v_0 \sin\alpha, \tag{8}$$

so bestimmt α den Neigungswinkel der Anfangsgeschwindigkeit gegen die Horizontale („Elevationswinkel") und v_0 den Betrag der Anfangsgeschwindigkeit; beide sind also physikalisch für den Ablauf der Bewegung wesentliche Parameter. Die wichtigsten Spezialfälle werden durch die Wahl dieser beiden Konstanten unterschieden, z.B.

$\xi = 0,\ \zeta > 0$: Wurf nach oben,

$\xi = 0,\ \zeta = 0$: freier Fall,

$\xi = 0,\ \zeta < 0$: Wurf nach unten,

$\xi \neq 0,\ \zeta > 0$: Wurf schräg nach oben,

$\xi \neq 0,\ \zeta = 0$: horizontaler Wurf,

$\xi \neq 0,\ \zeta < 0$: Wurf schräg nach unten.

Nachdem wir an diesem einfachsten Fall die Grundgedanken der Methode etwas eingehender dargelegt haben, als dies sonst meist geschieht, wollen wir noch rasch die Bewegung etwas näher beschreiben. Dabei führen wir statt ξ und ζ gemäß (8) die anschaulicheren Parameter v_0 und α ein, schreiben also z.B. statt (7):

$$x = (v_0 \cos\alpha)\,t; \qquad z = (v_0 \sin\alpha)\,t - \tfrac{1}{2}\,g\,t^2. \tag{9}$$

Eliminieren wir hieraus die Zeit:

$$t = \frac{x}{v_0 \cos\alpha}, \tag{10}$$

so ergibt sich die Gleichung der Bahnkurve:

$$z = x \tan\alpha - \frac{1}{2}\,g\,\frac{x^2}{v_0^2 \cos^2\alpha}. \tag{11}$$

Dies ist eine nach unten geöffnete Parabel mit vertikaler Achse. Die Lage ihres Scheitels mit den Koordinaten x_S, z_S folgt aus

$$\frac{dz}{dx} = \tan\alpha - \frac{g\,x_S}{v_0^2 \cos^2\alpha} = 0;$$

er liegt also bei

$$x_S = \frac{v_0^2}{g} \cos\alpha \sin\alpha = \frac{v_0^2}{2g} \sin 2\alpha \tag{12a}$$

und [nach (11)]

$$z_S = x_S \tan\alpha - \frac{g}{2v_0^2} \frac{x_S^2}{\cos^2\alpha} = \frac{v_0^2}{g}\left(\sin^2\alpha - \frac{1}{2}\sin^2\alpha\right),$$

d.h. bei

$$z_S = \frac{v_0^2}{2g} \sin^2\alpha. \tag{12b}$$

Die Scheitelhöhe z_S gibt die *Wurfhöhe* an. Die *Wurfweite* ist definiert durch $z=0$; aus Gl. (11) folgt dafür

$$x_W = \frac{v_0^2}{g} \sin 2\alpha, \tag{13}$$

d.h. der doppelte horizontale Abstand x_S des Scheitels vom Anfangspunkt der Bahn. Die maximale Wurfhöhe bei vorgegebenem v_0 ergibt sich aus (12b) für $\alpha = 90°$ zu

$$z_{S,\,\max} = \frac{v_0^2}{2g}; \tag{14}$$

die maximale Wurfweite folgt aus (13) für $\alpha = 45°$ zu

$$x_{W,\,\max} = \frac{v_0^2}{g}. \tag{15}$$

Alle diese Formeln sind natürlich aus elementareren Darstellungen bekannt; es kam hier darauf an, sie im allgemeinen Rahmen der erläuterten Methode abzuleiten.

b) Analyse von Pendelbeobachtungen. Die auffälligste Größe bei einem Pendel ist seine Schwingungsdauer T, für die die Beobachtungen bekanntlich

$$T = 2\pi \sqrt{\frac{l}{g}} \tag{16}$$

ergeben, die also bei mäßigen Amplituden unabhängig von der Schwingungsamplitude α ist. Solange $\alpha \ll 90°$ ist, können wir in guter Näherung den jeweiligen Ausschlagwinkel φ als Funktion der Zeit beschreiben durch

$$\varphi = \alpha \sin(\omega t + \delta), \tag{17}$$

worin Amplitude α und Phase δ frei wählbare Konstanten sind, während ω gemäß

$$\omega = \frac{2\pi}{T} \tag{18}$$

mit der durch (16) beschriebenen Schwingungsdauer T (= Zeit für einen Hin- und Hergang, Periode) verknüpft ist.

Um das Gesetz herauszufinden, das allen durch verschiedene Werte der Konstanten α und δ sich unterscheidenden Bewegungen des gleichen Pendels gemeinsam ist, müssen wir offenbar aus (17) eine Differentialgleichung konstruieren, welche α und δ nicht mehr enthält. Da es sich um zwei Konstanten handelt, genügt es, dabei bis zum zweiten Differentialquotienten zu gehen. Für die erste Ableitung erhalten wir

$$\dot{\varphi} = \alpha\,\omega \cos(\omega\, t + \delta)$$

oder

$$\dot{\varphi} = \alpha\,\omega \sqrt{1 - \frac{\varphi^2}{\alpha^2}} \quad \text{bzw.} \quad \dot{\varphi}^2 + \omega^2 \varphi^2 = \alpha^2 \omega^2. \tag{19}$$

Dies ist eine Differentialgleichung erster Ordnung für $\varphi(t)$, die aber noch eine der beiden willkürlichen Konstanten, nämlich die Amplitude α, enthält. Erst beim zweiten Differentialquotienten

$$\ddot{\varphi} = -\alpha\,\omega^2 \sin(\omega\, t + \delta)$$

gelingt die vollständige Elimination beider Konstanten:

$$\ddot{\varphi} = -\omega^2 \varphi \quad \text{oder} \quad \ddot{\varphi} + \omega^2 \varphi = 0 \tag{20}$$

ist eine Differentialgleichung, die nur noch die für das Pendel selbst charakteristische Konstante

$$\omega = \sqrt{\frac{g}{l}} \tag{21}$$

enthält, nicht mehr die bei jeder seiner möglichen Bewegungen verschiedenen Konstanten α und δ. Die letzteren hängen vielmehr von den Anfangsbedingungen ab: δ gibt an, wann das Pendel z.B. aus der Ruhelage heraus angestoßen wurde und α wie stark dieser Anstoß war. Mathematisch spielen die beiden Konstanten α und δ die Rolle von Integrationskonstanten, wenn wir den umgekehrten Weg beschreiten wie bisher und aus der Differentialgleichung (20) durch Integration zuerst das intermediäre Integral (19) und schließlich die Lösung (17) berechnen. Dabei tritt (19) zunächst in Form der Aussage auf, daß die Größe

$$\dot{\varphi}^2 + \omega^2 \varphi^2$$

eine von t unabhängige, willkürliche Konstante sei. Wir werden später (in § 11) sehen, daß diese Beziehung (bis auf einen Faktor) gerade den Energiesatz enthält.

Die Differentialgleichung (20) ist nun freilich so einfach und aus der Mathematik so wohlbekannt, daß die Integration mit Hilfe des intermediären Integrals (19) unnötig kompliziert wäre. Sie gehört ihrem Typus nach zu den linearen, homogenen Differentialgleichungen mit konstanten Koeffizienten, die durch den Ansatz

$$\varphi = e^{\lambda t}$$

gelöst werden können. In unserem Falle führt dieser Ansatz auf die charakteristische Gleichung $\lambda^2+\omega^2=0$ mit den Lösungen $\lambda_1=+i\omega$ und $\lambda_2=-i\omega$. Damit haben wir zwei Lösungen der Differentialgleichung gefunden, und da jede Linearkombination partikulärer Lösungen einer linearen und homogenen Gleichung wieder eine Lösung ist (Superpositionsprinzip), so folgt, daß

$$\varphi=C_1\,\mathrm{e}^{i\omega t}+C_2\,\mathrm{e}^{-i\omega t} \tag{22}$$

mit willkürlichen Konstanten C_1 und C_2 ebenfalls eine Lösung ist. Da die vollständige Lösung einer Gleichung zweiter Ordnung nur zwei willkürliche Konstanten enthalten kann, ist damit gleichzeitig die allgemeinste Lösung der Differentialgleichung (20) gefunden.

Die auf dem einfachsten mathematischen Wege gefundene Lösung (22) repräsentiert sich in einer für physikalische Zwecke etwas unpraktischen Form: Die beiden Exponentialfunktionen sind wegen

$$\mathrm{e}^{\pm i\omega t}=\cos\omega t\pm i\sin\omega t \tag{23}$$

komplexe Zahlen, während der Ausschlagwinkel φ des Pendels natürlich reell sein muß. Das ist nur durch geeignete Wahl der ebenfalls komplexen Konstanten C_1 und C_2 zu erreichen. Schreiben wir

$$C_1=a_1+i\,b_1;\qquad C_2=a_2+i\,b_2,$$

so wird

$$\begin{aligned}\varphi&=(a_1+i\,b_1)(\cos\omega t+i\sin\omega t)+(a_2+i\,b_2)(\cos\omega t-i\sin\omega t)\\&=[a_1\cos\omega t-b_1\sin\omega t+a_2\cos\omega t+b_2\sin\omega t]+\\&\quad+i\,[b_1\cos\omega t+a_1\sin\omega t+b_2\cos\omega t-a_2\sin\omega t].\end{aligned}$$

Damit φ reell ist, muß die letzte eckige Klammer identisch für alle t verschwinden, d.h.

$$a_2=a_1,\qquad b_2=-b_1$$

werden. Dann bleibt die erste eckige Klammer in der Gestalt

$$\varphi=2a_1\cos\omega t-2b_1\sin\omega t.$$

Da a_1 und b_1 zwei willkürliche reelle Zahlen sind, können wir sie auch durch zwei andere α und δ ersetzen gemäß

$$2a_1=\alpha\sin\delta;\qquad 2b_1=-\alpha\cos\delta.$$

Dann entsteht

$$\varphi=\alpha\sin(\omega t+\delta),$$

d.h. die gewünschte Lösung (17).

Die Relationen (16) bis (18), die den idealisierten Tatbestand der Beobachtungen darstellen, lassen eine Verbesserung in zweierlei Hinsicht zu: Einmal können wir die Beschränkung auf kleine Amplituden aufheben und finden dann ein allmähliches Ansteigen der Schwingungsdauer mit wachsender Amplitude. Dies Problem ist mathematisch nicht ganz einfach, und wir wollen es für später (§ 8) zurückstellen. Zum andern zeigt sich, daß bei Beobachtung während eines längeren Zeitraums die Schwingungsamplituden nicht streng konstant bleiben, sondern langsam (infolge Reibung und Luftwiderstand) abnehmen, wofür wir in einer guten Näherung schreiben können:

$$\alpha = \alpha_0 \, e^{-\varrho t} \quad \text{mit} \quad \varrho \ll \omega . \tag{24}$$

Wir müssen als Zusammenfassung der experimentellen Erfahrung anstelle von Gl. (17) jetzt also den allgemeineren Ausdruck

$$\varphi = \alpha_0 \, e^{-\varrho t} \sin(\omega t + \delta) \tag{25}$$

setzen.

Versuchen wir wie früher aus (17) so jetzt aus (25) die Differentialgleichung zu gewinnen, welche α und δ nicht mehr enthält, so müssen wir zunächst wieder die Differentialquotienten bilden:

$$\dot{\varphi} = -\varrho \alpha_0 e^{-\varrho t} \sin(\omega t + \delta) + \alpha_0 \omega \, e^{-\varrho t} \cos(\omega t + \delta),$$

$$\ddot{\varphi} = \varrho^2 \alpha_0 e^{-\varrho t} \sin(\omega t + \delta) - 2\varrho \alpha_0 \omega \, e^{-\varrho t} \cos(\omega t + \delta) - \alpha_0 \omega^2 e^{-\varrho t} \sin(\omega t + \delta).$$

Hierin treten, wie in φ selbst Sinus oder Cosinus multipliziert mit $e^{-\varrho t}$ auf. Eine Linearkombination

$$\ddot{\varphi} + A\dot{\varphi} + B\varphi = (\varrho^2 - \omega^2 - A\varrho + B)\,\alpha_0 \, e^{-\varrho t} \sin(\omega t + \delta) + \\ + (-2\varrho\omega + A\omega)\,\alpha_0 \, e^{-\varrho t} \cos(\omega t + \delta)$$

verschwindet daher identisch, wenn

$$\varrho^2 - \omega^2 - A\varrho + B = 0$$

und

$$-2\varrho + A = 0$$

ist, oder aber für

$$A = 2\varrho, \qquad B = \varrho^2 + \omega^2.$$

Setzen wir zur Abkürzung

$$\varrho^2 + \omega^2 = \omega_0^2,$$

so lautet daher die Bewegungsgleichung

$$\ddot{\varphi} + 2\varrho\dot{\varphi} + \omega_0^2 \varphi = 0. \tag{26}$$

Ihre allgemeinste Lösung — mit zwei willkürlichen Konstanten α_0 und δ — ist

$$\varphi = \alpha_0 \, e^{-\varrho t} \sin\left(\sqrt{\omega_0^2 - \varrho^2}\, t + \delta\right). \tag{27}$$

Übrigens besteht auch hier, analog zu Gl. (19), ein intermediäres Integral. Es ist doch

$$\dot{\varphi} + \varrho \varphi = \alpha_0 \omega \, e^{-\varrho t} \cos(\omega t + \delta)$$

und

$$\omega \varphi = \alpha_0 \omega \, e^{-\varrho t} \sin(\omega t + \delta),$$

woraus durch Quadrieren und Addieren

$$(\dot{\varphi} + \varrho \varphi)^2 + \omega^2 \varphi^2 = \alpha_0^2 \omega^2 \, e^{-2\varrho t} \tag{28}$$

hervorgeht. Dies ist eine Differentialgleichung erster Ordnung, die δ nicht mehr enthält. Sie entspricht Gl. (19) im Falle $\varrho = 0$. Wir werden später (in § 11) bei Besprechung des Energiesatzes sehen, daß das für diese Gleichung Charakteristischste die Zeitabhängigkeit der rechten Seite ist, welche die Ungültigkeit des Energiesatzes widerspiegelt.

c) Die Keplerschen Gesetze. Die Formulierung und Deutung der Keplerschen Gesetze der Planetenbewegung hat ebenso entscheidend in die Entstehung der theoretischen Physik im 17. Jahrhundert eingegriffen wie GALILEIs Fallversuche; sie hat darüber hinaus die Astronomie auf eine neue Basis gestellt und unser Weltbild grundlegend geändert.

Während KEPLERs drittes Gesetz eine Verknüpfung verschiedener Planetenbahnen miteinander darstellt, enthalten seine beiden ersten Gesetze die Beschreibung der Bewegung eines einzelnen Planeten. Mit diesen wollen wir daher die Betrachtung beginnen. Sie wurden zuerst von KEPLER in der Astronomia Nova 1609 veröffentlicht.

Das erste Gesetz besagt, daß die Bahn des Planeten eine Ellipse sei, in deren einem Brennpunkt die Sonne steht. Da die Ellipse eine ebene Figur ist, genügt es, in der Bahnebene Polarkoordinaten r, φ mit der Sonne im Koordinatenursprung einzuführen, um die Gestalt der Bahn einfach zu beschreiben. Die Gleichung der Ellipse lautet dann nämlich

$$r = \frac{p}{1 + \varepsilon \cos\varphi}, \tag{29}$$

mit zwei Konstanten p und ε. Dabei ergibt sich eine Ellipse nur, wenn $|\varepsilon| < 1$ ist, denn nur dann kann der Nenner für keinen Winkel φ verschwinden und r pendelt zwischen einem endlichen Maximum

$$r_{\max} = \frac{p}{1 - \varepsilon} \tag{30a}$$

für $\varphi = 180°$ (Sonnenferne, Aphel) und einem Minimum

$$r_{\min} = \frac{p}{1 + \varepsilon} \tag{30b}$$

für $\varphi = 0°$ (Sonnennähe, Perihel). ε soll dabei immer als positiv vorausgesetzt werden; es heißt die Exzentrizität der Bahn. Man sieht sofort, daß Gl. (29) die Gleichung einer Ellipse ist, wenn man kartesische Koordinaten

$$x = r\cos\varphi, \qquad y = r\sin\varphi$$

einführt; dann wird

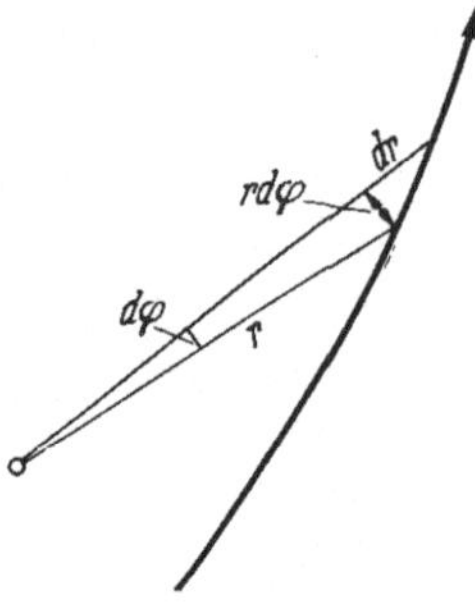

Fig. 11. Zur Definition der Flächengeschwindigkeit

$$r + \varepsilon x = p; \qquad r^2 = x^2 + y^2 = (p - \varepsilon x)^2,$$

oder nach einigen Umformungen:

$$\frac{\left(x + \frac{p\varepsilon}{1-\varepsilon^2}\right)^2}{\left(\frac{p}{1-\varepsilon^2}\right)^2} + \frac{y^2}{\left(\frac{p}{\sqrt{1-\varepsilon^2}}\right)^2} = 1.$$

Daher ist

$$a = \frac{p}{1-\varepsilon^2} \tag{31a}$$

die große und

$$b = \frac{p}{\sqrt{1-\varepsilon^2}} \tag{31b}$$

die kleine Halbachse der Ellipse. Wir notieren außerdem noch, daß der mittlere Abstand vom Zentrum

$$\tfrac{1}{2}(r_{\max} + r_{\min}) = a \tag{32}$$

gleich der großen Halbachse ist.

Das zweite Gesetz ist unter dem Namen *Flächensatz* bekannt: *Der Fahrstrahl von der Sonne zum Planeten überstreicht in gleichen Zeiträumen gleiche Flächen.* Da die Fläche (Fig. 11), die zu einem infinitesimalen Bogenelement der Bahn gehört,

$$dF = \tfrac{1}{2} r^2\, d\varphi$$

ist, besagt das Gesetz, daß die Flächengeschwindigkeit

$$\frac{dF}{dt} = \frac{1}{2} r^2 \dot{\varphi} \tag{33}$$

konstant sei. Wir schreiben

$$r^2 \dot{\varphi} = f \tag{34}$$

mit konstantem f.

Die Gln. (29) und (34) beschreiben die Bewegung des Planeten; (29) gibt seine Bahnkurve an, und (34) bestimmt, wie sie zeitlich durchmessen wird. Die beiden Gleichungen enthalten drei Konstanten, p, ε und f, und wir wollen sehen, wie wir durch Übergang zu einer Differentialgleichung zweiter Ordnung zwei davon eliminieren können. Dabei benutzen wir die am Ende von § 4 auf S. 22 durchgeführte Umrechnung der Beschleunigungskomponenten in Polarkoordinaten:

$$\left.\begin{aligned} b_r &= \ddot{r} - r\dot{\varphi}^2, \\ b_\varphi &= \frac{1}{r}\frac{d}{dt}(r^2\dot{\varphi}). \end{aligned}\right\} \tag{35}$$

Die zweite Gl. (35) enthält den Ausdruck $r^2\dot{\varphi}$, der nach dem Flächensatz konstant ist. Daher bedeutet die Gültigkeit des Flächensatzes das Verschwinden der Azimutalbeschleunigung:

$$b_\varphi = 0; \tag{36}$$

d.h. die Beschleunigung des Planeten zeigt in jedem Augenblick zur Sonne hin („*Zentralbeschleunigung*"). Um sie zu berechnen, differenzieren wir die Bahngleichung (29) in der Form

$$r(1 + \varepsilon\cos\varphi) = p$$

nach der Zeit:

$$\dot{r}(1 + \varepsilon\cos\varphi) - r\,\varepsilon\sin\varphi\,\dot{\varphi} = 0,$$

woraus bei Berücksichtigung von (29) im ersten und (34) im zweiten Glied folgt:

$$\dot{r}\frac{p}{r} - r\,\varepsilon\sin\varphi\frac{f}{r^2} = 0$$

oder

$$\dot{r} = \frac{\varepsilon f}{p}\sin\varphi. \tag{37}$$

Die Radialgeschwindigkeit $\dot{r}$ pendelt also zwischen positiven und negativen Werten periodisch hin und her; bei $\varphi = 0°$ (Perihel) und $\varphi = 180°$ (Aphel) verschwindet sie. Nur für eine Kreisbahn ($\varepsilon = 0$) ist überall $\dot{r} = 0$. Wenn wir nun Gl. (37) nochmals differenzieren, so entsteht

$$\ddot{r} = \frac{\varepsilon f}{p}\cos\varphi\,\dot{\varphi},$$

worin wir aus (29)

$$\varepsilon\cos\varphi = \frac{p}{r} - 1$$

und aus (34) $\dot{\varphi} = f/r^2$ einsetzen:

$$\ddot{r} = \frac{f}{p}\left(\frac{p}{r} - 1\right)\frac{f}{r^2} = f^2\left(\frac{1}{r^3} - \frac{1}{p\,r^2}\right).$$

Hieraus und aus $r\dot{\varphi}^2 = f^2/r^3$ erhalten wir die Radialbeschleunigung

$$b_r = \ddot{r} - r\dot{\varphi}^2 = -\frac{f^2}{p\,r^2}. \tag{38}$$

Die zentral zur Sonne hin gerichtete Beschleunigung des Planeten ist also umgekehrt proportional dem Quadrat des Abstandes von der Sonne.

Die bisher abgeleiteten Formeln benutzen wir zur Berechnung der Umlaufszeit des Planeten. Aus dem Flächensatz (34) ergibt sich formal

$$T = \frac{1}{f} \int_0^{2\pi} r^2 \, d\varphi; \tag{39}$$

das Integral läßt sich nur berechnen bei Kenntnis der Funktion $r(\varphi)$ aus der Bahnkurve (29):

$$T = \frac{p^2}{f} \int_0^{2\pi} \frac{d\varphi}{(1 + \varepsilon \cos \varphi)^2}.$$

Der Zahlenwert des Integrals hängt nur von ε ab; das Resultat[1] lautet:

$$T = \frac{p^2}{f} \cdot \frac{2\pi}{(1 - \varepsilon^2)^{\frac{3}{2}}}. \tag{40}$$

Führt man hierin aus (31a) für

$$1 - \varepsilon^2 = \frac{p}{a}$$

die große Halbachse a ein, so ergibt sich

$$T = 2\pi \frac{\sqrt{p}}{f} a^{\frac{3}{2}}. \tag{41}$$

Bei dieser Schreibweise tritt in der Umlaufszeit T die gleiche Kombination der Konstanten p und f, nämlich

$$\gamma = \frac{f^2}{p} \tag{42}$$

auf wie in der Zentralbeschleunigung (38): Wir erhalten also mit der Abkürzung γ

$$b_r = -\frac{\gamma}{r^2} \tag{43}$$

und

$$T = \frac{2\pi}{\sqrt{\gamma}} a^{\frac{3}{2}}. \tag{44}$$

Wir sind nun vorbereitet, das dritte Keplersche Gesetz zu formulieren, das dieser in der Harmonice Mundi 1619 veröffentlichte: *Vergleicht man die Bahnen verschiedener um die Sonne kreisender Planeten miteinander, so verhalten sich die Quadrate der Umlaufzeiten wie die Kuben der großen Halbachsen:*

$$T_1^2 : T_2^2 = a_1^3 : a_2^3.$$

[1] Die Berechnung erfolgt elementar mit $u = e^{i\varphi}$ als Hilfsvariabler oder besser auf komplexem Wege, indem man den Nenner als Produkt $(1 + \varepsilon_1 \cos \varphi)\ (1 + \varepsilon_2 \cos \varphi)$ schreibt, so daß man zwei Schleifenintegrale um die Pole bei $\cos \varphi = -1/\varepsilon_{1,2}$ erhält, und nach Integration den Grenzübergang $\varepsilon_1 \to \varepsilon_2$ vollzieht.

Nach Gl. (44) bedeutet das: γ hat für alle Planeten einen offenbar nur von Eigenschaften der Sonne bedingten einheitlichen Zahlenwert. Daher unterliegen gemäß Gl. (43) auch alle Planeten dem gleichen Beschleunigungsgesetz. Damit ist γ als die den Bewegungen der Planeten zugrundeliegende Naturkonstante erkannt, während p, ε, f nur akzessorische Parameter zur Beschreibung der einzelnen Bahn sind.

d) Newtons Vereinigung von irdischer und Himmelsmechanik. Wir haben gesehen, daß die Planetenbewegungen auf eine einzige Naturkonstante γ zurückgeführt werden können, die eine Eigenschaft des Zentralkörpers, der Sonne, darstellt, welche wir auch als die Eigenschaft der *Gravitation* bezeichnen. Aus den Bahnelementen der Erde

$$a_E = 149 \cdot 10^6 \text{ km} = 1{,}49 \cdot 10^{13} \text{ cm},$$

$$T_E = 365{,}26 \text{ d} = 3{,}16 \cdot 10^7 \text{ sec}$$

erhalten wir gemäß (44) für die Sonne

$$\gamma_S = \frac{4\pi^2 a_E^3}{T_E^2} = 1{,}312 \times 10^{26} \frac{\text{cm}^3}{\text{sec}^2}. \tag{45}$$

Es entsteht nun die Frage, ob dies eine speziëlle Eigenschaft der Sonne oder auch eine solche anderer Himmelskörper ist. Zur Entscheidung dieser Frage bedarf es der Beobachtung von Systemen zu verschiedenen Zentralkörpern. Das erste vergleichbare System, Jupiter und seine Satelliten, wurde schon im 17. Jahrhundert untersucht. Hierbei fand man die Keplerschen Gesetze bestätigt, jedoch mit einem viel kleineren Wert der Konstanten γ, die also von Zentralgestirn zu Zentralgestirn andere Werte annimmt.

Auch beim Jupiter handelt es sich noch um ein Objekt der Himmelsmechanik. Entscheidender war daher für die Weiterentwicklung der Physik Newtons Idee, auch die Anziehung eines Körpers durch die Erde in den Kreis der Betrachtungen einzuschließen: Schwere Körper an der Erdoberfläche unterliegen einer Schwerebeschleunigung

$$g = 980 \text{ cm/sec}^2,$$

die zum Erdmittelpunkte hin gerichtet ist. Der Erdradius ist

$$R_E = 6370 \text{ km} = 6{,}37 \times 10^8 \text{ cm};$$

wenn also auch für die Erde als Zentralkörper das Gesetz (43) gilt, so folgt

$$\gamma_E = g R_E^2 = 3{,}98 \times 10^{20} \frac{\text{cm}^3}{\text{sec}^2}, \tag{46a}$$

d.h. γ_E ist viel kleiner als γ_S:

$$\gamma_S = 330000\, \gamma_E.$$

Ist diese Betrachtung richtig[1], so muß bei großer Entfernung von der Erdoberfläche das Beschleunigungsfeld stetig wie $1/r^2$ abnehmen. Nun umkreist der Mond die Erde in einer Bahn geringer Exzentrizität, auf der er sich im Mittel in rund $60\,R_E$ Abstand befindet. Aus

$$r_{\min} = 357\,000 \text{ km}, \qquad r_{\max} = 407\,000 \text{ km}$$

erhält man nach Gl. (32) die große Halbachse der Mondbahn:

$$a_{☾} = \tfrac{1}{2}(r_{\min} + r_{\max}) = 382\,000 \text{ km}$$
$$= 3{,}82 \times 10^{10} \text{ cm}.$$

Die siderische Umlaufzeit des Mondes ist

$$T_{☾} = 27^{\text{d}}{,}3 = 2{,}36 \times 10^6 \text{ sec}.$$

Daraus folgt

$$\gamma_E = \frac{4\pi^2 a_{☾}^3}{T_{☾}^2} = 3{,}85 \times 10^{20} \frac{\text{cm}^3}{\text{sec}^2}, \tag{46b}$$

was gut mit dem oben aus der Schwerebeschleunigung an der Erdoberfläche gefundenen Wert (46a) übereinstimmt. Diese Übereinstimmung, die noch besser wird, wenn man die Störungen der Mondbahn durch die Sonne berücksichtigt, ist NEWTONs Beweis dafür, daß die Vorgänge der Himmelsmechanik den gleichen Gesetzen gehorchen wie die Vorgänge im Laboratorium. Für die damalige Zeit war dies eine unerwartete und umwälzende Erkenntnis, hatte man doch seit der Antike stets zwischen den Bewegungen der Himmelskörper und der „sublunaren" Sphäre des irdischen Geschehens grundsätzlich unterschieden.

Das gleiche Problem hat in unseren Tagen nochmals ganz neues Interesse gewonnen durch die künstlichen Erdsatelliten. Betrachten wir der Einfachheit halber hier nur einen Satelliten auf einer Kreisbahn in der Höhe h über der Erdoberfläche, so ist der Bahnradius $r = R_E + h$ und die Umlaufzeit nach (44):

$$T = \frac{2\pi}{\sqrt{\gamma_E}} (R_E + h)^{\frac{3}{2}}.$$

Wegen

$$\gamma_E = g\,R_E^2$$

können wir dafür auch schreiben

$$T = 2\pi \sqrt{\frac{R_E}{g}} \left(1 + \frac{h}{R_E}\right)^{\frac{3}{2}}. \tag{47a}$$

[1] Sie enthält die stillschweigende und keineswegs triviale Annahme, daß die Schwerebeschleunigung eines Körpers an der Erdoberfläche die gleiche sei wie bei Zusammenziehung der ganzen Erdmasse in ihren Mittelpunkt. Den Beweis dieser Annahme können wir erst viel später führen (S. 187 u. 193).

Hierin ist

$$T_0 = 2\pi \sqrt{\frac{R_E}{g}} = 83{,}5 \text{ min} \tag{47b}$$

eine für die Erde charakteristische Zeitkonstante, nämlich die hypothetische Umlaufszeit eines Satelliten auf der Erdoberfläche. Für jede größere Höhe ergibt sich entsprechend eine verlängerte Umlaufzeit, z.B. in $h = 400$ km Höhe $T = 91{,}5$ min. Bei exzentrischen Bahnen muß man darauf achten, daß im Perigäum h nicht negativ wird, d.h. daß [vgl. Gl. (30b)]

$$r_{\min} = \frac{p}{1+\varepsilon} = (1-\varepsilon)\, a = \frac{1-\varepsilon}{1+\varepsilon} r_{\max} > R_E$$

bleibt. Schließlich folgt für die Bahngeschwindigkeit auf der Kreisbahn noch

$$v = \frac{2\pi(R_E + h)}{T} = \frac{2\pi R_E}{T_0}\left(1 + \frac{h}{R_E}\right)^{-\frac{1}{2}} = 7{,}91 \frac{\text{km}}{\text{sec}} \cdot \left(1 + \frac{h}{R_E}\right)^{-\frac{1}{2}}, \tag{48}$$

d.h. die Geschwindigkeit v ist um so kleiner, je höher der Satellit fliegt. Beim Mond nimmt sie schließlich sogar bis auf $2\pi\, a_☾/T_☾ = 1{,}02$ km/sec ab.

e) Die Zentralbeschleunigung in vektorieller Darstellung und in kartesischen Koordinaten. Wir wollen die Bewegung eines Massenpunktes ganz allgemein in einem Zentralfelde der Beschleunigung

$$\mathfrak{b} = -f(r)\frac{\mathfrak{r}}{r} \tag{49}$$

beschreiben. Dabei ist $f(r)$ irgendeine differenzierbare Funktion von r; der Einheitsvektor $-\mathfrak{r}/r$ zeigt vom Massenpunkt zum Zentrum hin. Da die kartesischen Komponenten von $\mathfrak{b}$ die zweiten Ableitungen von x, y, z sind, können wir auch schreiben:

$$\left.\begin{aligned} \ddot{x} &= -\frac{f(r)}{r}x, \\ \ddot{y} &= -\frac{f(r)}{r}y, \\ \ddot{z} &= -\frac{f(r)}{r}z. \end{aligned}\right\} \tag{50}$$

Das sind drei gekoppelte Differentialgleichungen für die drei Funktionen $x(t)$, $y(t)$, $z(t)$; die Kopplung besteht über

$$r = \sqrt{x^2 + y^2 + z^2}.$$

Man sieht sofort, daß man die Funktion f eliminieren kann, z.B. indem man die erste Gl. (50) mit y, die zweite mit x multipliziert und die Differenz bildet. Nach diesem Verfahren entstehen aus (50) die Relationen

$$y\ddot{x} - x\ddot{y} = 0, \quad z\ddot{y} - y\ddot{z} = 0, \quad x\ddot{z} - z\ddot{x} = 0. \tag{51}$$

Diese drei Gleichungen lassen sich sofort integrieren zu

$$y\dot{x} - x\dot{y} = c_3, \quad z\dot{y} - y\dot{z} = c_1, \quad x\dot{z} - z\dot{x} = c_2 \tag{52}$$

mit Integrationskonstanten c_1, c_2, c_3. Man sieht das leicht ein, wenn man z.B. die erste Relation (52) wieder differenziert:

$$0 = \frac{d}{dt}(y\dot{x} - x\dot{y}) = (\dot{y}\dot{x} + y\ddot{x}) - (\dot{x}\dot{y} + x\ddot{y}) = y\ddot{x} - x\ddot{y}.$$

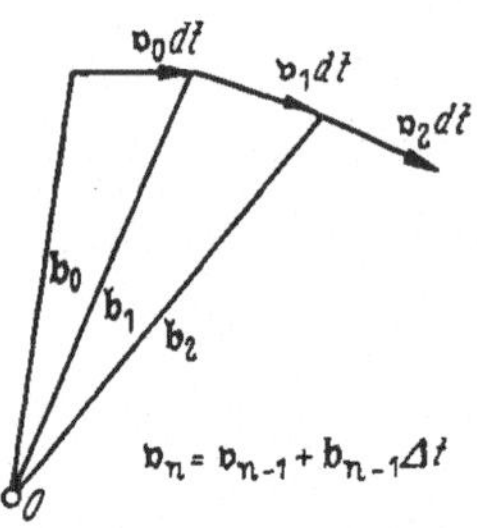

Fig. 12. Konstruktion der Bahnkurve

Die Gleichungen (52) sind also erste Integrale der Bewegungsgleichungen (50). Multipliziert man sie der Reihe nach mit z, x, y und addiert, so heben sich die linken Seiten weg, und man erhält

$$c_1 x + c_2 y + c_3 z = 0. \tag{53}$$

Das ist die Gleichung einer Ebene durch das Zentrum, die senkrecht auf dem Vektor $\mathfrak{c}$ mit den Komponenten c_1, c_2, c_3 steht. Es ist also eine allgemeine Eigenschaft der Zentralkraft zu einer ebenen Bewegung zu führen.

Man sieht das auch geometrisch sofort aus dem Anfangswertproblem. Anfangsgeschwindigkeit $\mathfrak{v}_0$ und Zentrum O spannen eine Ebene auf (Fig. 12), in welcher auch die Anfangsbeschleunigung liegt. Daher kann etwas später die Geschwindigkeit auch nur innerhalb dieser Ebene geblieben sein, und ihre Zusammensetzung mit der Beschleunigung im nächsten Bahnpunkt führt wieder nicht aus der ursprünglichen Ebene heraus. Dies Verfahren kann beliebig fortgesetzt werden, ohne daß die Bahn dabei jemals die durch die ursprüngliche Anfangsgeschwindigkeit festgelegte Ebene verläßt.

Legen wir das Koordinatensystem nun so, daß die Bahnebene mit der x, y-Ebene zusammenfällt, so wird $z = 0$, $\dot{z} = 0$, $c_1 = 0$, $c_2 = 0$, und es bleibt von (52) nur

$$y\dot{x} - x\dot{y} = c. \tag{54}$$

Greifen wir zurück auf die Formeln zur Umrechnung in Polarkoordinaten (§ 4, S. 21 u. 22):

$$x = r\cos\varphi, \quad \dot{x} = \dot{r}\cos\varphi - r\sin\varphi\,\dot{\varphi},$$
$$y = r\sin\varphi, \quad \dot{y} = \dot{r}\sin\varphi + r\cos\varphi\,\dot{\varphi},$$

so finden wir

$$y\dot{x} - x\dot{y} = (r\dot{r}\sin\varphi\cos\varphi - r^2\sin^2\varphi\dot{\varphi}) - (r\dot{r}\cos\varphi\sin\varphi + r^2\cos^2\varphi\dot{\varphi}) = -r^2\dot{\varphi},$$

d.h. das intermediäre Integral (54) ist der Flächensatz, welcher also ebenfalls für *jede* Zentralbewegung gilt.

Ein Resultat, das über Gl. (54) hinausgeht, erhalten wir, wenn wir die Bewegungsgleichungen (50) der Reihe nach mit den Geschwindigkeitskomponenten $\dot{x}$, $\dot{y}$, $\dot{z}$ multiplizieren und addieren:

$$\dot{x}\ddot{x}+\dot{y}\ddot{y}+\dot{z}\ddot{z}=-\frac{f(r)}{r}(x\dot{x}+y\dot{y}+z\dot{z}).$$

Nun ist

$$x\dot{x}=\frac{1}{2}\frac{d}{dt}(x^2); \qquad \dot{x}\ddot{x}=\frac{1}{2}\frac{d}{dt}(\dot{x}^2);$$

daher können wir schreiben

$$\frac{1}{2}\frac{d}{dt}(\dot{x}^2+\dot{y}^2+\dot{z}^2)=-\frac{f(r)}{r}\cdot\frac{1}{2}\frac{d}{dt}(x^2+y^2+z^2).$$

Auf der rechten Seite ist $x^2+y^2+z^2=r^2$, die zeitliche Ableitung davon also $2r\dot{r}$. Links können wir

$$\dot{x}^2+\dot{y}^2+\dot{z}^2=v^2$$

einführen; daher erhalten wir

$$\frac{1}{2}\frac{d}{dt}(v^2)=-f(r)\frac{dr}{dt} \tag{55}$$

oder

$$\frac{1}{2}d(v^2)=-f(r)\,dr. \tag{55'}$$

Diese Gleichung läßt sich integrieren zu

$$\frac{v^2}{2}+\int^r f(r)\,dr=C. \tag{56}$$

Wir werden später (§ 10) sehen, daß diese Gleichung, welche im wesentlichen den Energiesatz bedeutet, eine sehr allgemeine Gültigkeit besitzt.

Die hier gewonnenen Sätze leiten wir nochmals in der kürzeren vektoriellen Sprache ab. Wir beginnen wieder mit Gl. (49), die wir schreiben

$$\ddot{\mathfrak{r}}=-\frac{f(r)}{r}\mathfrak{r}. \tag{57}$$

Wir bilden zunächst das Vektorprodukt dieser Gleichung mit $\mathfrak{r}$: Wegen $\mathfrak{r}\times\mathfrak{r}=0$ verschwindet dann die rechte Seite, und wir finden

$$\mathfrak{r}\times\ddot{\mathfrak{r}}=0$$

analog zu (51), woraus sofort das Integral

$$\mathfrak{r}\times\dot{\mathfrak{r}}=\mathfrak{c} \tag{58}$$

analog zu (52) folgt. Man sieht dies wieder leicht durch Differenzieren der letzten Gleichung ein; nach der Produktregel entsteht dann

$$0 = \frac{d}{dt}(\mathfrak{r}\times\dot{\mathfrak{r}}) = \dot{\mathfrak{r}}\times\dot{\mathfrak{r}} + \mathfrak{r}\times\ddot{\mathfrak{r}},$$

worin der erste Term wieder verschwindet. Skalares Multiplizieren von (58) mit $\mathfrak{r}$,

$$\mathfrak{r}\cdot(\mathfrak{r}\times\dot{\mathfrak{r}}) = \mathfrak{c}\cdot\mathfrak{r}$$

gibt links Null (gemischtes Produkt mit zwei gleichen Faktoren), mithin ist

$$\mathfrak{c}\cdot\mathfrak{r} = 0$$

die Gleichung einer senkrecht zu $\mathfrak{c}$ durch das Zentrum gehenden Ebene, analog zu (53). Schließlich bleibt nur noch Gl. (56) herzuleiten. Dazu multiplizieren wir (57) skalar mit $\dot{\mathfrak{r}}$ und benutzen auf der rechten Seite:

$$\mathfrak{r}\,\dot{\mathfrak{r}} = \frac{1}{2}\frac{d}{dt}\mathfrak{r}^2 = \frac{1}{2}\frac{d}{dt}r^2 = r\,\dot{r}$$

und auf der linken Seite:

$$\dot{\mathfrak{r}}\,\ddot{\mathfrak{r}} = \frac{1}{2}\frac{d}{dt}\dot{\mathfrak{r}}^2 = \frac{1}{2}\frac{d}{dt}v^2.$$

Daher wird

$$\frac{1}{2}\frac{d}{dt}v^2 = -f(r)\frac{dr}{dt}$$

in Übereinstimmung mit (55), woraus schon oben durch Integration (56) abgeleitet wurde.

III. Dynamik des Massenpunktes

§ 6. Die Axiome der Dynamik

Im bisherigen Aufbau des Buches haben wir zunächst den statischen Kraftbegriff eingeführt und mit seiner Hilfe das Gleichgewicht der Kräfte an einem starren Körper untersucht, welches diesen Körper in Ruhe läßt. Dabei blieb die Frage offen, was denn geschieht, wenn die Kräfte sich nicht länger im Gleichgewicht befinden. Wir konnten darauf bisher nur eine qualitative Antwort geben: Der Körper wird sich zu bewegen beginnen; haben die Kräfte eine Resultierende, so werden sie eine Translation hervorrufen; haben sie ein resultierendes Moment, so wird eine Rotation erfolgen. In der Massenpunkt-Näherung können wir von dem zweiten Bewegungstyp absehen, dem wir uns erst bei der Mechanik des starren Körpers wieder zuzuwenden haben. Es bleibt der Zusammenhang zwischen der resultierenden Kraft und der von ihr hervorgerufenen Ortsveränderung des Massenpunktes zu untersuchen.

In dem vorangehenden Kapitel über die Kinematik haben wir die wichtigsten Begriffe und Hilfsmittel zur Beschreibung der Bewegung eines Massenpunktes kennengelernt. Es gilt jetzt, diese Begriffe mit der aus der Statik entnommenen Kraft in der richtigen Weise zu verknüpfen.

Diese Verknüpfung hat eine lange Geschichte, die bis in die Antike zurückreicht. ARISTOTELES hat gemeint, jede Bewegung bedürfe zu ihrer Aufrechterhaltung eines fortwährenden Antriebes[1]. Auf den ersten Blick scheint dieser Gedanke plausibel: Denkt man daran, wie mühselig ein Eselskarren eine staubige Landstraße entlangrollt, so glaubt man diese Ansicht anschaulich belegt. Je größer die Geschwindigkeit des Karrens sein soll, um so mehr muß der Esel sich ins Zeug legen. Kraft und Geschwindigkeit scheinen einander proportional. Noch das angehende 17. Jahrhundert scheint an dieser, man ist versucht zu sagen:

[1] Die Behandlung physikalischer Fragen geschieht in der Antike ebenso wie in der Scholastik in einer Sprache und mit einer Zielsetzung, die denjenigen unserer heutigen, im 17. Jahrhundert entstandenen so fremd sind, daß äußerste Vorsicht am Platze scheint bei dem Versuch, solche ältere Ansichten und Vorstellungen dem modernen Physiker zugänglich zu machen. Andererseits ist eine wenigstens flüchtige Kenntnis unentbehrlich, um zu begreifen, auf welchem Hintergrund sich die Arbeiten GALILEIS abheben, und wie groß seine geistige Leistung war. Als Beispiel sei hier die entscheidende Stelle aus dem achten Buch der Aristotelischen Physik über die Wurfbewegung angeführt; ihr liegt das Axiom zugrunde, daß jede Bewegung zu ihrer Aufrechterhaltung eines ständigen Bewegers (motor) bedarf: „Wenn alles Bewegte von etwas bewegt wird, soweit es nicht von sich selbst bewegt wird, wie kann dann in manchen Fällen ein Körper sich stetig weiterbewegen, ohne daß derjenige ihn noch berührt, der ihn in Gang gebracht hat? Zum Beispiel beim Wurf. Wenn aber der Werfende noch eine andere Bewegung verursacht hat, z.B. die der Luft, die dann als Werkzeug weiterbewegt, dann ist das ebenso unmöglich, daß nämlich diese sich weiterbewegt, ohne daß der erste, Werfende, sie noch berührt und bewegt. Es müßte doch alles zugleich sich bewegen und mit der Bewegung aufhören, sobald der erste mit seiner Bewegung aufhört, auch dann, wenn er es so macht wie der Magnet, der zum Magneten macht, und so zum Beweger macht, was er bewegt hat. Hier muß man folgendes sagen, daß der erste Beweger die Luft ... instandsetzt, weiterzubewegen .... Aber er hört nicht zu gleicher Zeit auf, sich zu bewegen und zu bewegen, vielmehr hört der Beweger nur auf, sich zu bewegen, wenn er mit der Wurfbewegung aufhört, aber Beweger ist er immer noch. Deswegen wird auch ein anderes Glied der Reihe bewegt, und bei diesem ist es auch wieder so. Die Bewegung hört erst auf, wenn im Nachbarglied die Kraft zur Bewegung nachläßt. Schließlich hört die ganze Bewegung auf, wenn ein Glied das nächste nicht mehr bewegend machen kann, sondern nur noch bewegt. In dem Fall hört dann alles zugleich auf, der Beweger, das Bewegte und die ganze Bewegung." (Zitiert nach der Übersetzung von P. GOHLKE, Paderborn 1956.) — Die Fähigkeit, den geworfenen Stein zu bewegen, pflanzt sich also nach Art einer Welle in der Luft fort, so daß der Stein stets mit seinem Beweger (motor coniunctus) in Kontakt bleibt, denn eine Fernwirkung (actio in distans) wird allgemein, und daher auch von der Hand des Werfers auf den fliegenden Stein im besonderen, als unmöglich angesehen. Die „Welle" (sit venia verbo) in der Luft ist „gedämpft"; sie verliert allmählich die Fähigkeit, die Rolle des Bewegers für den Stein zu übernehmen.

experimentell begründeten Auffassung nicht gezweifelt zu haben. Für ARISTOTELES kann auch der geworfene Gegenstand, nachdem er die werfende Hand verlassen hat, nur durch einen von der ihn umgebenden Luft ausgehenden ständigen Antrieb in Bewegung gehalten werden. Kein Wunder, daß GALILEIs an solchen Vorstellungen geschulte Widersacher die Vernachlässigung des Luftwiderstandes so anstößig fanden! Noch KEPLER glaubte fest daran, daß die Planeten auf ihrer Bahn durch eine tangential wirkende Kraft vorwärts getrieben würden.

Nun zeigt sich freilich bei genauer Beobachtung schon bei dem als Zeugen angerufenen Esel eine Schwäche der Theorie. In dem Augenblick nämlich, wo der Esel gezwungen wird, sein Tempo bei gleichbleibendem Zustand der Straße zu steigern, muß er sich vorübergehend mehr anstrengen als danach, um das neue Tempo zu halten. Deutlicher wird der Fehler in der Betrachtung bei den sauberen Experimenten GALILEIs an der schiefen Ebene, bei der es ihm gelang, alle Reibungseinflüsse nahezu auszuschalten. Die Kugel rollt dann mit einer Beschleunigung abwärts, die um so kleiner wird, je weniger das Brett geneigt ist. Es ist nicht schwer, sich den Grenzfall des horizontalen Brettes vorzustellen: Die einmal angestoßene Kugel rollt ohne ständig wirkenden Antrieb weiter mit der einmal erhaltenen Geschwindigkeit. So kommt GALILEI dazu, ein Prinzip zu formulieren, das für die vollständige Beschreibung der Wurfbewegung entscheidend ist: Auf horizontaler Bahn bleibt die Geschwindigkeit ohne Antrieb erhalten.

In diesem Zustande etwa hat dreißig Jahre später NEWTON die Mechanik vorgefunden und ihr in genialer Verallgemeinerung im wesentlichen ihre klassische Form gegeben.

NEWTON löst GALILEIs Prinzip von der Horizontalen und erweitert es zu einem allgemeinen Prinzip: Bei kräftefreier Bewegung ändert sich der Bewegungszustand nicht *(Trägheitsprinzip)*, d.h. die Geschwindigkeit bleibt nach Größe und Richtung konstant. Dies deutet bereits darauf hin, etwaige Kraftwirkungen nicht im Vorhandensein sondern in der Änderung eines Bewegungszustandes zu erblicken. Die Änderung der Geschwindigkeit ist die Beschleunigung; sie ist der wirkenden Kraft proportional. Läßt man aber gleiche Kräfte auf verschiedene Körper wirken, so rufen sie keineswegs dieselbe Beschleunigung an ihnen hervor; die Körper setzen der Bewegungsänderung einen Trägheitswiderstand entgegen, der eine für jeden Körper charakteristische Größe ist, die wir kurz seine *Masse* nennen. So postuliert NEWTON die Grundgleichung der Dynamik

Kraft = Masse mal Beschleunigung

$$\mathfrak{K} = m\frac{d^2\mathfrak{r}}{dt^2}. \tag{1}$$

Ehe wir daran gehen, NEWTONs Konzeption im einzelnen zu überprüfen, müssen wir sie noch durch ein paar weitere, allgemeine Bemerkungen ergänzen.

Wir werden in der Folge von einem Axiom Gebrauch machen, das uns bereits in der Statik begegnet ist. Es ist die Gleichheit von Kraft und Gegenkraft, actio et reactio in einer noch heute gern gebrauchten Formulierung, in der der Sprachgebrauch der Scholastik nachklingt. Die Anwendung dieses Axioms in der Statik (S. 12) war notwendig, um die Bedingungen des Gleichgewichtes zu erhalten: Die Kraft, die ein schwerer Körper auf seine Unterstützungen ausübt, d.h. sein Gewicht, wird mit umgekehrtem Vorzeichen von den Unterstützungen auf den Körper ausgeübt. Das Wichtige ist, daß das Prinzip auch in der Dynamik gilt: Die Kraft, welche die Sonne auf den Planeten ausübt, wird mit umgekehrtem Vorzeichen auch von dem Planeten wieder auf die Sonne ausgeübt. Das zweite Beispiel zeigt deutlich die Gültigkeit des Prinzips auch dann noch, wenn die Körper sich nicht berühren (Fernkraft).

Auf den Newtonschen Axiomen[1] läßt sich eine saubere mathematische Theorie aufbauen. Dies ist im Laufe des 18. und der ersten Hälfte des 19. Jahrhunderts geschehen. Der Aufbau dieser mathematischen Theorie hat sich vom rein mathematischen Standpunkte aus so umfangreich und fruchtbar gestaltet, daß er geradezu als ein Zweig der Mathematik erscheinen könnte. Darüber wurde zeitweise der physikalische

---

[1] NEWTONs Begründung der Dynamik ist in den ersten Abschnitten seiner „philosophiae naturalis principia mathematica" 1687 in den drei Grundgesetzen (leges motus) und einer Reihe von Definitionen niedergelegt. Da sie die Basis des noch heute als klassisch bezeichneten Unterbaus der theoretischen Physik bilden, seien sie hier kurz zusammengestellt. Die wichtigsten Definitionen sind die folgenden:

I. Als Masse (moles) bezeichnet er ein Maß der Materiemenge (quantitas materiae), das durch das Produkt aus Volumen und Dichte definiert wird.

II. „Die Quantität der Bewegung (quantitas motus) ist ein Maß derselben, gebildet aus Geschwindigkeit und Quantität der Materie." Dies ist die heute allgemein als Impuls bezeichnete Größe.

III. „Der Materie wohnt als Potenz eine Kraft zu widerstehen inne, durch welche jeglicher Körper in dem Maße, wie er davon in sich trägt, in seinem Zustande der Ruhe oder der gleichförmig geradlinigen Bewegung verharrt. Diese ist stets proportional seiner Masse und weicht in keiner Weise von der Trägheit der Masse ab, außer in der Begriffsbildung." Diese „Kraft" nennt NEWTON auch Trägheitskraft (vis inertiae).

IV. „Die eingeprägte Kraft (vis impressa) ist die auf einen Körper ausgeübte Wirkung (actio), seinen Zustand der Ruhe oder der geradlinig gleichförmigen Bewegung zu ändern. Diese Kraft besteht während der Wirkung allein und verbleibt nach der Wirkung nicht im Körper. Der Körper verharrt alsdann in dem ganz neuen Zustande allein durch die Trägheitskraft."

Auf die Definitionen folgt ein Scholium, daß die Begriffe von Raum, Zeit und Bewegung näher erläutert im Sinne der Einführung eines absoluten Raumes und einer absoluten Zeit. Alsdann folgen die drei grundlegenden Leges motus:

Ursprung der Axiome vergessen, deren Gültigkeit in der realen Welt genauso einer Abstraktion und generalisierenden Extrapolation experimenteller Einzelergebnisse entspringt wie jede physikalische Theorie[1]. Insbesondere hat die seit den achtziger Jahren des vorigen Jahrhunderts einsetzende Kritik klar gemacht, daß diese Extrapolation zu weit getrieben war: EINSTEINs Kritik an dem Newtonschen Begriff einer absoluten, von der einzelnen Beobachtung unabhängigen Zeitskala hat die Gültigkeit bei hohen Geschwindigkeiten begrenzt und in der Relativitätstheorie korrigiert, und das experimentelle Material der Atomphysik hat gezeigt, daß die klassische Mechanik auch dort abzuändern und durch die Quantenmechanik zu ersetzen ist.

§ 7. Einfachste Beispiele zur Dynamik

In diesem Paragraphen sollen ein paar ganz einfache Beispiele zusammengestellt werden, an denen ohne großen mathematischen Aufwand das physikalisch Grundsätzliche erläutert und vertieft werden mag.

a) Fall und Wurf. Wir haben bereits in § 5a (S. 24) gesehen, daß alle Körper in Nähe der Erdoberfläche mit konstanter Beschleunigung senkrecht nach unten fallen. Nach der Grundgleichung der Dynamik

---

Lex prima: Jeder Körper verharrt in seinem Zustand der Ruhe oder der gleichförmig geradlinigen Bewegung, wenn er nicht von eingeprägten Kräften gezwungen wird, seinen Zustand zu ändern.

Lex secunda: Die Änderung der Bewegung (mutatio motus, d.h. quantitatis motus) ist proportional der eingeprägten bewegenden Kraft (vis motrix) und geschieht längs der geraden Linie, in der jene Kraft ausgeübt wird.

Lex tertia: Der Wirkung (actioni) ist stets entgegengesetzt und gleich die Gegenwirkung (reactio); also sind die Wirkungen zweier Körper aufeinander stets gleich und entgegengesetzt gerichtet.

Es folgen vier Korollare, deren erste beiden den Vektorcharakter der Geschwindigkeit und der Kraft durch Aufstellung der Parallelogrammregeln festlegen, deren drittes den Impulssatz und deren viertes den Schwerpunktssatz enthält.

Im Begriffssystem NEWTONs bestehen noch manche, aus der historischen Lage des 17. Jahrhunderts bedingte Unklarheiten, z.B. bei der verschiedenartigen Benutzung des Wortes „vis". Die Definition I für die Masse scheint uns heute höchst anfechtbar. Über diese historischen Fragen vergleiche man besonders E. J. DIJKSTERHUIS: Die Mechanisierung des Weltbildes, Springer-Verlag 1956. — NEWTONs Grundlegung geht übrigens nicht wesentlich über das Einkörperproblem hinaus. Der Aufbau einer mathematischen Theorie, die den Ehrgeiz hat, jedes mechanische System zu umfassen, beginnt erst um die Mitte des 18. Jahrhunderts, besonders in den Arbeiten von L. EULER. Hierzu vgl. C. TRUESDELL: A program toward rediscovering the rational mechanics of the age of reason. Arch. Hist. Exact Sci. **1**, 3 (1960).

[1] Bahnbrechend für die Klarstellung, daß auch die Mechanik eine empirische Wissenschaft ist, wurde vor allem E. MACHs Buch: Die Mechanik in ihrer Entwicklung historisch-kritisch dargestellt, Leipzig 1883.

heißt das, daß sie der Schwerkraft

$$\mathfrak{K} = m\,\mathfrak{g} \tag{1}$$

unterliegen. Diese Kraft ist identisch mit dem schon in der Statik eingeführten Gewicht eines Körpers. Die Zerlegung (1) bedeutet, daß die Kraft in zwei Faktoren aufgespalten werden kann, deren erster eine Eigenschaft des einzelnen Körpers, deren zweiter eine Eigenschaft des Feldes allein enthält. Die Zerlegung steht in voller Analogie zu der in der Elektrostatik erfolgenden $\mathfrak{K} = e\,\mathfrak{E}$ einer Kraft, welche auf einen geladenen Körper einwirkt, in einen Faktor, der nur vom Körper abhängt — die Ladung e — und einen, der das Feld beschreibt — die Feldstärke $\mathfrak{E}$. In diesem Sinne können wir $\mathfrak{g}$ die Feldstärke des Schwerefeldes nennen.

Daß Gl. (1) genau wie die dynamische Grundgleichung die Masse m als Faktor enthält, so daß sich diese aus

$$m\,\ddot{\mathfrak{r}} = m\,\mathfrak{g} \tag{2}$$

heraushebt, ist natürlich nicht selbstverständlich, sondern eine besondere experimentelle Erfahrung: Jeder Körper ist zunächst durch zwei Parameter gekennzeichnet, die man etwa seinen Trägheitswiderstand und seine Schwereladung nennen könnte. Beide erweisen sich als die gleiche physikalische Qualität, die wir kurz als *Masse* bezeichnen.

Das Gesetz (1) gibt uns unmittelbar eine Meßmethode für die (schwere) Masse an die Hand. Wir wissen bereits, wie wir mit Hilfe der Waage Gewichte bestimmen können; da $\mathfrak{g}$ für die beiden Waagschalen übereinstimmt, erhalten wir gleichzeitig die Möglichkeit der Massenbestimmung. Als Einheit der Masse dient das kilogramme prototype (vgl. S. 2); sein Druck auf die Unterlage im Schwerefelde $\mathfrak{g}$ heißt ein Kraft-Kilogramm[1].

Die Additivität der Kräfte, von der wir uns schon in der Statik überzeugt haben, hat wegen Gl. (1) übrigens auch die Additivität der Massen zur Folge, ein Satz, der keine logische Notwendigkeit, sondern eine experimentelle Erfahrung darstellt, die keineswegs in allen physikalischen Systemen exakt erfüllt ist und im Bereich der Atomkerne sogar typische Abweichungen von fast 1% erfährt (Massendefekt).

b) Der Eselkarren, der eine so anschauliche Begründung für die falschen Vorstellungen der Antike und des Mittelalters abzugeben vermag, ist ein interessantes Beispiel. Hier wirken zwei Kräfte zusammen: die Zugkraft $\mathfrak{Z}$ des Esels, nach vorn gerichtet, und die bremsende Reibungskraft $\mathfrak{R}$ nach hinten. Letztere erweist sich als proportional

[1] In der deutschen Literatur wird dafür heute meist Kilopond (Abkürzung: kp) geschrieben.

dem Gewicht des Karrens und seiner Geschwindigkeit. Daher erhalten wir

$$\mathfrak{K} = \mathfrak{Z} + \mathfrak{R},$$

und wenn s die Koordinate längs des Weges bezeichnet,

$$K = Z - \varrho \cdot m g \cdot \frac{ds}{dt}. \tag{3}$$

Die Größe ϱ [sec/cm] ist ein für den Zustand der Straße und des Fahrzeugs charakteristischer Reibungskoeffizient.

Die dynamische Grundgleichung lautet jetzt

$$m \frac{d^2 s}{dt^2} = Z - \varrho\, m g \frac{ds}{dt}. \tag{4}$$

Man sieht hierin leicht einige typische Sonderfälle: Zieht der Esel mit konstanter Geschwindigkeit $\bar{s}$, so ist $\ddot{s} = 0$; mithin ist die zur Aufrechterhaltung einer bestimmten Geschwindigkeit $\dot{s} = v$ erforderliche Zugkraft $Z = \varrho\, m g\, v$ dieser proportional, wie die Anschauung lehrt. — Übt andererseits der Esel keine Kraft mehr aus (reißen etwa die Stränge des Geschirrs), so wird $Z = 0$, d.h.

$$\ddot{s} = -\varrho g \dot{s}$$

oder durch Integration:

$$s = s_0 + s_1 \mathrm{e}^{-\varrho g t}$$

mit zwei Integrationskonstanten s_0 und s_1. Reißen die Stränge zur Zeit $t = 0$ am Orte $s = 0$ bei einer bis dahin vom Esel erreichten Geschwindigkeit $\dot{s} = v$, so ergibt sich das Anfangswertproblem

$$\left.\begin{aligned} s(0) &= s_0 + s_1 = 0 \\ \dot{s}(0) &= -\varrho g s_1 = v, \end{aligned}\right\}$$

das mit

$$s_1 = -s_0 = -\frac{v}{\varrho g}$$

zu der Lösung

$$s = \frac{v}{\varrho g}(1 - \mathrm{e}^{-\varrho g t}) \tag{5}$$

führt. Der Wagen kommt dann (in dieser Näherung erst für $t \to \infty$, was eine fehlerhafte Näherung für die schließlich verbleibenden extrem kleinen Geschwindigkeiten ist) nach dem Bremsweg

$$L = \frac{v}{\varrho g}$$

zum Stehen.

c) Gravitation. Bei der Planetenbewegung hatten wir auf S. 33 das zusammenfassende kinematische Resultat

$$\frac{d^2\mathfrak{r}}{dt^2} = -\frac{\gamma}{r^2}\frac{\mathfrak{r}}{r}$$

abgeleitet; setzen wir das in die dynamische Grundgleichung

$$m\frac{d^2\mathfrak{r}}{dt^2} = \mathfrak{K}$$

ein, so folgt für die Kraft, welche die Sonne auf einen Planeten der Masse m ausübt

$$\mathfrak{K} = -\frac{m\gamma_S}{r^2}\frac{\mathfrak{r}}{r}.$$

Hierbei soll der Index S an γ ausdrücklich darauf hinweisen, daß die Konstante γ_S nur von Eigenschaften der Sonne abhängt.

Nach dem Prinzip der Gleichheit von Kraft und Gegenkraft muß der Planet auf die Sonne die entgegengesetzt gleiche Kraft ausüben. Hat die Sonne die Masse M, und ist γ_P die entsprechende Konstante für den Planeten als Gravitationszentrum (wie sie für Jupiter und Erde aus den Bewegungen ihrer Satelliten entnommen werden kann), so ergibt sich also für den Betrag der Wechselwirkungskraft einmal $m\gamma_S/r^2$, das andere Mal $M\gamma_P/r^2$, so daß

$$m\gamma_S = M\gamma_P$$

wird, d.h.

$$\gamma_S = \Gamma M; \qquad \gamma_P = \Gamma m \tag{6}$$

mit einer von keinem der beiden Körper abhängigen, also universellen Konstanten Γ.

So ergibt sich schließlich aus dem Beispiel der Himmelskörper ein universelles Naturgesetz, *das Gravitationsgesetz*, welches besagt, daß zwischen zwei Körpern der Massen m_1 und m_2 im Abstande r voneinander die Anziehungskraft

$$K = \Gamma\frac{m_1 m_2}{r^2}. \tag{7}$$

längs ihrer Verbindungslinie wirksam sei.

Die universelle Konstante Γ heißt die *Gravitationskonstante.* Um sie zu bestimmen genügen die Bewegungen der Himmelskörper nicht, welche immer nur das Produkt Γm für das jeweilige Zentralgestirn liefern, die beiden Faktoren also nicht trennen.

Eine rohe Abschätzung von Γ kann man mit Hilfe des Wertes von Γm_E für die Erde erhalten, der aus der Beziehung (46a) auf S. 35,

$$\gamma_E = \Gamma m_E = g R_E^2 = 3{,}98 \times 10^{20}\ \text{cm}^3/\text{sec}^2$$

hervorgeht: wir müssen dieser Angabe nur eine rohe Abschätzung für die Masse der Erde hinzufügen. Da das Volumen der Erde

$$V = \frac{4\pi}{3} R_E^3 = 1{,}08 \times 10^{27}\ \mathrm{cm}^3$$

bekannt ist, müssen wir nur deren mittlere Massendichte ϱ [g/cm³] abschätzen um m_E und damit Γ zu erhalten. Die Massendichte der Gesteine liegt zwischen 2 und 3 g/cm³; das Innere der Erde hat eine höhere Dichte, die — wenn es größtenteils aus Eisen und Nickel besteht — zu etwa 9 g/cm³ führen mag. Etwas genauere Auskunft[1] gibt z.B. die Untersuchung der Erdbebenwellen; eine so erhaltene mittlere Dichte, $\bar{\varrho}_E \approx 5{,}5$ g/cm³ erscheint nicht unplausibel. Damit ergibt sich

$$m_E = 6{,}0 \times 10^{27}\ \mathrm{g}$$

und

$$\Gamma = \frac{\gamma_E}{m_E} = 6{,}7 \times 10^{-8} \frac{\mathrm{cm}^3}{\mathrm{g\ sec}^2}.$$

Zu genaueren Resultaten führt der Laboratoriumsversuch mit der Drehwaage oder mit ähnlichen Anordnungen, die direkt die Gewichtsveränderung durch eine in die Nähe gebrachte große Masse bestimmen (Cavendish 1798, Jolly, Richarz und Krigar-Menzel um 1900). Das Ergebnis ist

$$\Gamma = (6{,}68 \pm 0{,}01) \times 10^{-8} \frac{\mathrm{cm}^3}{\mathrm{g\ sec}^2}. \tag{8}$$

Es kann umgekehrt benutzt werden, um die mittlere Dichte der Erde genau festzulegen, womit dann $\gamma_E = \Gamma m_E$ bekannt ist. Weiter können wir dann die auf S. 35 ausgeführten Überlegungen an Hand des dritten Keplerschen Gesetzes benutzen, welche für die Sonne

$$\gamma_S = 330\,000\,\gamma_E$$

ergaben; daraus folgt, daß die Masse der Sonne 330000mal größer als die Erdmasse ist:

$$m_S = 330\,000 \times 6 \times 10^{26}\ \mathrm{g} = 2 \times 10^{33}\ \mathrm{g}.$$

Aus dem Durchmesser der Sonne (aus scheinbarem Durchmesser und Parallaxe bestimmt) folgt die Dichte der Sonne im Mittel zu 1,4 g/cm³.

Die universale Gültigkeit des Massenattraktionsgesetzes (7) legt den Gedanken nahe, ob man nicht statt der etwas künstlichen Masseneinheit des Kilogramms besser als Masseneinheit diejenige einführen würde, die auf eine gleich große im Abstande 1 cm die Kraft 1 ausübt. Diese Einheit wäre der elektrostatischen Ladungseinheit nachgebildet; ihre Verwendung würde $\Gamma = 1$ (dimensionslos) festlegen und der Masse die

[1] Vgl. dazu auch § 20, S. 142 und § 23b, S. 189.

Dimension $[\mathrm{cm}\sqrt{\mathrm{Kraft}}]$ geben. Die Physik könnte dann statt auf dem CGS-System auf einem bloßen CS-System aufgebaut werden. Die Masseneinheit, welche $\Gamma = 1$ machen würde, wäre freilich sehr groß und für normale Laboratoriumszwecke nicht sehr praktisch[1]. Was aber schlimmer ist: Sie würde nicht genauer bestimmbar sein als die Gravitationskonstante Γ, und obwohl die aus der Himmelsmechanik ableitbaren Produkte Γm zu den bestbekannten Größen der Physik gehören, ist deren Aufspaltung in Faktoren leider mit recht erheblichen Fehlern behaftet.

§ 8. Das mathematische Pendel mit großen Amplituden

Wir greifen hier das Problem wieder auf, dessen Kinematik wir teilweise schon in § 5b behandelt haben.

In Fig. 13 ist der um den Winkel φ ausgelenkte Pendelkörper dargestellt. An ihm greifen zwei Kräfte an: Sein Gewicht mg senkrecht nach unten und die Spannkraft des Fadens, die einen Zug S in der Richtung zum Aufhängepunkt hin auf ihn ausübt. Die beiden Kräfte können für $\varphi \neq 0$ schon deshalb nicht im Gleichgewicht sein, da sie nicht in genau entgegengesetzten Richtungen wirken. Wir zerlegen sie in eine radiale und eine azimutale Komponente:

$$\left.\begin{aligned} K_r &= -S + mg\cos\varphi, \\ K_\varphi &= -mg\sin\varphi. \end{aligned}\right\} \qquad (1)$$

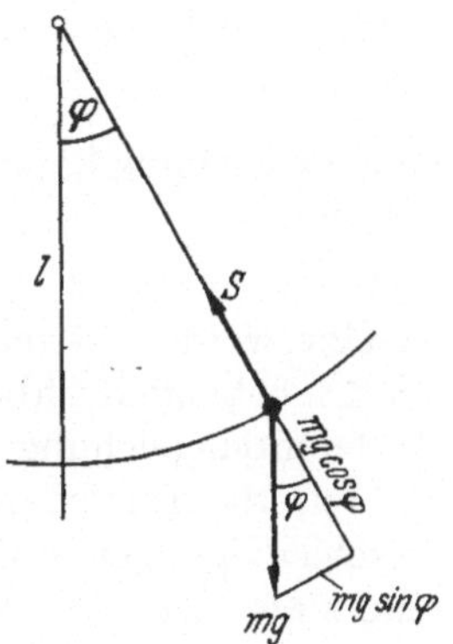

Fig. 13. Zerlegung der Kräfte am Pendel

Wegen der konstanten Länge des Pendelfadens fällt hier übrigens die azimutale Richtung $r = \mathrm{const}$ mit der Richtung der Bahntangente zusammen. Um die dynamische Grundgleichung anzuwenden, brauchen wir die Komponenten

$$b_r = \ddot{r} - r\dot{\varphi}^2$$

$$b_\varphi = \frac{1}{r}\frac{d}{dt}(r^2\dot{\varphi})$$

---

[1] Wenn man die Einheit der Kraft mit 1 K und die der Masse mit 1 G bezeichnet, im übrigen an cm und sec festhält, so wird wegen $K = m\ddot{x}$ die Krafteinheit $1\ \mathrm{K} = 1\ \mathrm{G\,cm/sec^2}$, und wegen $K = \Gamma m^2/r^2$ mit $\Gamma = 1$:

$$1\ \mathrm{G\,cm/sec^2} = 1\ \mathrm{G^2/cm^2},$$

woraus

$$1\ \mathrm{G} = 1\ \mathrm{cm^3/sec^2} = \frac{1}{6{,}68 \times 10^{-8}}\ \mathrm{g} \approx 15\ \text{Tonnen}$$

folgen würde. — In den tatsächlich gebräuchlichen CGS-Einheiten ist die Einheit der Kraft diejenige, welche der Masse von 1 g die Beschleunigung von 1 cm/sec² erteilt. Sie heißt 1 dyn. Es ist $1\ \mathrm{kp} = 9{,}8 \cdot 10^5\ \mathrm{dyn}$.

der Beschleunigung. Da in unserem Falle die Nebenbedingung $r = l = \text{const}$ erfüllt sein muß, reduzieren sie sich auf

$$b_r = -l\dot{\varphi}^2; \qquad b_\varphi = l\ddot{\varphi}. \tag{2}$$

Daher gelten die Gleichungen

$$-ml\dot{\varphi}^2 = -S + mg\cos\varphi, \tag{3}$$

$$ml\ddot{\varphi} = -mg\sin\varphi. \tag{4}$$

Die Gln. (3) und (4) sind die Differentialgleichungen, deren Diskussion die Theorie des Pendels ergibt.

Von Gl. (3) können wir dabei im folgenden absehen. Sie kann als Bestimmungsgleichung für die Spannkraft S im Faden benutzt werden, sobald die Funktion $\varphi(t)$ aus Gl. (4) bekannt ist. Auf die Bewegung des Pendelkörpers hat Gl. (3) keinen Einfluß. In Gl. (4) hebt sich die träge Masse der linken Seite gegen die schwere Masse der rechten Seite fort wie in allen Bewegungen unter dem Einfluß der Schwerkraft. Mit der Abkürzung

$$\omega = \sqrt{\frac{g}{l}}\ [\text{sec}^{-1}] \tag{5}$$

finden wir daher aus (4):

$$\ddot{\varphi} + \omega^2 \sin\varphi = 0. \tag{6}$$

Diese Gleichung kann für *kleine* Ausschläge φ genähert durch die lineare Gleichung

$$\ddot{\varphi} + \omega^2\varphi = 0$$

ersetzt werden, deren einfache Integrationstheorie wir schon in § 5b (S. 28) behandelt haben. Wir wollen uns aber jetzt mit der nichtlinearen Differentialgleichung (6) befassen.

Für die Integration benutzen wir den schon in § 5e für Zentralbeschleunigungen erläuterten Weg. Wir multiplizieren Gl. (6) mit $\dot{\varphi}$ und finden so

$$\frac{1}{2}\frac{d}{dt}(\dot{\varphi}^2) + \omega^2\sin\varphi\frac{d\varphi}{dt} = 0$$

oder durch Integration

$$\tfrac{1}{2}\dot{\varphi}^2 = \omega^2\cos\varphi + C \tag{7}$$

mit der Integrationskonstanten C. Zu deren Festlegung müssen wir nun zwei Fälle unterscheiden: *Entweder* schlägt das Pendel mit einer maximalen Auslenkung α („Amplitude" α) aus: dann wird am Umkehrpunkt $\varphi = \alpha$ die Winkelgeschwindigkeit $\dot{\varphi} = 0$, mithin

$$0 = \omega^2\cos\alpha + C$$

oder

$$C = -\omega^2\cos\alpha. \tag{8a}$$

Oder wir betrachten ein umlaufendes Pendel, dessen Geschwindigkeit selbst bei $\varphi = 180°$ noch nicht Null geworden ist; dann muß

$$C > \omega^2 \tag{8b}$$

sein. Wir wollen diese beiden Fälle im folgenden nacheinander behandeln.

a) Das schwingende Pendel. Wir ziehen (7) und (8a) in die Beziehung

$$\tfrac{1}{2}\dot{\varphi}^2 = \omega^2 (\cos\varphi - \cos\alpha) \tag{9}$$

oder[1]

$$\dot{\varphi}^2 = 4\omega^2 \left(\sin^2\frac{\alpha}{2} - \sin^2\frac{\varphi}{2}\right) \tag{10}$$

zusammen. An der Stelle $\varphi = 0$ hat das Pendel dann also die Winkelgeschwindigkeit

$$|\dot{\varphi}_0| = 2\omega \sin\frac{\alpha}{2} < 2\omega; \tag{11}$$

vergrößert man $|\dot{\varphi}_0|$, so wächst auch die Amplitude, die schließlich 180° für $|\dot{\varphi}_0| = 2\omega$ erreicht. Stößt man das Pendel noch stärker an, so erhält man offenbar den Fall des umlaufenden Pendels.

Aus Gl. (9) oder (10) erhalten wir durch Separieren

$$\frac{d\varphi}{\sqrt{\sin^2\frac{\alpha}{2} - \sin^2\frac{\varphi}{2}}} = 2\omega\, dt$$

oder durch Integration:

$$2\omega t = \int_0^{\varphi} \frac{d\varphi}{\sqrt{\sin^2\frac{\alpha}{2} - \sin^2\frac{\varphi}{2}}}. \tag{12}$$

Die hierbei auftretende Integrationskonstante haben wir bereits festgelegt, indem wir den Zeitnullpunkt in einen Durchgang des Pendels durch die Ruhelage $\varphi = 0$ gelegt haben.

Die Auswertung des Integrals in (12) ist eine Frage der Rechentechnik. Wir setzen

$$\sin\frac{\varphi}{2} = \sin\frac{\alpha}{2} \cdot \sin\psi \tag{13}$$

und

$$\sin\frac{\alpha}{2} = k \qquad (0 < k < 1). \tag{14}$$

Dann folgt durch Differenzieren

$$\frac{1}{2}\cos\frac{\varphi}{2}\, d\varphi = k \cos\psi\, d\psi,$$

[1] Wegen:

$$\sin^2\frac{\alpha}{2} = \frac{1-\cos\alpha}{2} \quad \text{oder} \quad \cos\alpha = 1 - 2\sin^2\frac{\alpha}{2}.$$

und da

$$\cos\frac{\varphi}{2} = \sqrt{1 - \sin^2\frac{\varphi}{2}} = \sqrt{1 - k^2\sin^2\psi}$$

ist, erhalten wir

$$d\varphi = \frac{2k\cos\psi\, d\psi}{\sqrt{1 - k^2\sin^2\psi}}.$$

Damit geht Gl. (12) über in

$$2\omega t = \int\limits_0^\psi \frac{2k\cos\psi\, d\psi}{\sqrt{1 - k^2\sin^2\psi}\cdot\sqrt{k^2 - k^2\sin^2\psi}} = 2\int\limits_0^\psi \frac{d\psi}{\sqrt{1 - k^2\sin^2\psi}}. \quad (15)$$

In der Mathematik führt man nun die Funktion

$$F(k, \psi) = \int\limits_0^\psi \frac{d\psi}{\sqrt{1 - k^2\sin^2\psi}} \qquad (0 \leq k^2 < 1) \quad (16)$$

als *Legendres elliptisches Normalintegral erster Gattung* ein. F ist eine Funktion von zwei Variablen k und ψ, die für den Variablenbereich $0 < k^2 < 1$, $0 < \psi < 90°$ schon von LEGENDRE selbst tabuliert worden ist. Die Tafeln sind z.B. in dem Tabellenwerk von JAHNKE und EMDE wiedergegeben. Für $\psi = 90°$ erhält man speziell das sog. *vollständige* Integral erster Gattung

$$K(k) = \int\limits_0^{\pi/2} \frac{d\psi}{\sqrt{1 - k^2\sin^2\psi}} = F\left(k, \frac{\pi}{2}\right). \quad (17)$$

Statt einfach auf die Tabellen zu verweisen, wollen wir berechnen, wie sich die bei kleinen Amplituden α von diesen unabhängige Schwingungsdauer des Pendels mit wachsender Amplitude allmählich vergrößert. Zunächst ist die Schwingungsdauer T definiert als die Zeit, um von $\varphi = 0$ über $\varphi = \alpha$ über $\varphi = 0$ über $\varphi = -\alpha$ wieder zu $\varphi = 0$ zurückzugelangen. Da $\varphi = 0$ auch $\psi = 0$, $\varphi = \pm\alpha$ aber $\psi = \pm\frac{\pi}{2}$ entspricht, ist

$$2\omega T = 4\times 2\int\limits_0^{\pi/2} \frac{d\psi}{\sqrt{1 - k^2\sin^2\psi}}$$

oder

$$T = \frac{4}{\omega} K(k). \quad (18)$$

Für $K(k)$ können wir bei nicht zu großen k eine Reihenentwicklung finden, indem wir den Integranden in eine Potenzreihe nach $k^2\sin^2\psi$ entwickeln:

$$\frac{1}{\sqrt{1 - k^2\sin^2\psi}} = 1 + \frac{1}{2}k^2\sin^2\psi + \frac{3}{8}k^4\sin^4\psi + \cdots$$

und gliedweise integrieren:

$$K(k) = \frac{\pi}{2} + \frac{1}{2} k^2 \cdot \frac{\pi}{4} + \frac{3}{8} k^4 \cdot \frac{3\pi}{16} + \cdots. \tag{19}$$

Setzt man dies Ergebnis in (18) ein, so ergibt sich mit $\omega = \sqrt{g/l}$:

$$T = 2\pi \sqrt{\frac{l}{g}} \left(1 + \frac{1}{4} k^2 + \frac{9}{64} k^4 + \cdots\right). \tag{20}$$

Der Faktor vor der Klammer ist die schon oben in § 5b angegebene Schwingungsdauer bei kleinen Amplituden. Die Entwicklung ist wegen $k^2 = \sin^2 \frac{\alpha}{2}$ eine Entwicklung nach wachsenden Amplituden. Für den Faktor in der Klammer von (20) kann man auch schreiben:

$$\frac{2}{\pi} K(k) = 1 + \frac{1}{4} k^2 + \frac{9}{64} k^4 + \cdots, \tag{21}$$

was man aus Tabellen von $K(k)$ auch für sehr große Ausschläge entnehmen kann, wo die Reihe schlecht konvergiert. Auf diese Weise ergibt sich folgende Tabelle:

α	$\frac{2}{\pi} K(k)$	α	$\frac{2}{\pi} K(k)$
0°	1,000	100°	1,231
20°	1,007	120°	1,370
40°	1,031	140°	1,595
60°	1,073	160°	2,01
80°	1,137	180°	∞

Wie man sieht, erreicht die Korrektur bei einem Ausschlag des Pendels von 40° nach jeder Seite erst etwa 3%. Für $\alpha < 20°$ ist

$$\frac{2}{\pi} K(k) \approx 1 + \frac{1}{16} \alpha^2$$

noch eine gute Näherung. — Die Korrektur ist wichtig für Präzisionsbestimmungen der Schwerebeschleunigung g mit Hilfe von Pendelbeobachtungen.

b) Das umlaufende Pendel. Wir greifen wieder auf Gl. (7) zurück, jetzt aber mit der Bedingung (8b) für die Integrationskonstante. Um statt C wieder einen anschaulichen Parameter einzuführen, benutzen wir statt α die Winkelgeschwindigkeit $|\dot{\varphi}_0|$ an der Stelle $\varphi = 0$, bzw., den daraus abgeleiteten Parameter

$$k = 2\omega / |\dot{\varphi}_0| . \tag{22a}$$

Da nach (11) $|\dot{\varphi}_0| > 2\omega$ sein muß, ist

$$0 < k < 1. \tag{22b}$$

Gl. (7) kann man schreiben

$$\frac{1}{2}\dot{\varphi}^2 = \omega^2\left(1 - 2\sin^2\frac{\varphi}{2}\right) + C = (\omega^2 + C)\left\{1 - \frac{2\omega^2}{\omega^2 + C}\sin^2\frac{\varphi}{2}\right\},$$

woraus für $\varphi = 0$

$$\frac{1}{2}\dot{\varphi}_0^2 = \omega^2 + C$$

folgt, so daß

$$\frac{1}{2}\dot{\varphi}^2 = \frac{1}{2}\dot{\varphi}_0^2\left\{1 - k^2\sin^2\frac{\varphi}{2}\right\} \tag{23}$$

wird. Hieraus folgt durch Separation und Integration unmittelbar

$$\frac{2\omega}{k}\,t = \int_0^{\varphi}\frac{d\varphi}{\sqrt{1 - k^2\sin^2\frac{\varphi}{2}}}.$$

Mit der Hilfsvariablen

$$\psi = \frac{\varphi}{2}$$

reduziert sich das auf

$$\omega\,t = k\int_0^{\varphi/2}\frac{d\psi}{\sqrt{1 - k^2\sin^2\psi}} = k\,F\left(k, \frac{\varphi}{2}\right), \tag{24}$$

worin das gleiche elliptische Integral wie beim schwingenden Pendel auftritt. Anstelle der Schwingungsdauer führen wir jetzt die Umlaufzeit T ein, in der φ von 0 bis 2π läuft, die obere Grenze des Integrals in (24) also gleich π wird. Dies Integral wird gleich dem Doppelten des vollständigen Normalintegrals $K(k)$, d.h.

$$\omega T = 2k\,K(k), \tag{25}$$

oder nach (19)

$$T = \pi\sqrt{\frac{l}{g}}\,k\left\{1 + \frac{1}{4}k^2 + \frac{9}{64}k^4 + \cdots\right\}. \tag{26}$$

Dabei ist k um so kleiner und die Konvergenz um so besser, je größer $|\dot{\varphi}_0|$ ist, vgl. (22a). Setzt man k aus (22a) in (26) ein, so entsteht

$$T = \frac{2\pi}{|\dot{\varphi}_0|}\left\{1 + \frac{1}{4}k^2 + \frac{9}{64}k^4 + \cdots\right\}. \tag{27}$$

Bei sehr großem $|\dot{\varphi}_0|$ läuft das Pendel mit fast konstanter Geschwindigkeit um, da die Winkelgeschwindigkeit bei $\varphi = \pi$:

$$\dot{\varphi}_\pi = \dot{\varphi}_0\sqrt{1 - k^2} \tag{28}$$

dann nur wenig kleiner ist als $\dot{\varphi}_0$. — Umgekehrt erhält man, wenn $k \approx 1$ wird, eine immer schlechter konvergente Reihe. Für $k \to 1$ geht die Umlaufzeit ebenso $\to \infty$ wie beim schwingenden Pendel für $\alpha \to \pi$

die Schwingungsdauer; gleichzeitig geht $\dot{\varphi}_\pi \to 0$. In diesem Grenzfall zwischen schwingender und umlaufender Bewegung kriecht das Pendel asymptotisch in unendlich langer Zeit in die Stellung $\varphi = \pi$ hinauf. Es ist klar, daß dieser Grenzfall nicht beobachtet werden kann, da er einen labilen Bewegungstyp darstellt, bei dem schon die geringste Störung das Pendel entweder zurückschwingen oder weiterlaufen läßt.

§ 9. Die Zentralkraft

Wir haben zwar im Rahmen des Kinematikkapitels bereits in § 5e gezeigt, wie im Falle einer zentral gerichteten Beschleunigung erste Integrale der Bewegungsgleichungen zu erhalten sind, haben aber die Integrationstheorie noch nicht vollständig durchgeführt.

Es wirke auf den Massenpunkt der Masse m am Orte $\mathfrak{r}$ die Kraft

$$\mathfrak{K} = K(r) \frac{\mathfrak{r}}{r}. \tag{1}$$

Wir wissen bereits, daß die Bewegung eben ist; führen wir in der Bahnebene Polarkoordinaten ein, so lauten die Bewegungsgleichungen

$$\left.\begin{aligned} m(\ddot{r} - r\dot{\varphi}^2) &= K(r), \\ m\frac{1}{r}\frac{d}{dt}(r^2\dot{\varphi}) &= 0. \end{aligned}\right\} \tag{2}$$

Die letzte Gleichung integrieren wir in bekannter Weise zum Flächensatz

$$r^2\dot{\varphi} = f \tag{3}$$

mit der willkürlich wählbaren Konstanten f. Hieraus kann man $\dot{\varphi}$ entnehmen und in die erste Gleichung (2) einsetzen; dann entsteht für $r(t)$ die Differentialgleichung

$$\frac{d^2r}{dt^2} = \frac{1}{m}K(r) + \frac{f^2}{r^3}. \tag{4}$$

Durch Multiplikation dieser Gleichung mit $\dot{r}$ erhält man einen integrablen Ausdruck und findet

$$\frac{1}{2}\dot{r}^2 = \int dr\left[\frac{1}{m}K(r) + \frac{f^2}{r^3}\right] + C_1 \tag{5}$$

mit der Integrationskonstanten C_1, d.h. einen Ausdruck, dessen rechte Seite

$$u(r) = \int dr\left[\frac{1}{m}K(r) + \frac{f^2}{r^3}\right] + C_1 = \frac{1}{m}\int dr\, K(r) - \frac{f^2}{2r^2} + C_1 \tag{6}$$

eine Funktion von r ist, die ausgerechnet werden kann, sofern $K(r)$ bekannt ist. Dann läßt sich

$$\tfrac{1}{2}\dot{r}^2 = u(r) \tag{5'}$$

durch Trennung der Variablen integrieren zu

$$t = \int \frac{dr}{\sqrt{2u(r)}} + C_2 \tag{7}$$

mit einer zweiten Integrationskonstanten C_2. Das Ergebnis ist also ein Zusammenhang von t und r in nach t aufgelöster Form. Im Prinzip kann man, sofern die Umkehr von (7) in $r = r(t)$ gelingt, diese Funktion in den Flächensatz (3) einsetzen und letzteren durch Quadratur

$$\varphi = f \int \frac{dt}{r^2(t)}$$

zu einer Lösung $\varphi = \varphi(t)$ integrieren; sucht man die Gleichung der Bahnkurve, so muß man schließlich aus $r = r(t)$ und $\varphi = \varphi(t)$ den Parameter t eliminieren.

Zweckmäßiger gewinnt man die Bahnkurve, wenn man schon aus den ersten Integralen (3) und (5'):

$$\dot{\varphi} = \frac{f}{r^2} \quad \text{und} \quad \dot{r} = \sqrt{2u(r)}$$

die Zeit eliminiert:

$$\frac{dr}{dt} = \frac{dr}{d\varphi}\,\frac{d\varphi}{dt},$$

d.h.

$$\sqrt{2u(r)} = \frac{dr}{d\varphi} \cdot \frac{f}{r^2},$$

oder bei Integration mit einer Integrationskonstanten φ_0:

$$\varphi(r) = f \int \frac{dr}{r^2 \sqrt{2u(r)}} + \varphi_0;$$

in ausführlicher Schreibweise mit $u(r)$ aus Gl. (6):

$$\varphi(r) = f \int \frac{dr}{r^2 \sqrt{\frac{2}{m} \int dr\, K(r) - \frac{f^2}{r^2} + 2C_1}} + \varphi_0. \tag{8}$$

Die angegebenen Formeln enthalten Quadraturen, die sich explicite nur ausführen lassen, wenn das Kraftgesetz, also $K(r)$ gegeben ist. Als einfaches *Beispiel* wollen wir den Fall der Gravitation

$$K(r) = -\frac{\Gamma M m}{r^2} \tag{9}$$

behandeln. Dann ergibt sich für die Bahnkurve nach Gl. (8):

$$\varphi(r) = f \int \frac{dr}{r^2 \sqrt{2C_1 + \frac{2\Gamma M}{r} - \frac{f^2}{r^2}}} + \varphi_0.$$

Die Ausführung der Integration wird erleichtert wenn man anstelle von r dessen Reziprokwert

$$s = \frac{1}{r}; \qquad ds = -\frac{dr}{r^2} \tag{10}$$

einführt, d.h. also, wenn man schreibt:

$$\varphi = -f \int \frac{ds}{\sqrt{2C_1 + 2\Gamma M s - f^2 s^2}} + \varphi_0. \tag{11}$$

Die quadratische Form unter der Wurzel formen wir um in

$$2C_1 + 2\Gamma M s - f^2 s^2 = -f^2 (s - s_1)(s - s_2)$$

mit

$$s_{1,2} = \frac{\Gamma M}{f^2} \pm \sqrt{\frac{\Gamma^2 M^2}{f^4} + \frac{2C_1}{f^2}}. \tag{12}$$

Damit der Radikand in Gl. (11) positiv ist, d.h. damit eine reelle Lösung existiert, müssen auch s_1 und s_2 reell sein. Wären sie nämlich konjugiert komplex, $s_{1,2} = \alpha \pm i\beta$, so würde der Radikand in Gl. (11)

$$-f^2(s - s_1)(s - s_2) = -f^2[(s-\alpha)^2 + \beta^2] < 0.$$

Daher muß

$$C_1 > -\frac{\Gamma^2 M^2}{2f^2} \tag{13}$$

sein[1]. Wir wollen festsetzen, daß $s_1 > s_2$ sei, s_1 ist dann immer positiv. Im Rahmen der Bedingung (13) haben wir dann immer noch zwei Fälle je nach dem Vorzeichen von C_1 zu unterscheiden.

1. Fall. $C_1 > 0$. Dann wird s_2 negativ, entspricht also keinem geometrisch sinnvollen Radius $r_2 = 1/s_2$. Wir wollen in diesem Falle $s_0 = -s_2$ einführen mit

$$0 < s_0 < s_1.$$

Dann lautet der Radikand in Gl. (11):

$$-f^2(s - s_1)(s - s_2) = f^2(s_1 - s)(s + s_0).$$

Er wird positiv im Gebiet

$$0 < s < s_1, \quad \text{d.h. für} \quad \infty > r > r_1 = \frac{1}{s_1}.$$

Die Bahn reicht daher bis ins Unendliche und kommt dem Attraktionszentrum bis auf den Abstand $r_1 = 1/s_1$ nahe. Die beiden Grenzen müssen auch wirklich erreicht werden, da

$$\frac{ds}{d\varphi} = -\sqrt{(s_1 - s)(s + s_0)}$$

[1] Die Bedingung bedeutet anschaulich, da C_1 im wesentlichen nach Gl. (5) die Energie, f den Drehimpuls bedeutet: Bei großem Drehimpuls kann die Energie nicht beliebig tief absinken.

nicht eher sein Vorzeichen wechselt, s also bis zu diesen Grenzen hin monoton wachsen, bzw. abnehmen muß.

2. Fall. $C_1 < 0$ im Rahmen der Bedingung (13). Dann sind s_1 und s_2 beide positiv. Der Radikand

$$-f^2(s-s_1)(s-s_2) = f^2(s_1-s)(s-s_2)$$

bleibt positiv, solange

$$s_2 < s < s_1, \quad \text{d.h.} \quad r_2 > r > r_1 .$$

Beide Grenzen werden wiederum erreicht.

In beiden Fällen können wir schreiben

$$\varphi - \varphi_0 = -\int \frac{ds}{\sqrt{(s_1-s)(s-s_2)}} = -\int \frac{ds}{\sqrt{-s^2+(s_1+s_2)s-s_1 s_2}} .$$

Nun gilt folgende allgemeine Formel der Integralrechnung

$$\int \frac{dx}{\sqrt{-x^2+2bx+c}} = \arcsin \frac{x-b}{\sqrt{b^2+c}} ,$$

solange $b^2+c \neq 0$. Bei uns ist $b = \frac{1}{2}(s_1+s_2)$ und $c = -s_1 s_2$, daher

$$\sqrt{b^2+c} = \sqrt{\tfrac{1}{4}(s_1+s_2)^2 - s_1 s_2} = \tfrac{1}{2}(s_1-s_2) .$$

Die Doppeldeutigkeit des Wurzelvorzeichens im letzten Ausdruck entspricht der Möglichkeit einer Umlaufsbewegung mit jedem Drehsinn. Es ergibt sich:

$$\varphi - \varphi_0 = (\pm) \arcsin \frac{s - \frac{1}{2}(s_1+s_2)}{\frac{1}{2}(s_1-s_2)} \tag{14}$$

oder, in leichter diskutierbarer Form geschrieben:

$$s = \tfrac{1}{2}(s_1+s_2) + \tfrac{1}{2}(s_1-s_2)\sin(\varphi-\varphi_0) . \tag{15}$$

Setzen wir hierin die willkürliche Phase $\varphi_0 = \pi/2$, was lediglich eine Festsetzung hinsichtlich der Richtung $\varphi = 0$ bedeutet, und führen wir die Abkürzungen

$$\frac{1}{2}(s_1+s_2) = \frac{1}{p}; \qquad \frac{s_1-s_2}{s_1+s_2} = \varepsilon \tag{16}$$

ein, so wird mit $s = 1/r$:

$$\frac{1}{r} = \frac{1}{p} + \frac{\varepsilon}{p}\cos\varphi$$

oder

$$r = \frac{p}{1+\varepsilon\cos\varphi} , \tag{17}$$

die von uns bereits in § 5c (S. 31), Gl. (29), verwendete Standardform der Kepler-Ellipsen für $|\varepsilon| < 1$. Während wir aber in § 5c den umgekehrten Gedanken durchführten, nämlich aus der beobachteten Gestalt der Bahn auf das Gravitationsgesetz zu schließen, haben wir in der jetzt durchgeführten Integrationstheorie aus dem Gravitationsgesetz die Gesamtheit aller möglichen Bahnen abgeleitet. Für die Diskussion der Bahntypen unterscheiden wir wieder zwei Fälle:

1. Fall. $C_1 > 0$, $s_2 = -s_0$, $\varepsilon = \frac{s_1 + s_0}{s_1 - s_0} > 1$. Es gibt dann zwei Richtungen $\varphi = \overline{\varphi}$, für die

$$1 + \varepsilon \cos \overline{\varphi} = 0$$

und daher $r \to \infty$ wird. Die Bahn ist dann eine Hyperbel und ihre Asymptoten haben die Richtungen

$$\overline{\varphi} = \pi \pm \psi \quad \text{mit} \quad \psi = \arccos \frac{1}{\varepsilon}. \tag{18}$$

2. Fall. $C_1 < 0$, $s_1 > s_2 > 0$,

$$\varepsilon = \frac{s_1 - s_2}{s_1 + s_2} = \frac{\sqrt{\frac{\Gamma^2 M^2}{f^4} + \frac{2C_1}{f^2}}}{\frac{\Gamma M}{f^2}} = \sqrt{1 + C_1 \cdot \frac{2f^2}{\Gamma^2 M^2}} < 1. \tag{19}$$

Das ist der Fall der Kepler-Ellipsen. Für die große Halbachse a der Ellipse ergibt sich dann [vgl. Gl. (31a) von § 5c auf S. 32]

$$a = \frac{p}{1 - \varepsilon^2} = \frac{2}{s_1 + s_2} \cdot \frac{1}{1 - \left(\frac{s_1 - s_2}{s_1 + s_2}\right)^2} = \frac{s_1 + s_2}{2 s_1 s_2},$$

und da

$$s_1 + s_2 = \frac{2\Gamma M}{f^2}, \qquad s_1 s_2 = -\frac{2C_1}{f^2},$$

so folgt

$$a = -\frac{\Gamma M}{2C_1}, \tag{20}$$

d.h. die große Halbachse wird unabhängig von der Konstanten des Flächensatzes.

Für den zeitlichen Ablauf der Bewegung ergibt sich nichts wesentlich Neues gegenüber der auch schon in § 5c vollzogenen Betrachtung an Hand von Bahnkurve und Flächensatz. Bei der Hyperbelbahn gibt es natürlich keine Umlaufszeit mehr; für den Übergang von $\varphi = \pi - \psi$ nach $\varphi = \pi + \psi$ ist unendlich viel Zeit erforderlich.

§ 10. Der Energiesatz

Nachdem wir die Grundlagen der Dynamik an einigen Beispielen genauer kennengelernt haben, wollen wir die allgemeine Theorie weiterentwickeln. Wir definieren:

Wird ein Massenpunkt, der sich unter dem Einfluß einer Kraft $\mathfrak{K}$ befindet, um ein Wegelement $d\mathfrak{r}$ verschoben, so heißt das skalare Produkt $\mathfrak{K}\cdot d\mathfrak{r}$ die *Arbeit*, welche die Kraft auf diesem Wege an der Masse leistet. Nach dem Prinzip von actio und reactio gilt dann auch die Umkehrung: Verschiebt man den Massenpunkt um $d\mathfrak{r}$ gegen die Wirkung von $\mathfrak{K}$, so leistet man die Arbeit $\mathfrak{K}\cdot d\mathfrak{r}$ gegen die Kraft.

Aus der Bewegungsgleichung

$$m\ddot{\mathfrak{r}} = \mathfrak{K} \tag{1}$$

folgt für die von $\mathfrak{K}$ geleistete Arbeit also

$$dA = \mathfrak{K}\cdot d\mathfrak{r} = m\ddot{\mathfrak{r}}\cdot d\mathfrak{r}.$$

Die rechte Seite kann integriert werden:

$$\ddot{\mathfrak{r}}\cdot d\mathfrak{r} = \ddot{\mathfrak{r}}\cdot\dot{\mathfrak{r}}\,dt = \dot{\mathfrak{r}}\cdot(\ddot{\mathfrak{r}}\,dt) = \dot{\mathfrak{r}}\cdot d\dot{\mathfrak{r}} = \tfrac{1}{2}d(\dot{\mathfrak{r}}^2),$$

also

$$\frac{m}{2}(\dot{\mathfrak{r}}_2^2 - \dot{\mathfrak{r}}_1^2) = \int_{(1)}^{(2)} \mathfrak{K}\cdot d\mathfrak{r}, \tag{2}$$

d.h. die Änderung der Größe $\frac{m}{2}\dot{\mathfrak{r}}^2$ von einem Punkt $\mathfrak{r}_1$ zu einem Punkt $\mathfrak{r}_2$ der Bahn ist gleich der auf dem Wege von $\mathfrak{r}_1$ nach $\mathfrak{r}_2$ von der bewegenden Kraft geleisteten Arbeit. Die Größe $\frac{m}{2}\dot{\mathfrak{r}}^2$ hängt nur vom momentanen Bewegungszustande ab. Sie heißt Bewegungsenergie oder *kinetische Energie* des Massenpunktes:

$$T = \frac{m}{2}\dot{\mathfrak{r}}^2. \tag{3}$$

Wir können die Gleichung

$$T_2 - T_1 = \int_{(1)}^{(2)} \mathfrak{K}\cdot d\mathfrak{r}, \tag{4}$$

bei der das Integral zwischen den Punkten mit den Ortsvektoren $\mathfrak{r}_1$ und $\mathfrak{r}_2$ genommen ist, dann auch so aussprechen: Der Zuwachs an kinetischer Energie des Massenpunktes auf dem Wege von $\mathfrak{r}_1$ nach $\mathfrak{r}_2$ ist gleich der von der Kraft $\mathfrak{K}$ auf diesem Wege an ihm geleisteten Arbeit.

Das „Linienintegral" der Kraft auf der rechten Seite von Gl. (2) hat zunächst nur symbolische Bedeutung. Um es ausrechnen zu können, muß die Kraft als Funktion des Ortes bekannt sein. Ist jedem Punkt des Raumes ein Vektor $\mathfrak{K}$ zugeordnet, so bilden diese Vektoren insgesamt ein Vektorfeld, das wir als das *Kraftfeld* bezeichnen. Unsere Begriffsbildung erweist sich also als fruchtbar für die Bewegung des Massenpunktes durch ein Kraftfeld, das eine von seinem Bewegungszustand unabhängige Existenz besitzt. Dies gilt z.B. für das Kraftfeld der Sonne, in dem sich der Planet bewegt; es gilt nicht bei der von der Geschwindigkeit abhängigen Bremskraft auf den Eselskarren von §7b.

Ist ein Kraftfeld $\mathfrak{K}(\mathfrak{r})$ vorgegeben, so lassen sich wieder zwei Fälle unterscheiden: Der Wert des Integrals hängt entweder nur von den Grenzen ab oder auch von der Gestalt des Weges zwischen ihnen. Von besonderer Bedeutung ist der erste Fall.

Wenn der Wert des Integrals allein durch die Endpunkte bestimmt ist, also für verschiedene Integrationswege nach Art von Fig. 14 stets den gleichen Zahlenwert besitzt, so muß sich der Integrand als Differential einer Ortsfunktion $U(x, y, z)$ schreiben lassen:

$$dU = \mathfrak{K} \cdot d\mathfrak{r}; \tag{5}$$

denn dann wird

$$\int_{(1)}^{(2)} \mathfrak{K} \cdot d\mathfrak{r} = \int_{(1)}^{(2)} dU = U(\mathfrak{r}_2) - U(\mathfrak{r}_1). \tag{6}$$

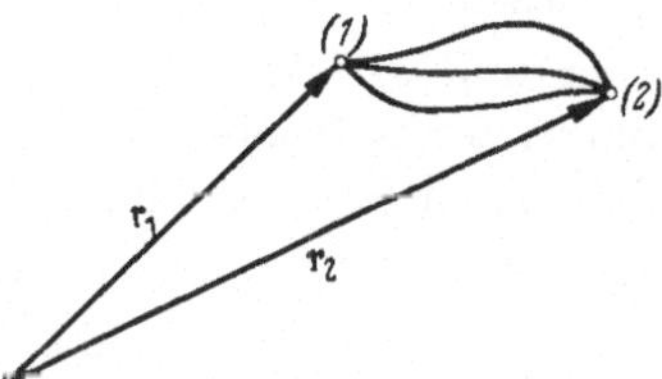

Fig. 14. Verschiedene Integrationswege zwischen zwei Punkten (*1*) und (*2*)

In diesem Falle bezeichnen wir U als *Kräftefunktion*. Ihre Existenz ist auf den vorliegenden Sonderfall beschränkt.

Gehen wir zur Komponentenzerlegung über, so können wir in kartesischen Koordinaten x, y, z mit Kraftkomponenten X, Y, Z schreiben:

$$\mathfrak{K} \cdot d\mathfrak{r} = X\,dx + Y\,dy + Z\,dz.$$

Andererseits gilt für das Differential einer Funktion U:

$$dU = \frac{\partial U}{\partial x}\,dx + \frac{\partial U}{\partial y}\,dy + \frac{\partial U}{\partial z}\,dz.$$

Soll also die Integrabilitätsbedingung (5) gelten, so muß

$$X = \frac{\partial U}{\partial x}, \qquad Y = \frac{\partial U}{\partial y}, \qquad Z = \frac{\partial U}{\partial z} \tag{7}$$

werden. In der Vektoranalysis bezeichnet man den Vektor mit den Komponenten $\partial U/\partial x$, $\partial U/\partial y$, $\partial U/\partial z$ als den *Gradienten* von U:

$$\mathfrak{K} = \operatorname{grad} U. \tag{8}$$

Ein Kriterium dafür, ob eine Funktion U zu einem vorgegebenen Kraftfelde existiert, besteht nach (7) offenbar darin, daß

$$\frac{\partial X}{\partial y} = \frac{\partial Y}{\partial x}, \qquad \frac{\partial Y}{\partial z} = \frac{\partial Z}{\partial y}, \qquad \frac{\partial Z}{\partial x} = \frac{\partial X}{\partial z} \tag{9}$$

ist, d.h. daß die Reihenfolge der Differentiationen bei Bildung der zweiten Ableitungen von U vertauschbar ist. Nun wird in der Vektoranalysis gezeigt, daß — sofern $\mathfrak{K}$ ein Vektor ist — auch die Größen

$$\frac{\partial Y}{\partial x} - \frac{\partial X}{\partial y} = u_z; \qquad \frac{\partial Z}{\partial y} - \frac{\partial Y}{\partial x} = u_x; \qquad \frac{\partial X}{\partial z} - \frac{\partial Z}{\partial x} = u_y$$

einen Vektor bilden; wir schreiben dafür in der Vektoranalysis

$$\mathfrak{u} = \operatorname{rot} \mathfrak{K}$$

und nennen ihn *Rotation* (Rotor, curl) von $\mathfrak{K}$. Die Integrabilitätsbedingung eines gegebenen Kraftfeldes $\mathfrak{K}$ lautet daher:

$$\operatorname{rot} \mathfrak{K} = 0. \tag{10}$$

Allgemein haben wir damit übrigens die vektoranalytische Identität

$$\operatorname{rot} \operatorname{grad} U = 0$$

bewiesen.

Ein Kraftfeld, das Gl. (10) genügt, also als Gradient einer Kräftefunktion beschrieben werden kann, heißt ein *wirbelfreies Kraftfeld*. In ihm lassen sich die Gln. (4) und (6) zu

$$T_2 - T_1 = U_2 - U_1$$

oder

$$T_1 - U_1 = T_2 - U_2$$

zusammenfassen. Die Größe $T - U$ bleibt in diesem Falle während der Bewegung konstant. Es ist üblich anstelle der Kräftefunktion U die Größe

$$V = -U \tag{11}$$

einzuführen. Man schreibt dann

$$T + V = E; \tag{12}$$

E heißt die *Gesamtenergie* und ist während des Ablaufes der Bewegung konstant; V heißt die *potentielle Energie*. Die Gl. (12) wird als der *Energiesatz* der Mechanik des Massenpunktes bezeichnet und besagt, daß sich im Laufe der Bewegung zwar die Aufteilung der Gesamtenergie auf kinetische und potentielle ändert, deren Summe aber konstant bleibt.

Wir wollen die allgemeine Theorie an einigen *Beispielen* veranschaulichen. Als erstes Beispiel betrachten wir das homogene *Schwerefeld*, in dem

$$X = 0, \qquad Y = 0, \qquad Z = -mg$$

ist. Dann wird

$$\frac{\partial Z}{\partial y} - \frac{\partial Y}{\partial z} = 0; \qquad \frac{\partial X}{\partial z} - \frac{\partial Z}{\partial x} = 0; \qquad \frac{\partial Y}{\partial x} - \frac{\partial X}{\partial y} = 0,$$

d.h. das Feld ist wirbelfrei: $\operatorname{rot} \mathfrak{K} = 0$. Daher kann es als Gradient einer Kräftefunktion geschrieben werden, für die gilt:

$$\frac{\partial U}{\partial x} = 0; \qquad \frac{\partial U}{\partial y} = 0; \qquad \frac{\partial U}{\partial z} = -mg.$$

Demnach hängt U nicht von x und y, wohl aber von z ab und folgt durch Integration zu

$$U = U_0 - m g z$$

mit einer Integrationskonstanten U_0. Das Potential im Schwerefeld, d.h. die potentielle Energie eines Massenpunktes ist also bis auf eine freibleibende additive Konstante

$$V = m g z. \tag{13}$$

Daraus folgt sofort der Energiesatz in der Form

$$\frac{m}{2}(\dot{x}^2 + \dot{y}^2 + \dot{z}^2) + m g z = E \tag{14}$$

als erstes Integral der Bewegungsgleichungen.

Als nächstes Beispiel betrachten wir das eindimensionale Problem einer Masse, die durch eine *Feder* an die Ruhelage $x = 0$ gebunden ist. Bei einer Verschiebung der Masse, d.h. einer Dehnung ($x > 0$) oder Stauchung ($x < 0$) der Feder, wirkt die Rückstellkraft

$$X = -f \cdot x,$$

worin f eine Konstante (die Federkonstante) ist. Da wir nur einen Freiheitsgrad haben, entfallen die Vektorbetrachtungen: Die Integration der Arbeit ist immer eindeutig, da es nicht mehrere verschiedene Wege gibt. Wir haben

$$\frac{\partial U}{\partial x} = -f \cdot x;$$

also

$$U = U_0 - \tfrac{1}{2} f x^2.$$

Mit der wiederum willkürlichen Normierung $U_0 = 0$ wird also die potentielle Energie

$$V = \tfrac{1}{2} f x^2, \tag{15}$$

und der Energiesatz lautet

$$\tfrac{1}{2} m \dot{x}^2 + \tfrac{1}{2} f x^2 = E. \tag{16}$$

Aufschlußreicher ist das Studium einer *Zentralkraft*

$$X = K(r)\frac{x}{r}; \qquad Y = K(r)\frac{y}{r}; \qquad Z = K(r)\frac{z}{r}.$$

Dann wird z.B.

$$\frac{\partial Y}{\partial x} - \frac{\partial X}{\partial y} = y\frac{\partial}{\partial x}\left(\frac{K}{r}\right) - x\frac{\partial}{\partial y}\left(\frac{K}{r}\right) = \left\{y\,\frac{\partial r}{\partial x} - x\frac{\partial r}{\partial y}\right\}\frac{d}{dr}\left(\frac{K}{r}\right).$$

Da aber

$$\frac{\partial r}{\partial x} = \frac{x}{r}; \qquad \frac{\partial r}{\partial y} = \frac{y}{r},$$

so verschwindet die geschweifte Klammer, d.h. rot $\mathfrak{K}=0$, und es existiert eine Kräftefunktion. Zu ihrer Konstruktion machen wir diesmal ausdrücklich Gebrauch davon, daß das Linienintegral von $\mathfrak{K}$ unabhängig vom Wege wird. Wir wählen vom Punkte $\mathfrak{r}_1$ zum Punkte $\mathfrak{r}_2$ den in Fig. 15 stark ausgezogenen Weg; dann steht längs des Kreisbogenstücks das Linienelement $d\mathfrak{r}$ überall senkrecht auf $\mathfrak{K}$, d.h. dort wird überall das skalare Produkt $\mathfrak{K}\cdot d\mathfrak{r}=0$. Es bleibt also nur der radiale Teil, wo $\mathfrak{K}\parallel d\mathfrak{r}$ ist, d.h. wo

$$\mathfrak{K}\cdot d\mathfrak{r}=K(r)\cdot dr,$$

also wird

$$U(\mathfrak{r}_2)-U(\mathfrak{r}_1)=\int\limits_{(1)}^{(2)}\mathfrak{K}\cdot d\mathfrak{r}=\int\limits_{r_1}^{r_2}K(r)\,dr,$$

und dies Integral kann für bekanntes $K(r)$ ausgerechnet werden. Daher wird die potentielle Energie

$$V(r)=-\int^{r}K(r)\,dr,$$

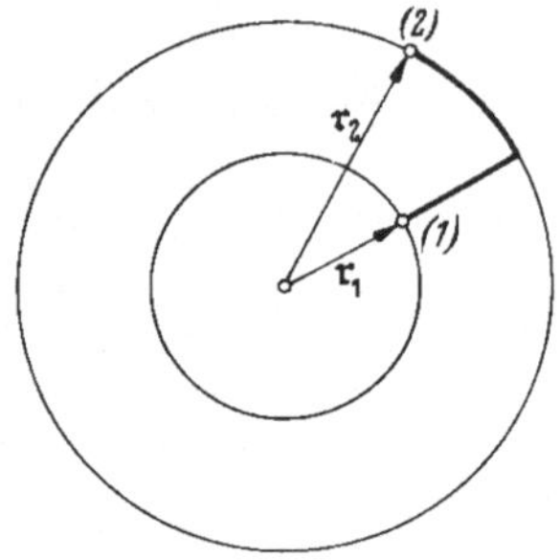

Fig. 15. Zur Berechnung des Potentials einer Zentralkraft

wobei die untere Grenze willkürlich gewählt werden kann. Für die Gravitationskraft

$$K(r)=-\frac{\Gamma M m}{r^2}$$

ergibt sich daher

$$V(r)=\Gamma M m\int\limits_{\infty}^{r}\frac{dr}{r^2}=-\frac{\Gamma M m}{r}, \tag{17}$$

wobei wir die Integrationskonstante so festgelegt haben, daß die potentielle Energie im Unendlichen verschwindet. Dies ist die meist gebräuchliche Normierung der potentiellen Energie. Der Energiesatz für das Kepler-Problem lautet also

$$\frac{m}{2}(\dot r^2+r^2\dot\varphi^2)-\frac{\Gamma M m}{r}=E. \tag{18}$$

Der Vergleich mit Gln. (5) und (6) auf S. 55 bei Beachtung des Flächensatzes zeigt, daß die dort eingeführte Konstante $C_1=E/m$ ist.

An diesem Beispiel kann man gut zeigen, wie man sich an Hand des Energiesatzes schnell einen Überblick darüber verschaffen kann, in welchen Gebieten sich die Bewegung abspielt. Da die kinetische Energie immer positiv sein muß, folgt $E>V$, d.h. der Massenpunkt kann mit einer vorgegebenen Gesamtenergie E niemals Gebiete erreichen, in denen $V>E$ wird. In Fig. 16 ist dies für das Kepler-Problem der Gravitation veranschaulicht. Liegt das Niveau der Gesamtenergie bei

$E < 0$, so schneidet es die Kurve der potentiellen Energie bei A. Rechts von A ist dann kein Aufenthalt des Massenpunktes mehr möglich; die Bahn muß ganz innerhalb der Kugel $r = r_A$ bleiben. Wir haben es mit einer räumlich begrenzten Bewegung zu tun; es ist der Fall der Ellipsenbahn. Wird dagegen $E > 0$, so entfällt der Schnittpunkt A, an dem die kinetische Energie verschwindet, und der Massenpunkt kann sich bis ins Unendliche bewegen. Da V für große r gegen Null geht, wird der Einfluß des Potentials auf die Bewegung immer weniger spürbar; die Bahn streckt sich und geht gegen die asymptotische Gerade. Dies ist der Fall der Hyperbelbahn.

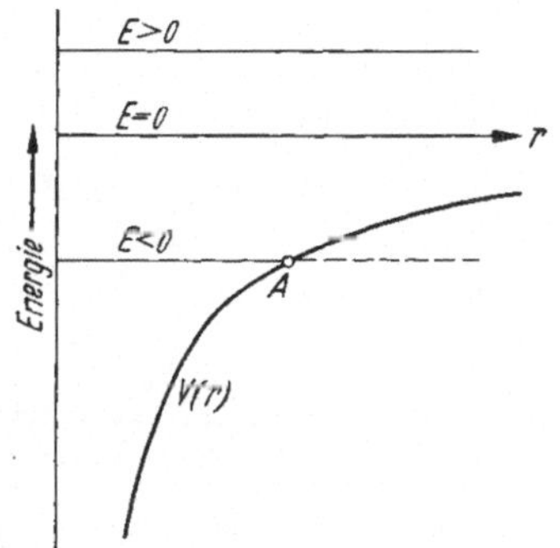

Fig. 16. Mögliche Aufenthaltsbereiche bei einer Kepler-Bewegung

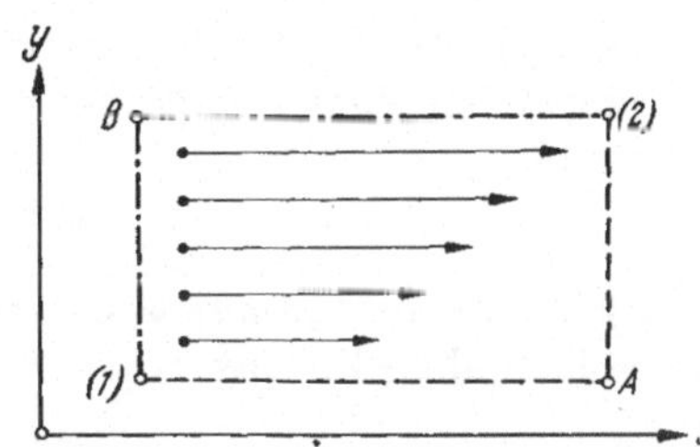

Fig. 17. Beispiel für ein nicht rotationsfreies Kraftfeld

Die Fig. 15 legt übrigens noch ein Korollar nahe: Wenn im allgemeinen Fall eine Kräftefunktion existiert, dann müssen die Äquipotentialflächen $U = \text{const}$ überall senkrecht auf der Richtung der Kraft stehen. Legt man nämlich einen Integrationsweg in eine Fläche $U = \text{const}$, so wird ja unter allen Umständen

$$\int_{(1)}^{(2)} \mathfrak{K} \cdot d\mathfrak{r} = U(\mathfrak{r}_2) - U(\mathfrak{r}_1) = 0,$$

und das ist nur möglich, wenn in der ganzen Fläche $\mathfrak{K} \perp d\mathfrak{r}$. Schon daraus folgt, daß für eine Zentralkraft die Äquipotentialflächen Kugeln $r = \text{const}$ sein müssen.

Zur Vervollständigung dieser Betrachtungen fügen wir noch ein Beispiel für ein Kraftfeld ohne Kräftefunktion an, und zwar möge das Feld durch

$$X = f(y), \quad Y = 0, \quad Z = 0$$

beschrieben werden. Die Kraft $\mathfrak{K}$ zeigt also in die x-Richtung, nimmt aber in der y-Richtung zu wie $f(y)$. Bildet man die Rotation, so wird

$$\frac{\partial Z}{\partial y} - \frac{\partial Y}{\partial z} = 0, \quad \frac{\partial X}{\partial z} - \frac{\partial Z}{\partial x} = 0, \quad \frac{\partial Y}{\partial x} - \frac{\partial X}{\partial y} = -f'(y) \neq 0.$$

Die Rotation ist also ein von Null verschiedener Vektor in z-Richtung; die Integrationsbedingung $\operatorname{rot} \mathfrak{K} = 0$ ist nicht erfüllt, und es existiert keine potentielle Energie. Man sieht auch leicht ein, daß das Integral $\int \mathfrak{K} \cdot d\mathfrak{r}$ nicht vom Integrationsweg unabhängig wird. Wählt man etwa in Fig. 17, wo die gezeichneten Pfeile die Kraft bei verschiedenen y darstellen, von (1) nach (2) den gestrichelten Integrationsweg über A, so ergibt sich eine geringere Arbeit als bei dem strich-punktierten Weg über B. Denn für beide Wege wird keine Arbeit für die Wegstücke in y-Richtung geleistet; in beiden Fällen sind die Wegstücke in x-Richtung gleichlang, etwa gleich l, so daß die Arbeitsleistung über A $X(y_1) \cdot l$, über B aber $X(y_2) \cdot l$ wird.

§ 11. Freie und erzwungene Schwingungen

Bereits oben auf S. 63 haben wir den an eine Feder gebundenen schwingenden Massenpunkt betrachtet, für den die einfache Bewegungsgleichung

$$m\ddot{x} = -f \cdot x \tag{1}$$

gilt. Für diesen sog. *harmonischen Oszillator* können wir einerseits sofort die vollständige Lösung

$$x = A \sin(\omega_0 t + \delta) \tag{2}$$

mit

$$\omega_0 = +\sqrt{\frac{f}{m}} \tag{3}$$

angeben (vgl. § 5b), andererseits haben wir soeben den Energiesatz in der Form

$$\tfrac{1}{2} m \dot{x}^2 + \tfrac{1}{2} f x^2 = E \tag{4}$$

kennengelernt [Gl. (16) von § 10]. Setzen wir die Lösung (2) in den Energiesatz (4) ein, so erhalten wir

$$A^2 \left\{\frac{m}{2} \omega_0^2 \cos^2(\omega t + \delta) + \frac{f}{2} \sin^2(\omega t + \delta)\right\} = E;$$

da nach (3) $m\omega_0^2 = f$ ist, haben beide Glieder in der Klammer den gleichen Faktor vor der Funktion, und wir erhalten

$$\frac{f}{2} A^2 = E; \tag{5}$$

d.h. zur Lösung (2) gehört in der Tat eine konstante Gesamtenergie, die periodisch zwischen kinetischer und potentieller wechselt, und diese Gesamtenergie ist proportional zum Quadrat der Amplitude, mit der der Oszillator schwingt.

Diesen einfachen Sachverhalt erweitern wir durch Einführung einer *Dämpfungskraft*, welche der Geschwindigkeit proportional und entgegengerichtet ist, ähnlich wie wir sie früher (S. 45) bei der Diskussion des Eselkarrens eingeführt haben. Dann haben wir anstelle von (1) die Bewegungsgleichung

$$m\ddot{x} = -f x - R\dot{x}, \tag{6}$$

worin R einen „Reibungskoeffizienten“ bedeuten mag. Außer ω_0, Gl. (3), führen wir die Abkürzung

$$\frac{R}{m} = 2\varrho \tag{7}$$

ein; dann lautet (6):

$$\ddot{x} + 2\varrho\dot{x} + \omega_0^2 x = 0. \tag{8}$$

Wie in § 5b gezeigt wurde, können wir diese lineare homogene Differentialgleichung mit konstanten Koeffizienten durch den Ansatz

$$x \sim e^{\lambda t}$$

lösen. Wir erhalten dann die charakteristische Gleichung

$$\lambda^2 + 2\varrho\lambda + \omega_0^2 = 0,$$

also eine algebraische Gleichung für λ, deren Grad gleich der Ordnung der Differentialgleichung ist. Sie besitzt die zwei Lösungen

$$\lambda_{1,2} = -\varrho \pm \sqrt{\varrho^2 - \omega_0^2};$$

sie liefert also ebenso viele Partikularlösungen $e^{\lambda t}$ wie die Ordnung der Differentialgleichung beträgt, und daher — sofern alle λ verschieden sind — durch Linearkombination die vollständige Lösung

$$x = C_1 e^{(-\varrho + \sqrt{\varrho^2 - \omega_0^2})t} + C_2 e^{(-\varrho - \sqrt{\varrho^2 - \omega_0^2})t}. \tag{9}$$

Nur wenn zufällig $\lambda_1 = \lambda_2$, d. h. $\varrho = \omega_0$ wird, so daß die beiden Partikularlösungen identisch zusammenfallen, ist die so gefundene Lösung unvollständig. Man kann in diesem Sonderfall die vollständige Lösung durch Grenzübergang mit

$$\varrho = \omega_0 + \varepsilon; \quad \lim \varepsilon \to 0$$

erhalten. Dann wird

$$\sqrt{\varrho^2 - \omega_0^2} \approx \sqrt{2\omega_0\varepsilon}$$

und

$$x = e^{-\varrho t}\left\{C_1 e^{\sqrt{2\omega_0\varepsilon}\,t} + C_2 e^{-\sqrt{2\omega_0\varepsilon}\,t}\right\},$$

woraus durch Potenzreihenentwicklung der Exponentialfunktionen und Abbrechen nach dem linearen Gliede

$$x = e^{-\varrho t}\left\{(C_1 + C_2) + (C_1 - C_2)\sqrt{2\omega_0\varepsilon}\,t\right\}$$

entsteht. Läßt man nun C_1 und C_2 beide wie $1/\sqrt{\varepsilon}$ gegen Unendlich gehen, derart, daß ihre Summe endlich bleibt, d.h. setzt man

$$C_1 + C_2 = a, \quad C_1 - C_2 = \frac{b}{\sqrt{2\omega_0 \varepsilon}}$$

oder

$$C_1 = \frac{1}{2}\left(a + \frac{b}{\sqrt{2\omega_0 \varepsilon}}\right), \quad C_2 = \frac{1}{2}\left(a - \frac{b}{\sqrt{2\omega_0 \varepsilon}}\right),$$

so geht mit $\varepsilon \to 0$ die Lösung gegen

$$x = \mathrm{e}^{-\varrho t}\{a + b t\} \tag{10}$$

mit zwei willkürlichen Konstanten a und b. Dieser Grenzfall *(„aperiodischer Grenzfall“)* wird in der Physik zwar gelegentlich herangezogen, hat aber wegen der Zufälligkeit der Übereinstimmung zweier auf ganz verschiedenen Vorgängen — Reibung einerseits, Rückstellkraft der Feder andererseits — beruhender Konstanten ϱ und ω_0 mehr mathematische als physikalische Bedeutung.

Sehen wir von diesem Grenzfall ab, so haben wir in Gl. (9) zwei ganz verschiedene Abläufe des physikalischen Vorgangs vor uns, je nachdem ob $\varrho > \omega_0$ oder $\varrho < \omega_0$ ist. Wir wollen die beiden Fälle getrennt behandeln.

1. Fall: $\varrho > \omega_0$, starke Dämpfung. In (9) ist dann $\sqrt{\varrho^2 - \omega_0^2}$ reell. Die Lösung

$$x = \mathrm{e}^{-\varrho t}\left(C_1 \mathrm{e}^{\sqrt{\varrho^2-\omega_0^2}\,t} + C_2 \mathrm{e}^{-\sqrt{\varrho^2-\omega_0^2}\,t}\right) \tag{11}$$

ist also ebenfalls reell und kann unmittelbar benutzt werden. Die Integrationskonstanten C_1 und C_2 können etwa aus den Anfangsbedingungen zur Zeit $t = 0$ bestimmt werden. Wird die Masse zu dieser Zeit aus der Ruhelage heraus mit der Geschwindigkeit v angestoßen, so hat man:

$$x(0) = 0; \quad \dot{x}(0) = v. \tag{12}$$

Setzt man das in (11) ein, so entsteht

$$x(0) = C_1 + C_2 = 0$$
$$\dot{x}(0) = \left(-\varrho + \sqrt{\varrho^2 - \omega_0^2}\right) C_1 + \left(-\varrho + \sqrt{\varrho^2 - \omega_0^2}\right) C_2 = v.$$

Also ist $C_2 = -C_1$ und

$$2C_1 \sqrt{\varrho^2 - \omega_0^2} = v,$$

womit die allgemeine Lösung (11) in die spezielle übergeht:

$$x(t) = \frac{v}{2\sqrt{\varrho^2 - \omega_0^2}}\, \mathrm{e}^{-\varrho t}\left(\mathrm{e}^{\sqrt{\varrho^2-\omega_0^2}\,t} - \mathrm{e}^{-\sqrt{\varrho^2-\omega_0^2}\,t}\right)$$

oder kürzer

$$x(t) = \frac{v}{\sqrt{\varrho^2 - \omega_0^2}} \, e^{-\varrho t} \operatorname{Sin} \sqrt{\varrho^2 - \omega_0^2}\, t. \tag{13}$$

Diese Funktion wächst von $x=0$ bei $t=0$ aus mit endlicher Anfangstangente, geht durch ein Maximum und klingt für große t exponentiell wie

$$e^{-(\varrho - \sqrt{\varrho^2 - \omega_0^2})t}$$

gegen Null ab (Fig. 18). Denkt man die Kurve $x(t)$ über den Nullpunkt nach links verlängert, so sieht man, daß dieser Lösungstyp höchstens *eine* Nullstelle im Endlichen haben kann. Ein Bewegungsvorgang dieser Art liegt z. B. beim ballistischen Galvanometer vor.

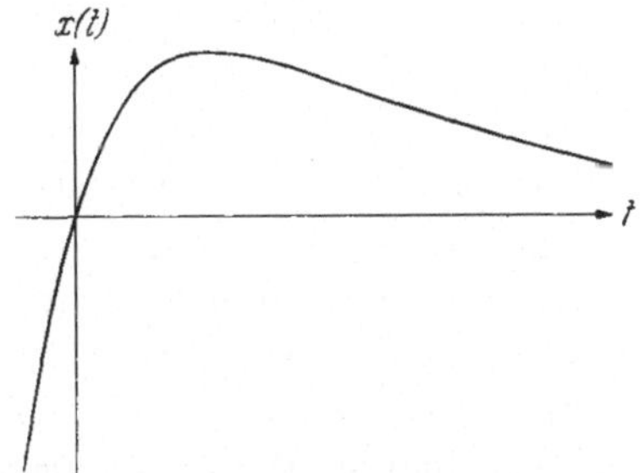

Fig. 18. Freie Schwingung mit starker Dämpfung. Die Anfangsbedingung ist so gewahlt, daß die Schwingung aus der Gleichgewichtslage heraus erfolgt. Die Kurve ist rückwärts verlängert; sie würde dort monoton ins negativ Unendliche laufen

2. Fall: $\varrho < \omega_0$, schwache Dämpfung. In diesem Falle wird in (9)

$$\sqrt{\varrho^2 - \omega_0^2} = i\,\omega \tag{14}$$

eine rein imaginäre Zahl, d. h.

$$x = e^{-\varrho t}\,(C_1 e^{i\omega t} + C_2 e^{-i\omega t}). \tag{15}$$

Die Lösung ist in dieser Form noch nicht verwendbar, sondern muß noch reell umgeschrieben werden. Für die praktische Rechnung ist es allerdings einfacher, erst die Anfangswerte einzuführen; denn dann muß (15) automatisch in einen reellen Ausdruck übergehen. Wählen wir wieder den Anstoß aus der Ruhelage, d. h. die Anfangsbedingungen (12), so erhalten wir aus (15):

$$x(0) = C_1 + C_2 = 0,$$
$$\dot{x}(0) = (-\varrho + i\,\omega)\,C_1 + (-\varrho - i\,\omega)\,C_2 = v.$$

Es wird also wieder $C_2 = -C_1$ und

$$2i\,\omega\,C_1 = v.$$

Daher ergibt sich aus (15) die spezielle Lösung

$$x = \frac{v}{2i\,\omega}\, e^{-\varrho t}\,(e^{i\omega t} - e^{-i\omega t})$$

oder kürzer und sichtbar reell

$$x(t) = \frac{v}{\omega}\, e^{-\varrho t} \sin \omega\, t. \tag{16}$$

Gl. (16) beschreibt einen Schwingungsvorgang, bei dem die Amplituden im Laufe der Zeit exponentiell gegen Null gehen. Zu den Zeitpunkten $t_n = n\pi/\omega$ (n ganz) geht der Massenpunkt durch die Ruhelage $x = 0$.

Betrachten wir x zu zwei Zeitpunkten t und $t + \frac{2\pi}{\omega}$, die um eine Periode auseinander liegen, so ergibt sich

$$\frac{x\left(t + \frac{2\pi}{\omega}\right)}{x(t)} = e^{-\frac{2\pi\varrho}{\omega}}.$$

Den Exponenten dieses Ausdruckes

$$D = \frac{2\pi\varrho}{\omega} = \ln \frac{x(t)}{x\left(t + \frac{2\pi}{\omega}\right)} \tag{17}$$

bezeichnet man als *logarithmisches Dämpfungsdekrement.*

Aus der Beobachtung der Schwingung kann man leicht die beiden Konstanten ω und ϱ bestimmen, indem man die Zeit zwischen zwei aufeinander folgenden Nullstellen, d. h. π/ω und das Dämpfungsdekrement D beobachtet. Aus ω erhält man $\omega_0 = \sqrt{\omega^2 + \varrho^2}$, die Eigenfrequenz der Schwingung, die infolge der Dämpfung zu ω verstimmt ist.

Für die gedämpfte Schwingung charakteristisch ist das Versagen der Integrationsmethode mit Hilfe des Energiesatzes infolge der geschwindigkeitsabhängigen Reibungskraft. Multipliziert man in bekannter Weise die Bewegungsgleichung (6) mit $\dot{x}$ oder Gl. (8) mit $m\dot{x}$, so ergibt sich

$$\frac{d}{dt}\left\{\frac{1}{2} m\dot{x}^2 + \frac{1}{2} m\omega_0^2 x^2\right\} = -2\varrho m\dot{x}^2. \tag{18}$$

Die linke Seite enthält die zeitliche Änderung der kinetischen Energie und der potentiellen Energie der Federkraft. Im Falle der ungedämpften Schwingung des harmonischen Oszillators ist diese Ableitung gleich Null, die Summe beider Glieder also die konstante Gesamtenergie E. Bei Vorhandensein der Dämpfung steht aber auf der rechten Seite ein nicht-integrabler negativer Term, so daß die Gesamtenergie gemäß

$$\frac{dE}{dt} = -2\varrho m\dot{x}^2$$

ständig abnimmt. Es gilt also kein Erhaltungssatz für die entsprechend den früheren Betrachtungen definierte Energie. Dies ist auch anschaulich verständlich: Die Reibungskraft wandelt ständig Bewegungsenergie in andere Energieformen, z. B. in Wärme um. Nicht für die mechanische Energie allein, sondern nur für die Summe aller in verschiedenen Formen auftretenden Energiebeträge ist aber das Energieprinzip immer gültig.

Nachdem wir nun einen Überblick über die wichtigsten Eigenschaften freier Schwingungen gewonnen haben, wollen wir uns dem Studium *erzwungener Schwingungen* zuwenden. Auf das gleiche gedämpfte, schwingungsfähige System, wie es durch Gl. (6) beschrieben wurde, möge eine willkürlich als Funktion der Zeit veränderliche äußere Kraft $K(t)$ einwirken. Anstelle von (6) gilt dann die Bewegungsgleichung

$$m\ddot{x} = -f x - R\dot{x} + K(t),$$

oder, mit den früheren Abkürzungen und der Bezeichnung

$$\frac{1}{m} K(t) = F(t),$$

die lineare inhomogene Differentialgleichung mit konstanten Koeffizienten

$$\ddot{x} + 2\varrho\dot{x} + \omega_0^2 x = F(t). \tag{19}$$

Nach einem allgemeinen mathematischen Satz erhält man die vollständige Lösung einer solchen inhomogenen Gleichung, indem man zur vollständigen Lösung der homogenen eine spezielle der inhomogenen addiert. Da wir die vollständige Lösung (9) der homogenen Gl. (8) bereits kennen, wird es zunächst genügen, eine spezielle Lösung von (19) zu konstruieren. Hierzu bedienen wir uns im folgenden einer Methode, die als ein Spezialfall der in weitem Umfang in der mathematischen Physik gebräuchlichen der *Greenschen Funktion* aufgefaßt werden kann.

Anstelle der Funktion $K(t)$ denken wir uns zur Zeit τ zunächst einen einmaligen kurzen Kraftstoß der Stärke $K(\tau)$ während eines Zeitintervalls $d\tau$ wirken, d.h. wir betrachten die spezielle Inhomogenität

$$F(t) = \begin{cases} 0 & \text{für} \quad t < \tau \\ F(\tau) & \text{für} \quad \tau < t < \tau + d\tau \\ 0 & \text{für} \quad t > \tau + d\tau. \end{cases}$$

Vor dem Kraftstoß, also für $t < \tau$, sei der Massenpunkt in Ruhe; wenn er dann zur Zeit τ kurz angestoßen wird und danach frei ausschwingt, so muß (bei schwacher Dämpfung) die Lösung die Form haben

$$x(t) = \begin{cases} 0 & \text{für} \quad t < \tau \\ C\,e^{-\varrho(t-\tau)} \sin\omega(t-\tau) & \text{für} \quad t > \tau. \end{cases}$$

Hierin bleibt noch die Amplitude C zu bestimmen, die natürlich proportional zur Stärke und Dauer des Anstoßes werden muß:

$$C = c\,F(\tau)\,d\tau,$$

mit einem noch zu bestimmenden Faktor c.

Von diesem speziellen Problem gehen wir nun über auf einen beliebigen Verlauf $F(t)$, den wir uns aus einer Summe von lauter einzelnen, kurz dauernden Anstößen zusammengesetzt denken, deren jeder nur für $t > \tau$ eine Wirkung nach Art der beschriebenen hervorbringt. Dann erwarten wir eine Lösung der Form

$$x(t) = c \int_{-\infty}^{t} d\tau\, F(\tau)\, \mathrm{e}^{-\varrho(t-\tau)} \sin\omega(t-\tau)\,. \tag{20}$$

Die Integration über $-\infty < \tau < t$ erfolgt über alle vor dem betrachteten Zeitpunkt t erfolgten Anstöße; nur diese können ja auf den Wert von x zur Zeit t Einfluß haben.

Das Charakteristische an diesem Integral ist das Auftreten der Funktion

$$\varphi(t-\tau) = \mathrm{e}^{-\varrho(t-\tau)} \sin\omega(t-\tau)\,, \tag{21}$$

die als Funktion sowohl von t als von τ als auch von $t-\tau$ der homogenen Differentialgleichung genügt. Sie ist im wesentlichen die Greensche Funktion unseres Problems[1]; da sie den Einfluß des Anstoßes zur Zeit τ auf den Ausschlag zur Zeit t beschreibt, heißt sie auch die *Einflußfunktion.*

Wir zeigen nun direkt, daß (20) eine Lösung der inhomogenen Gleichung ist, und bestimmen gleichzeitig den Faktor c, indem wir (20) in die Differentialgleichung einsetzen. Dazu müssen wir das Integral nach t differenzieren, das sowohl im Integranden als an der oberen Grenze erscheint. Bekanntlich gilt die allgemeine Formel

$$\frac{d}{dt}\int_a^t u(t,\tau)\, d\tau = u(t,t) + \int_a^t \frac{\partial u(t,\tau)}{\partial t}\, d\tau\,.$$

Damit erhalten wir aus

$$x = c\int_{-\infty}^{t} d\tau\, F(\tau)\, \varphi(t-\tau)$$

die erste Ableitung nach t:

$$\dot{x} = c\left\{F(t)\,\varphi(0) + \int_{-\infty}^{t} d\tau\, F(\tau)\, \dot{\varphi}(t-\tau)\right\},$$

wobei $\dot{\varphi}$ ebenso die Ableitung nach t wie nach $t-\tau$ bedeutet, die ja einander gleich sind. Die zweite Ableitung wird entsprechend

$$\ddot{x} = c\left\{\dot{F}(t)\,\varphi(0) + F(t)\,\dot{\varphi}(0) + \int_{-\infty}^{t} d\tau\, F(\tau)\, \ddot{\varphi}(t-\tau)\right\}.$$

[1] Für $\tau < t$. Für $\tau > t$ ist die Greensche Funktion $= 0$. Ein Normierungsfaktor bleibt offen.

Nach (21) ist $\varphi(0)=0$; wir können das entsprechende Glied in $\ddot{x}$ und $\dot{x}$ weglassen und erhalten

$$\ddot{x}+2\varrho\dot{x}+\omega_0^2 x = c\left\{F(t)\,\dot{\varphi}(0)+\int_{-\infty}^{t} d\tau\, F(\tau)\,[\ddot{\varphi}+2\varrho\dot{\varphi}+\omega_0^2\varphi]\right\},$$

wobei in der eckigen Klammer als Argument durchweg $t-\tau$ steht. Die eckige Klammer, und damit das Integral, verschwindet aber, weil $\varphi(t-\tau)$ der homogenen Gleichung genügt. Im ersten Gliede steht als Faktor

$$\dot{\varphi}(0)=\omega;$$

mithin lautet die rechte Seite $c\,\omega\,F(t)$. Sie wird also in der Tat proportional zu $F(t)$ gemäß (19), und wir müssen $c=1/\omega$ wählen. Damit lautet die fertige Lösung der inhomogenen Differentialgleichung (19):

$$x(t)=\frac{1}{\omega}\int_{-\infty}^{t} d\tau\, F(\tau)\,\mathrm{e}^{-\varrho(t-\tau)}\sin\omega(t-\tau). \tag{22}$$

Dies ist natürlich nur eine Partikularlösung von (19), zu der wir die Lösung (9) der homogenen Gleichung hinzufügen müßten, um die vollständige Lösung zu erhalten. Bei den meisten physikalischen Anwendungen ist dies freilich nicht notwendig, da wir nur lange genug zu warten brauchen, um die homogene Lösung exponentiell abklingen zu lassen[1]. Lediglich um ein bestimmtes Anfangswertproblem zu behandeln, müssen wir die homogene Lösung mitnehmen; infolge ihres Abklingens schwingt das System einige Zeit später unabhängig von der speziellen Wahl der Anfangsbedingungen gemäß Gl. (22).

Wir wollen noch einen interessanten Spezialfall der äußeren Kraft untersuchen, nämlich die periodisch veränderliche Kraft

$$F(t)=F_0\cos\Omega t. \tag{23}$$

Dann läßt sich das Integral (22) elementar ausrechnen:

$$x(t)=\frac{F_0}{\omega}\int_{-\infty}^{t} d\tau\cos\Omega\tau\,\mathrm{e}^{-\varrho(t-\tau)}\sin\omega(t-\tau).$$

Mit $\sigma=\tau-t$ statt τ als Integrationsvariabler wird

$$x(t)=-\frac{F_0}{\omega}\int_{-\infty}^{0} d\sigma\cos\Omega(\sigma+t)\,\mathrm{e}^{\varrho\sigma}\sin\omega\sigma$$

[1] Dies gilt natürlich nicht für den ungedämpften Fall $\varrho=0$. Dort liefern aber auch extrem weit in der Zeit zurückliegende Anstöße noch immer ihren vollen Beitrag zur Zeit t; d.h. das Integral (22) wird von der frühen Vorgeschichte der Funktion $F(\tau)$ stark abhängen. Das ist physikalisch meist uninteressant; bei dem Beispiel (23) führt es sogar zu unbestimmten Werten der Integrale.

und bei Zerlegung von $\cos\Omega(\sigma+t)$:

$$x(t) = -\frac{F_0}{\omega}\left\{\cos\Omega t \int_{-\infty}^{0} d\sigma \cos\Omega\sigma\, e^{\varrho\sigma} \sin\omega\sigma - \right.$$

$$\left. - \sin\Omega t \int_{-\infty}^{0} d\sigma \sin\Omega\sigma\, e^{\varrho\sigma} \sin\omega\sigma\right\}.$$

Die beiden verbleibenden Integrale sind Konstanten, d.h. die Lösung ist vom Typus

$$x(t) = A\cos\Omega t + B\sin\Omega t; \tag{24}$$

das System schwingt also mit der gleichen Frequenz wie die erzwingende Kraft (23), ist aber (wegen $B \neq 0$) dagegen phasenverschoben. Man erhält durch direktes Ausrechnen der Integrale (mit $\varrho^2+\omega^2=\omega_0^2$):

$$x(t) = F_0 \cdot \frac{(\omega_0^2-\Omega^2)\cos\Omega t + 2\varrho\Omega\sin\Omega t}{(\omega_0^2-\Omega^2)^2+(2\varrho\Omega)^2}. \tag{25}$$

In unserem Spezialfall (23) kommt man übrigens schneller zum Ziel, wenn man mit dem Ansatz (24) in die Differentialgleichung eingeht; das Resultat ist wiederum Gl. (25).

Für die Diskussion von (25) ist es zweckmäßig, die beiden Summanden nach dem Schema

$$A\cos\Omega t + B\sin\Omega t = \sqrt{A^2+B^2}\cos(\Omega t-\delta)$$

mit

$$\tan\delta = \frac{B}{A}$$

zusammenzufassen; wir schreiben deshalb statt (25):

$$x(t) = F_0 \frac{\cos(\Omega t-\delta)}{\sqrt{(\omega_0^2-\Omega^2)^2+(2\varrho\Omega)^2}} \tag{26}$$

mit

$$\tan\delta = \frac{2\varrho\Omega}{\omega_0^2-\Omega^2}. \tag{27}$$

Es ist interessant, Amplitude und Phase der erzwungenen Schwingung mit der erzwingenden Kraft (23) zu vergleichen. Im Grenzfall $\varrho=0$, d.h. bei vernachlässigbarer Reibung, geht auch die Phasenverschiebung δ gegen Null. Die Amplitude wird dann einfach $F_0/(\omega_0^2-\Omega^2)$, d.h. sie wird um so größer, je näher die Eigenfrequenz ω_0 und die Frequenz Ω der erzwingenden Kraft beisammen liegen, und wächst für $\omega_0=\Omega$ über alle Grenzen. Diese Erscheinung heißt *Resonanz:* Wenn Eigenfrequenz ω_0 des schwingenden Systems und Frequenz Ω der äußeren Kraft übereinstimmen, wird die Amplitude der Schwingung extrem groß.

Berücksichtigt man eine endliche, wenn auch geringe Dämpfungskonstante ϱ, so wird das Maximum der Amplitude zwar immer noch sehr hoch, bleibt aber endlich. Durch Differenzieren der Amplitude nach Ω:

$$\frac{d}{d\Omega}\frac{F_0}{\sqrt{(\omega_0^2-\Omega^2)^2+(2\varrho\Omega)^2}}=-\frac{2F_0\Omega(\Omega^2-\omega_0^2+2\varrho^2)}{\sqrt{(\omega_0^2-\Omega^2)^2+(2\varrho\Omega)^2}^{\,3}}$$

findet man für die Lage des Maximums

$$\Omega^2=\omega_0^2-2\varrho^2=\omega^2-\varrho^2, \tag{28}$$

d.h. eine geringe Verstimmung der Resonanzfrequenz gegenüber dem ungedämpften Fall. Die Höhe des Maximums wird

$$x_{\max}=\frac{F_0}{2\varrho\omega}, \tag{29}$$

d.h. um so größer, je kleiner die Dämpfung ist. Die Breite des Resonanzberges ist, falls $\varrho\ll\omega_0$ ist, etwa $2\sqrt{3}\,\varrho$ *(Halbwertsbreite)*[1].

Von Interesse ist auch das Verhalten der Phasenverschiebung (27). Ist die Frequenz Ω der erzwingenden Kraft klein, so folgt das System mühelos der Kraft und δ ist sehr klein. Die Phase ist positiv und wächst mit steigendem Ω, d.h. das System bleibt immer mehr hinter der Kraft zurück, bis es für $\Omega=\omega_0$ die Resonanzphase $\pi/2$ erreicht. Dann schlägt das Vorzeichen des Nenners in (27) ins Negative um, und δ rückt in den zweiten Quadranten, wo es nach Überschreiten des Resonanzbereiches für $\Omega\gg\omega_0$ allmählich gegen π geht, d.h. für extrem hohe erzwingende Frequenz Ω bewegt sich das System genau im Gegentakt zu der erzwingenden Kraft.

IV. Dynamik eines Systems aus zwei Massenpunkten

§ 12. Schwerpunkt und Relativkoordinaten

Bisher haben wir stets nur die Bewegungen eines einzigen Massenpunktes behandelt, welcher der Einwirkung einer Kraft unterliegt, die als Funktion seines Ortes oder der Zeit vorgegeben ist. Dann konnte die Bewegung vollständig der dynamischen Grundgleichung

$$m\ddot{\mathfrak{r}}=\mathfrak{K} \tag{1}$$

entnommen werden, sofern die notwendigen Anfangsbedingungen zur Auswahl einer bestimmten Lösung hinzukamen.

Ein System von zwei Punktmassen m_1 und m_2 an den Orten $\mathfrak{r}_1$ und $\mathfrak{r}_2$ kann nach der gleichen Methode behandelt werden. Wirkt auf

[1] Genau liegen die Stellen mit $x=\frac{1}{2}x_{\max}$ bei $\Omega^2=\omega^2-\varrho^2\pm2\sqrt{3}\varrho\omega$; für $\varrho\ll\omega$ ergibt das $\Omega\approx\omega\pm\sqrt{3}\varrho$.

die Punktmasse m_1 die Kraft $\mathfrak{K}_1$, auf m_2 die Kraft $\mathfrak{K}_2$, so erhalten wir zwei Bewegungsgleichungen:

$$m_1 \ddot{\mathfrak{r}}_1 = \mathfrak{K}_1; \qquad m_2 \ddot{\mathfrak{r}}_2 = \mathfrak{K}_2. \tag{2}$$

Hierbei können sich die Kräfte $\mathfrak{K}_1$ und $\mathfrak{K}_2$ grundsätzlich aus zwei Teilen zusammensetzen: Erstens können auf die Massenpunkte *äußere* Kräfte einwirken, die von anderen Objekten herrühren, also etwa, wenn die beiden Massenpunkte elektrisch geladen sind und sich in einem elektrischen Felde bewegen. Diese äußeren Kräfte hängen jeweils nur von den Koordinaten desjenigen Massenpunktes ab, auf den sie wirken; sie geben daher keinen Anlaß zu einer Kopplung der beiden Differentialgleichungen. In sehr guter Näherung ist dies z.B. der Fall, wenn wir unter den beiden Massenpunkten zwei Planeten verstehen, die sich im Gravitationsfeld der Sonne bewegen[1].

Zweitens tritt nun aber noch die *innere* oder Wechselwirkungskraft zwischen den beiden Massenpunkten hinzu, in unserem Beispiel also die gegenseitige Gravitationsanziehung der beiden Planeten. Diese Wechselwirkung stellt die Kopplung zwischen den beiden Differentialgleichungen (2) her, die ihre getrennte Behandlung verhindert. Sie führt daher über den bisher behandelten Problemkreis der Dynamik eines einzigen Massenpunktes hinaus.

Wie auch immer im einzelnen Fall die Wechselwirkungskraft beschaffen sein mag, so gilt doch allgemein das Prinzip der Gleichheit von Kraft und Gegenkraft (actio und reactio, NEWTONs lex tertia, vgl. oben S. 43): Die Kraft, welche der Massenpunkt 2 auf den Massenpunkt 1 ausübt, ist entgegengesetzt gleich derjenigen, welche 1 auf 2 ausübt. Wir können daher statt (2) besser schreiben:

$$\left.\begin{aligned} m_1 \ddot{\mathfrak{r}}_1 &= \mathfrak{K}_1^{(a)} + \mathfrak{K}_{12} \\ m_2 \ddot{\mathfrak{r}}_2 &= \mathfrak{K}_2^{(a)} + \mathfrak{K}_{21}, \end{aligned}\right\} \quad \text{wobei} \quad \mathfrak{K}_{21} = -\mathfrak{K}_{12}. \tag{3}$$

Dabei sollen $\mathfrak{K}_1^{(a)}$ und $\mathfrak{K}_2^{(a)}$ jeweils die äußere Kraft, $\mathfrak{K}_{12}$ die innere Kraft bedeuten.

Addiert man die beiden Gln. (3), so erhält man

$$m_1 \ddot{\mathfrak{r}}_1 + m_2 \ddot{\mathfrak{r}}_2 = \mathfrak{K}_1^{(a)} + \mathfrak{K}_2^{(a)}. \tag{4}$$

Auf der rechten Seite steht hier die Resultierende $\mathfrak{K}^{(a)}$ der äußeren Kräfte, links die zweite Zeitableitung der Kombination $m_1 \mathfrak{r}_1 + m_2 \mathfrak{r}_2$. Wir haben schon in der Statik (S. 8) den Begriff des Schwerpunktes

[1] Die Wechselwirkung jedes der beiden Planeten mit der Sonne — die äußere Kraft, die auf ihn wirkt — ist ungleich stärker als die Wechselwirkung der beiden untereinander, die wir in guter Näherung vernachlässigen können. Nur aus diesem Grunde beschreiben die Keplerschen Gesetze so vorzüglich die Planetenbewegungen.

(besser: Massenmittelpunktes) eingeführt; für unsere zwei Massenpunkte ist der *Ortsvektor des Schwerpunktes*

$$\mathfrak{R} = \frac{m_1 \mathfrak{r}_1 + m_2 \mathfrak{r}_2}{m_1 + m_2}. \tag{5}$$

Schreiben wir noch für die Gesamtmasse des Systems

$$M = m_1 + m_2, \tag{6}$$

so geht Gl. (4) über in

$$M \ddot{\mathfrak{R}} = \mathfrak{K}^{(a)}, \tag{7}$$

d.h. der Schwerpunkt bewegt sich wie ein Massenpunkt, in dem die Gesamtmasse des Systems vereinigt ist, wenn dieser der Wirkung der Resultierenden der äußeren Kräfte unterliegt. Die inneren Kräfte haben auf die Bewegung des Schwerpunktes keinen Einfluß.

Um die innere Bewegung des Systems zu beschreiben, kann man daran denken, die Orte der beiden Massenpunkte relativ zum Schwerpunkt anzugeben, d.h. anstelle der Ortsvektoren $\mathfrak{r}_1$ und $\mathfrak{r}_2$ die Vektoren

$$\left.\begin{aligned} \mathfrak{s}_1 &= \mathfrak{r}_1 - \mathfrak{R} = \frac{m_2}{M}(\mathfrak{r}_1 - \mathfrak{r}_2) \\ \mathfrak{s}_2 &= \mathfrak{r}_2 - \mathfrak{R} = \frac{m_1}{M}(\mathfrak{r}_2 - \mathfrak{r}_1) \end{aligned}\right\}. \tag{8}$$

einzuführen; dann gehen die Gln. (3) über in

$$\left.\begin{aligned} m_1 \ddot{\mathfrak{s}}_1 &= \frac{m_2}{M}\mathfrak{K}_1^{(a)} - \frac{m_1}{M}\mathfrak{K}_2^{(a)} + \mathfrak{K}_{12} \\ m_2 \ddot{\mathfrak{s}}_2 &= -\frac{m_2}{M}\mathfrak{K}_1^{(a)} + \frac{m_1}{M}\mathfrak{K}_2^{(a)} - \mathfrak{K}_{12}. \end{aligned}\right\} \tag{9}$$

Die Behandlung dieser beiden Gleichungen nebeneinander ist unnötig kompliziert. Die Vektoren $\mathfrak{s}_1$ und $\mathfrak{s}_2$ unterscheiden sich nach Gl. (8) nur um einen konstanten Faktor, der so beschaffen ist, daß

$$m_1 \mathfrak{s}_1 + m_2 \mathfrak{s}_2 = 0 \tag{10}$$

wird und die rechten Seiten von (9) einander entgegengesetzt gleich sind. Daher ist im allgemeinen die Verwendung des Vektors

$$\mathfrak{r} = \mathfrak{r}_1 - \mathfrak{r}_2 \tag{11}$$

zweckmäßiger, für den wir erhalten

$$\mu \ddot{\mathfrak{r}} = \frac{m_2}{M}\mathfrak{K}_1^{(a)} - \frac{m_1}{M}\mathfrak{K}_2^{(a)} + \mathfrak{K}_{12} \tag{12}$$

mit der Abkürzung

$$\mu = \frac{m_1 m_2}{M}. \tag{13}$$

Die Koordinaten, welche im Vektor $\mathfrak{r}$ zusammengefaßt sind, heißen die *Relativkoordinaten* des Massenpunktes 1 in bezug auf 2; die Hilfsmasse μ heißt die *reduzierte Masse* des Systems.

§ 13. Ein Beispiel aus der Astronomie

Als Beispiel für zwei sich gegenseitig beeinflussende Punktmassen, die zugleich äußeren Kräften unterworfen sind, betrachten wir die Bewegung des Systems aus Erde ($m_1, \mathfrak{r}_1$) und Mond ($m_2, \mathfrak{r}_2$) im Gravitationsfeld der ruhend gedachten Sonne (m_0, Koordinatenursprung). Dann ist

$$\left.\begin{aligned} \mathfrak{K}_1^{(a)} &= -\Gamma m_0 m_1 \frac{\mathfrak{r}_1}{r_1^3}; \\ \mathfrak{K}_2^{(a)} &= -\Gamma m_0 m_2 \frac{\mathfrak{r}_2}{r_2^3}; \\ \mathfrak{K}_{12} &= -\Gamma m_1 m_2 \frac{\mathfrak{r}_1 - \mathfrak{r}_2}{|\mathfrak{r}_1 - \mathfrak{r}_2|^3}. \end{aligned}\right\} \tag{1}$$

Bei Einführung der Schwerpunktskoordinaten $\mathfrak{R}$ und der Relativkoordinaten $\mathfrak{r}$ müssen wir die auf den rechten Seiten der Gln. (7) und (12) des vorigen Paragraphen erscheinenden Ausdrücke aus (1) kombinieren und ebenfalls durch $\mathfrak{R}$ und $\mathfrak{r}$ ausdrücken.

Zunächst folgt durch Umkehrung der Definitionsgleichungen (5) und (11) von § 12:

$$\mathfrak{r}_1 = \mathfrak{R} + \frac{m_2}{M}\mathfrak{r}; \qquad \mathfrak{r}_2 = \mathfrak{R} - \frac{m_1}{M}\mathfrak{r}. \tag{2}$$

In $\mathfrak{K}_1^{(a)}$ tritt der Faktor $\mathfrak{r}_1/r_1^3$ auf. Schreiben wir zur Abkürzung vorübergehend $m_2/M = \alpha$, so ist

$$\frac{\mathfrak{r}_1}{r_1^3} = \frac{\mathfrak{R} + \alpha\mathfrak{r}}{[\mathfrak{R}^2 + 2\alpha(\mathfrak{r}\cdot\mathfrak{R}) + \alpha^2\mathfrak{r}^2]^{\frac{3}{2}}} = \frac{\mathfrak{R} + \alpha\mathfrak{r}}{R^3}\left[1 + 2\alpha\frac{\mathfrak{r}\cdot\mathfrak{R}}{R^2} + \alpha^2\frac{r^2}{R^2}\right]^{-\frac{3}{2}}.$$

Da r, der Abstand Erde—Mond, rund $0{,}4\cdot 10^6$ km, R, der Abstand Sonne—Erde, rund $150\cdot 10^6$ km beträgt (vgl. § 5d, dort mit $a_☾$ und a_E bezeichnet), ist $r/R \approx 1/375$ sehr klein. Man kann daher die gebrochene Potenz nach diesem Parameter entwickeln:

$$\begin{aligned} \frac{\mathfrak{r}_1}{r_1^3} &= \frac{\mathfrak{R} + \alpha\mathfrak{r}}{R^3}\left\{1 - 3\alpha\frac{\mathfrak{r}\mathfrak{R}}{R^2} - \frac{3}{2}\alpha^2\frac{r^2}{R^2} + \frac{15}{2}\alpha^2\frac{(\mathfrak{r}\mathfrak{R})^2}{R^4}\cdots\right\} \\ &= \frac{1}{R^3}\left\{\mathfrak{R} + \alpha\mathfrak{r} - 3\alpha\mathfrak{R}\frac{\mathfrak{r}\mathfrak{R}}{R^2} - 3\alpha^2\mathfrak{r}\frac{\mathfrak{r}\mathfrak{R}}{R^2} - \frac{3}{2}\alpha^2\mathfrak{R}\frac{r^2}{R^2} + \frac{15}{2}\alpha^2\mathfrak{R}\frac{(\mathfrak{r}\mathfrak{R})^2}{R^4}\cdots\right\}. \end{aligned}$$

Entwickelt man entsprechend $\mathfrak{r}_2/r_2^3$, wo nach Gl. (2) $\alpha = -m_1/M$ zu setzen ist, so entsteht für die auf den Schwerpunkt wirkende Resultierende der äußeren Kräfte, welche die Sonne insgesamt auf das System

Erde—Mond ausübt:

$$\begin{aligned}\mathfrak{K}_1^{(a)} + \mathfrak{K}_2^{(a)} \\ = -\frac{\Gamma m_0}{R^3}\Big\{ & m_1\Big[\mathfrak{R} + \frac{m_2}{M}\Big(\mathfrak{r} - 3\,\mathfrak{R}\,\frac{\mathfrak{r}\,\mathfrak{R}}{R^2}\Big) + \\ & \qquad + \frac{m_2^2}{M^2}\Big(-3\,\mathfrak{r}\,\frac{\mathfrak{r}\,\mathfrak{R}}{R^2} - \frac{3}{2}\,\mathfrak{R}\,\frac{r^2}{R^2} + \frac{15}{2}\,\mathfrak{R}\,\frac{(\mathfrak{r}\,\mathfrak{R})^2}{R^4}\Big)\cdots\Big] + \\ & + m_2\Big[\mathfrak{R} - \frac{m_1}{M}\Big(\mathfrak{r} - 3\,\mathfrak{R}\,\frac{\mathfrak{r}\,\mathfrak{R}}{R^2}\Big) + \\ & \qquad + \frac{m_1^2}{M^2}\Big(-3\,\mathfrak{r}\,\frac{\mathfrak{r}\,\mathfrak{R}}{R^2} - \frac{3}{2}\,\mathfrak{R}\,\frac{r^2}{R^2} + \frac{15}{2}\,\mathfrak{R}\,\frac{(\mathfrak{r}\,\mathfrak{R})^2}{R^4}\Big)\cdots\Big]\Big\}.\end{aligned}$$

In diesem Ausdruck haben wir in jeder der beiden eckigen Klammern die Glieder nach steigenden Potenzen von r/R angeordnet. Man sieht, daß die ersten, zu r/R proportionalen Korrekturterme sich herausheben, und man erhält für die Schwerpunktsbewegung

$$M\,\ddot{\mathfrak{R}} = -\frac{\Gamma m_0 M}{R^3}\Big\{\mathfrak{R} + \frac{\mu}{M}\Big(-3\,\mathfrak{r}\,\frac{\mathfrak{r}\,\mathfrak{R}}{R^2} - \frac{3}{2}\,\mathfrak{R}\,\frac{r^2}{R^2} + \frac{15}{2}\,\mathfrak{R}\,\frac{(\mathfrak{r}\,\mathfrak{R})^2}{R^4}\Big)\cdots\Big\}. \tag{3}$$

Hierin ist der Korrekturterm von der Ordnung $\frac{\mu}{M}\cdot\frac{r^2}{R^2}$ klein gegen den Hauptterm. Da die Masse des Mondes m_2 klein gegen die der Erde m_1 ist, wird

$$\frac{\mu}{M} = \frac{m_1 m_2}{(m_1 + m_2)^2} \approx \frac{m_2}{m_1} \ll 1;$$

wir werden sehen, daß das Massenverhältnis rund 1:80 ist. Da außerdem $r/R = 1:375$ war, ergibt sich

$$\frac{\mu}{M}\,\frac{r^2}{R^2} = \frac{1}{80\cdot 375^2} \approx 0{,}9\cdot 10^{-7}.$$

Wir können daher die Korrekturterme in einer sehr guten Näherung vernachlässigen und erhalten

$$\ddot{\mathfrak{R}} = -\frac{\Gamma m_0}{R^3}\,\mathfrak{R}, \tag{4}$$

d.h. der Schwerpunkt des Systems aus Erde und Mond bewegt sich auf einer Kepler-Ellipse um die Sonne.

Hieraus folgt aber notwendig, daß die Erde (genauer: der Mittelpunkt der Erde) sich *nicht* genau auf einer Kepler-Ellipse bewegt, so daß sich bei der Beobachtung der Sonne für den irdischen Beobachter kleine Abweichungen hiervon ergeben müssen, welche zeitlich mit der Periode des Mondumlaufs — also monatlich — wiederkehren. Um diese zu berechnen, müssen wir Gl. (12) von § 12 heranziehen. Wir erhalten zunächst

$$\frac{m_2}{M}\mathfrak{K}_1^{(a)}-\frac{m_1}{M}\mathfrak{K}_2^{(a)}=-\frac{\Gamma m_0}{R^3}\left\{\frac{m_2 m_1}{M}\left[\mathfrak{R}+\frac{m_2}{M}\left(\mathfrak{r}-3\,\mathfrak{R}\,\frac{\mathfrak{r}\,\mathfrak{R}}{R^2}\right)\cdots\right]-\right.$$
$$\left.-\frac{m_1 m_2}{M}\left[\mathfrak{R}-\frac{m_1}{M}\left(\mathfrak{r}-3\,\mathfrak{R}\,\frac{\mathfrak{r}\,\mathfrak{R}}{R^2}\right)\cdots\right]\right\}.$$

Hier hebt sich das Hauptglied heraus. So ergibt sich:

$$\mu\,\ddot{\mathfrak{r}}=-\frac{\Gamma m_0\mu}{R^3}\left\{\left(\mathfrak{r}-3\,\mathfrak{R}\,\frac{\mathfrak{r}\,\mathfrak{R}}{R^2}\right)+\cdots\right\}-\frac{\Gamma m_1 m_2}{r^3}\,\mathfrak{r}. \qquad (5)$$

Auf der rechten Seite ist der letzte Term der größte; der erste ist um einen Faktor der Ordnung

$$\frac{m_0\mu}{m_1 m_2}\left(\frac{r}{R}\right)^3\approx\frac{m_0}{m_1}\left(\frac{r}{R}\right)^3$$

kleiner als der zweite. Dies Verhältnis ist weniger günstig als das für die Vernachlässigung des Korrekturgliedes bei der Schwerpunktsbewegung: Wir wissen bereits (§ 7c), daß die Masse der Sonne 330000mal größer ist als diejenige der Erde; daher ist

$$\frac{m_0}{m_1}\left(\frac{r}{R}\right)^3=3{,}3\cdot 10^5\cdot\frac{1}{375^3}=\frac{1}{160}\,.$$

Vernachlässigen wir diese Korrektur trotzdem, so geht (5) über in

$$\mu\,\ddot{\mathfrak{r}}=-\frac{\Gamma m_1 m_2}{r^3}\,\mathfrak{r}. \qquad (6)$$

Die Abweichung des Erdmittelpunktes vom Schwerpunkt wird durch den Vektor $\mathfrak{s}_1$, Gl. (8) von § 12, beschrieben:

$$\mathfrak{s}_1=\frac{m_2}{M}\,\mathfrak{r},$$

welcher statt (6) der Gleichung

$$\ddot{\mathfrak{s}}_1=-\frac{\Gamma m_2^3}{M^2}\,\frac{\mathfrak{s}}{s^3}$$

genügt.

Aus dem mittleren Bahnradius s der Bewegung des Erdmittelpunktes um den Schwerpunkt von Erde und Mond entnimmt man die Masse des Mondes:

$$\frac{m_2}{m_1+m_2}=\frac{s}{r},$$

oder

$$m_2=m_1\,\frac{s}{r-s}\,.$$

Aus den Beobachtungen findet man $s=4600$ km; die Erde ist also so viel schwerer als der Mond, daß ihr gemeinsamer Schwerpunkt noch innerhalb der Erdkugel (Radius 6370 km) liegt. Mit dem mittleren Abstand $r = 382000$ km (§ 5 d) wird dann die Mondmasse $m_2 = \frac{1}{82} m_1$ oder (§ 7 c) $m_2 = 7{,}3 \cdot 10^{25}$ g.

§ 14. Abgeschlossenes System. Impulssatz

Als abgeschlossen bezeichnen wir ein System aus mehreren Massenpunkten, zwischen denen zwar innere Kräfte wirken, das aber nicht der Einwirkung äußerer Kräfte unterliegt. Für unsere Beschränkung auf *zwei* Massenpunkte bedeutet das, daß die Bewegungsgleichungen (3) von § 12 sich auf

$$m_1 \ddot{\mathfrak{r}}_1 = \mathfrak{K}_{12}; \qquad m_2 \ddot{\mathfrak{r}}_2 = -\mathfrak{K}_{12} \tag{1}$$

reduzieren, oder aber daß die Bewegungsgleichungen (7) und (12) von § 12 lauten:

$$M \ddot{\mathfrak{R}} = 0; \tag{2}$$

$$\mu \ddot{\mathfrak{r}} = \mathfrak{K}_{12}. \tag{3}$$

Der Schwerpunkt der beiden Massenpunkte führt also eine gleichförmige geradlinige Bewegung aus:

$$\mathfrak{R} = \mathfrak{R}_0 + \mathfrak{B} t; \tag{4}$$

die Relativkoordinaten aber hängen nur von der Wechselwirkungskraft ab, und zwar so, daß Gl. (3) die gleiche Form besitzt wie die dynamische Grundgleichung eines Einkörperproblems, mit dem alleinigen Unterschied, daß eine Ersatzmasse, nämlich die reduzierte Masse μ darin eingeführt worden ist. In diesem Sinne bezeichnet man Gl. (3) auch als das *äquivalente Einkörperproblem.*

Wenn wir als Beispiel das System aus Sonne und Erde nochmals heranziehen, diesmal unter Vernachlässigung des Mondes und aller anderen Himmelskörper, wobei wir unter m_1 und $\mathfrak{r}_1$ Masse und Ort der Sonne, unter m_2 und $\mathfrak{r}_2$ der Erde verstehen wollen, so ist

$$\mathfrak{K}_{12} = -\Gamma m_1 m_2 \frac{\mathfrak{r}_1 - \mathfrak{r}_2}{|\mathfrak{r}_1 - \mathfrak{r}_2|^3}$$

nur von den Relativkoordinaten $\mathfrak{r} = \mathfrak{r}_1 - \mathfrak{r}_2$ abhängig:

$$\mathfrak{K}_{12} = -\Gamma m_1 m_2 \frac{\mathfrak{r}}{r^3}. \tag{5}$$

Gl. (3) lautet also

$$\mu \ddot{\mathfrak{r}} = -\Gamma m_1 m_2 \frac{\mathfrak{r}}{r^3};$$

sie unterscheidet sich also von der früher in § 5 abgeleiteten, die Bewegung der Erde um die feststehend gedachte Sonne beschreibenden

Gleichung

$$\ddot{\mathfrak{r}} = -\gamma \frac{\mathfrak{r}}{r^3}$$

nur durch das Auftreten von μ, das der Konstanten γ jetzt den Wert

$$\gamma = \Gamma \frac{m_1 m_2}{\mu} = \Gamma(m_1 + m_2)$$

gibt, sie also proportional zur *Summe* aus Sonnenmasse und Erdmasse macht, während dort früher die Sonnenmasse allein aufgetreten war. Der Schwerpunkt des Systems aus Sonne und Erde führt eine gleichförmige geradlinige Bewegung aus, über die wir aus der Beobachtung der inneren Bewegungen des Planetensystems nichts entnehmen können, die aber durch die Beobachtung unserer Position relativ zu den Fixsternen des Milchstraßensystems festgestellt werden kann. Diese sog. Apexbewegung des Sonnensystems ist heute relativ zu mehr als 2000 Fixsternen bestimmt und erfolgt mit rund 20 km/sec Geschwindigkeit.

Wählen wir zur Beschreibung der Relativbewegung von Sonne und Erde ein Bezugssystem, in dem der Schwerpunkt zum Koordinatenursprung gemacht ist, d.h. beschreiben wir die Orte von Sonne und Erde wie in Gl. (8) von §12 durch die Vektoren

$$\mathfrak{s}_1 = \mathfrak{r}_1 - \mathfrak{R} = \frac{m_2}{M}\mathfrak{r}, \qquad \mathfrak{s}_2 = \mathfrak{r}_2 - \mathfrak{R} = -\frac{m_1}{M}\mathfrak{r},$$

so wird deutlich, daß Sonne und Erde beide um den Schwerpunkt kreisen, und daß dieser, da die Masse der Sonne rund 330000mal größer als die der Erde und da $1{,}49 \cdot 10^8$ km der mittlere Abstand von Sonne und Erde ist, im Abstande

$$\frac{1}{330000} \times 1{,}49 \times 10^8 \text{ km} = 450 \text{ km}$$

vom Sonnenmittelpunkt entfernt, also noch immer tief im Innern der Sonne liegt.

Für die allgemeine Theorie abgeschlossener Systeme ist es besonders wichtig, daß die Beschreibung der Bewegung die gleiche ist, wenn wir zu einem gleichförmig bewegten Koordinatensystem übergehen. So wie beim Einkörperproblem das Trägheitsprinzip lediglich ausdrückt, daß sich ein kräftefreier Körper mit konstanter Geschwindigkeit geradeaus bewegt, Größe und Richtung seiner Geschwindigkeit aber frei bleiben, so gilt nach Gl. (2) und (4) dasselbe auch für die Bewegung des Schwerpunktes in unserem Zweikörperproblem. Wir können anstelle des ursprünglichen Koordinatensystems, in dem $\mathfrak{r}_1$ und $\mathfrak{r}_2$ die Positionen der beiden Massenpunkte angaben, auch ein mit konstanter Geschwindigkeit $\mathfrak{v}_0$ dagegen bewegtes System mit

$$\mathfrak{r}_1' = \mathfrak{r}_1 + \mathfrak{v}_0 t; \qquad \mathfrak{r}_2' = \mathfrak{r}_2 + \mathfrak{v}_0 t \tag{6}$$

einführen; dann wird die Schwerpunktskoordinate

$$\mathfrak{R}' = \mathfrak{R} + \mathfrak{v}_0 t \tag{7}$$

dieselbe Differentialgleichung $\ddot{\mathfrak{R}}' = 0$ erfüllen wie $\ddot{\mathfrak{R}} = 0$ zuvor, und die Relativkoordinate

$$\mathfrak{r} = \mathfrak{r}_1 - \mathfrak{r}_2 = \mathfrak{r}_1' - \mathfrak{r}_2'$$

wird überhaupt ungeändert bleiben. Die Differentialgleichungen (2) und (3) sind daher dieselben in allen mit nach Größe und Richtung konstanten Geschwindigkeiten gegeneinander bewegten Bezugssystemen. Diese Invarianzeigenschaft der klassischen Mechanik bezeichnet man als Invarianz gegen *Galilei-Transformationen.*

Von besonderem Interesse ist die Wahl eines Koordinatensystems, in welchem der Schwerpunkt ruht (*„Schwerpunktssystem“*). Dann ist

$$\frac{d}{dt}(m_1 \mathfrak{r}_1 + m_2 \mathfrak{r}_2) = 0 \tag{8}$$

oder

$$m_1 \dot{\mathfrak{r}}_1 = - m_2 \dot{\mathfrak{r}}_2 . \tag{9}$$

Die Geschwindigkeiten der beiden Massenpunkte sind in diesem Koordinatensystem also in jedem Augenblick entgegengesetzt gerichtet; ihre Beträge verhalten sich umgekehrt wie ihre Massen. Es ist zweckmäßig, an dieser Stelle einen neuen Begriff einzuführen. Wir nennen $m_1 \dot{\mathfrak{r}}_1 = \mathfrak{p}_1$ den *Impuls* des Massenpunktes m_1 und $m_2 \dot{\mathfrak{r}}_2 = \mathfrak{p}_2$ den Impuls von m_2. Dann können wir (9) auch so ausdrücken: Die beiden Massenpunkte besitzen im Schwerpunktssystem entgegengesetzt gleiche Impulse. Sinngemäß bezeichnen wir

$$\mathfrak{P} = \mathfrak{p}_1 + \mathfrak{p}_2$$

als *Gesamtimpuls* des Systems; im Schwerpunktssystem ist nach (8) der Gesamtimpuls gleich Null. In jedem anderen Koordinatensystem aber, in dem sich die Schwerpunktskoordinaten nach Gl. (4) linear mit der Zeit verändern, ist

$$\mathfrak{P} = m_1 \dot{\mathfrak{r}}_1 + m_2 \dot{\mathfrak{r}}_2 = (m_1 + m_2) \dot{\mathfrak{R}} = M \dot{\mathfrak{R}}, \tag{10}$$

d.h. der Gesamtimpuls ist der gleiche wie derjenige eines das System ersetzenden Massenpunktes von der Gesamtmasse M am Ort des Schwerpunktes. Der Gesamtimpuls eines abgeschlossenen Systems von zwei Massenpunkten ist daher eine (vektorielle) Konstante der Bewegung.

Damit haben wir zu dem schon von früher bekannten Energiesatz (§10) einen weiteren Erhaltungssatz der Mechanik hinzugefügt. Der Erhaltungssatz des Impulses ist insofern noch umfassender als der Energiesatz, als er ein vektorieller Satz ist, im ganzen also drei Komponentengleichungen umfaßt.

Wir wenden uns nun dem Studium des Energiesatzes für das abgeschlossene System zu. Die kinetische Energie ist

$$T = \tfrac{1}{2}(m_1 \dot{\mathfrak{r}}_1^2 + m_2 \dot{\mathfrak{r}}_2^2); \tag{11}$$

wir transformieren sie sofort auf die Koordinaten $\mathfrak{R}$ und $\mathfrak{r}$ mit Hilfe der Beziehungen (2) von § 13:

$$T = \frac{1}{2}\left\{m_1\left(\frac{m_2}{M}\dot{\mathfrak{r}} + \dot{\mathfrak{R}}\right)^2 + m_2\left(-\frac{m_1}{M}\dot{\mathfrak{r}} + \dot{\mathfrak{R}}\right)^2\right\},$$

was nach einfacher Rechnung übergeht in

$$T = \tfrac{1}{2}(\mu\, \dot{\mathfrak{r}}^2 + M\, \dot{\mathfrak{R}}^2). \tag{12}$$

Die kinetische Energie kann also in diejenige des Schwerpunktes, $\frac{1}{2}M\,\dot{\mathfrak{R}}^2$ und diejenige der Relativbewegung um den Schwerpunkt herum, $\frac{1}{2}\mu\,\dot{\mathfrak{r}}^2$ zerlegt werden. Dabei ist noch nicht einmal die Abgeschlossenheit des Systems verlangt. Diese vereinfacht vielmehr die Verhältnisse dahin, daß die kinetische Energie des Schwerpunktes bei Abwesenheit äußerer Kräfte auf Grund von Gl. (2) eine Konstante wird.

Als einzige Kraft bleibt dann die Wechselwirkungskraft $\mathfrak{K}_{12}$ mit den Komponenten X, Y, Z übrig, die nur von $\mathfrak{r}$, also nur von den Relativkoordinaten x, y, z allein abhängt. Wenn sie sich aus einer potentiellen Energie ableiten läßt:

$$X = -\frac{\partial V(x, y, z)}{\partial x}; \quad Y = -\frac{\partial V}{\partial y}; \quad Z = -\frac{\partial V}{\partial z},$$

dann können wir aus Gl. (3) den Energiesatz für die Relativbewegung genauso ableiten wie beim Einkörperproblem und erhalten

$$\tfrac{1}{2}\mu\, \dot{\mathfrak{r}}^2 + V(x, y, z) = E_r \tag{13}$$

mit einer Konstanten E_r. Im Schwerpunktssystem ist E_r mit der Gesamtenergie E identisch, sonst gilt

$$E = E_r + \tfrac{1}{2}M\, \dot{\mathfrak{R}}^2. \tag{14}$$

§ 15. Stoßprobleme

Wir wollen diese allgemeinen Sätze jetzt auf den Zusammenstoß zweier Massenpunkte m_1 und m_2 anwenden. Wieder soll eine Wechselwirkungskraft zwischen beiden bestehen; diese soll mit wachsender Entfernung abnehmen, so daß es einen kritischen Abstand a gibt, jenseits dessen wir sie vernachlässigen können. Die beiden Massenpunkte mögen zunächst in großem Abstande die Geschwindigkeiten $\mathfrak{v}_1$ und $\mathfrak{v}_2$ haben, sich sodann auf Abstände $< a$ nähern, dort gegenseitig aus ihren ursprünglichen Bahnen ablenken, schließlich aber wieder voneinander entfernen und, nachdem ihr Abstand wieder $> a$ geworden ist, sich mit den Geschwindigkeiten $\mathfrak{v}_1'$ und $\mathfrak{v}_2'$ fortbewegen. Einen solchen Vorgang bezeichnen wir als *Stoß* oder auch als einen *Streuprozeß*. Der Anfangszustand mit den Geschwindigkeiten $\mathfrak{v}_1$ und $\mathfrak{v}_2$ geht dabei in einen Endzustand mit $\mathfrak{v}_1'$ und $\mathfrak{v}_2'$ über.

Wie nun auch immer die Art der Wechselwirkung sein mag, so muß nach dem im letzten Paragraphen Ausgeführten der Gesamtimpuls und die Gesamtenergie E des Systems vor und nach dem Stoß jeweils die gleiche sein; d.h. es ist sowohl

$$\mathfrak{P} = m_1 \mathfrak{v}_1 + m_2 \mathfrak{v}_2 = m_1 \mathfrak{v}_1' + m_2 \mathfrak{v}_2' \tag{1}$$

als auch

$$E = \tfrac{1}{2}(m_1 v_1^2 + m_2 v_2^2) = \tfrac{1}{2}(m_1 v_1'^2 + m_2 v_2'^2). \tag{2}$$

Ein Stoß, für den diese beiden Gleichungen gelten, heißt ein *elastischer Stoß*. Wir werden weiter unten noch andere Stoßerscheinungen kennenlernen.

Die beiden Erhaltungssätze (1) des Impulses und (2) der Energie enthalten zusammen bei Zerlegung der Vektorbeziehung (1) in ihre Komponenten vier Gleichungen für insgesamt sechs Unbekannte, nämlich für die Komponenten der Endgeschwindigkeiten $\mathfrak{v}_1'$ und $\mathfrak{v}_2'$, wenn die Anfangsgeschwindigkeiten $\mathfrak{v}_1$ und $\mathfrak{v}_2$ bekannt sind. Sie genügen also nicht zur vollständigen Bestimmung des Verhaltens nach dem Stoß; das ist natürlich, da sie ja noch gar nichts über die Wechselwirkung enthalten, außer deren Verschwinden bei großen Abständen. Es bleiben noch zwei Bestimmungsstücke wählbar, z.B. zwei Winkel, welche die Richtung des einen Massenpunktes nach dem Stoß festlegen; unsere Gleichungen genügen dann zur Bestimmung der beiden Geschwindigkeitsbeträge und der Richtung des anderen Massenpunktes nach dem Stoß.

Für die weitere Untersuchung ist es zweckmäßig, in das Schwerpunktssystem überzugehen. Aus Gl. (10) von § 14 entnehmen wir, daß wir

$$\mathfrak{P} = M\mathfrak{V}, \qquad M = m_1 + m_2 \tag{3}$$

setzen müssen, um die Geschwindigkeit $\mathfrak{V}$ des Schwerpunktes zu erhalten. Die Geschwindigkeiten im Schwerpunktssystem werden also

$$\mathfrak{u}_1 = \mathfrak{v}_1 - \mathfrak{V}, \qquad \mathfrak{u}_2 = \mathfrak{v}_2 - \mathfrak{V} \tag{4}$$

mit

$$\mathfrak{V} = \frac{m_1 \mathfrak{v}_1 + m_2 \mathfrak{v}_2}{m_1 + m_2} \tag{5}$$

oder

$$\mathfrak{u}_1 = \frac{m_2}{m_1 + m_2}(\mathfrak{v}_1 - \mathfrak{v}_2); \qquad \mathfrak{u}_2 = \frac{m_1}{m_1 + m_2}(\mathfrak{v}_2 - \mathfrak{v}_1). \tag{6}$$

Die beiden Geschwindigkeiten $\mathfrak{u}_1$ und $\mathfrak{u}_2$ im Schwerpunktssystem unterscheiden sich also von der Relativgeschwindigkeit

$$\mathfrak{v} = \mathfrak{v}_1 - \mathfrak{v}_2 = \mathfrak{u}_1 - \mathfrak{u}_2 \tag{7}$$

nur um massenabhängige Zahlenfaktoren:

$$\mathfrak{u}_1 = \frac{m_2}{m_1 + m_2}\,\mathfrak{v}; \qquad \mathfrak{u}_2 = -\frac{m_1}{m_1 + m_2}\,\mathfrak{v}, \tag{8}$$

mithin

$$\mathfrak{u}_2 = -\frac{m_1}{m_2}\,\mathfrak{u}_1. \tag{9}$$

Die beiden Massenpunkte haben also entgegengesetzt gerichtete Geschwindigkeiten, deren Beträge so bemessen sind, daß der Gesamtimpuls im Schwerpunktssystem verschwindet:

$$m_1\,\mathfrak{u}_1 + m_2\,\mathfrak{u}_2 = 0. \tag{10}$$

Dasselbe gilt für die Geschwindigkeiten nach dem Stoß im Schwerpunktssystem:

$$\left.\begin{aligned} \mathfrak{u}_1' &= \mathfrak{v}_1' - \mathfrak{V} = \frac{m_2}{m_1 + m_2}(\mathfrak{v}_1' - \mathfrak{v}_2') = \frac{m_2}{m_1 + m_2}\,\mathfrak{v}'; \\ \mathfrak{u}_2' &= \mathfrak{v}_2' - \mathfrak{V} = \frac{m_1}{m_1 + m_2}(\mathfrak{v}_2' - \mathfrak{v}_1') = -\frac{m_1}{m_1 + m_2}\,\mathfrak{v}'; \end{aligned}\right\} \tag{11}$$

$$\mathfrak{u}_2' = -\frac{m_1}{m_2}\,\mathfrak{u}_1'; \qquad m_1\,\mathfrak{u}_1' + m_2\,\mathfrak{u}_2' = 0. \tag{12}$$

Mit diesen Aussagen ist der Impulssatz erschöpft; er gestattet, die Geschwindigkeit des einen Massenpunktes nach dem Stoß vollständig durch die des anderen auszudrücken; diese andere bleibt nach Größe und Richtung frei. Eine weitere Festlegung erlaubt der Energiesatz (2), in dem wir ebenfalls zum Schwerpunktssystem übergehen wollen. Dann haben wir z.B. vor dem Stoß

$$\begin{aligned} E &= \tfrac{1}{2}\{m_1(\mathfrak{u}_1 + \mathfrak{V})^2 + m_2(\mathfrak{u}_2 + \mathfrak{V})^2\} \\ &= \tfrac{1}{2}(m_1 u_1^2 + m_2 u_2^2) + (m_1\,\mathfrak{u}_1 + m_2\,\mathfrak{u}_2)\cdot\mathfrak{V} + \tfrac{1}{2}(m_1 + m_2)\,\mathfrak{V}^2. \end{aligned}$$

Der letzte Term ist die Energie des Schwerpunktes; sie bleibt beim Stoß unverändert und kann daher auf beiden Seiten der Energiegleichung (2) herausgekürzt werden. Im zweiten Term erscheint der Gesamtimpuls im Schwerpunktssystem als Faktor, der nach (10) und (12) vor und nach dem Stoß verschwindet. Daher bleibt nur die Energie E_r der Relativbewegung übrig:

$$E_r = \tfrac{1}{2}(m_1 u_1^2 + m_2 u_2^2) = \tfrac{1}{2}(m_1 u_1'^2 + m_2 u_2'^2) \tag{13}$$

oder, wenn wir $\mathfrak{u}_2$, $\mathfrak{u}_2'$ nach Gl. (9) und (12) durch $\mathfrak{u}_1$, $\mathfrak{u}_1'$ ersetzen:

$$E_r = \frac{1}{2}\left(m_1 + \frac{m_1^2}{m_2}\right)u_1^2 = \frac{1}{2}\left(m_1 + \frac{m_1^2}{m_2}\right)u_1'^2,$$

d.h.

$$u_1 = u_1'. \tag{14a}$$

Dann folgt aber natürlich auch sofort

$$u_2 = u_2', \tag{14b}$$

d.h. bei einem elastischen Stoß bleiben die Geschwindigkeitsbeträge der beiden Stoßpartner im Schwerpunktssystem erhalten und nur ihre Richtungen werden geändert. Dasselbe gilt, wenn wir zur Beschreibung statt $\mathfrak{u}_1$ und $\mathfrak{u}_2$ die Relativgeschwindigkeit $\mathfrak{v}$ benutzen: Aus Gln. (8) und (11) folgt

$$\mathfrak{v} = \frac{m_1 + m_2}{m_2}\,\mathfrak{u}_1; \quad \mathfrak{v}' = \frac{m_1 + m_2}{m_2}\,\mathfrak{u}_1', \tag{15}$$

daher für die Beträge wegen (14)

$$v = v' = \frac{m_1 + m_2}{m_2}\,u_1 = \frac{m_1}{\mu}\,u_1. \tag{16}$$

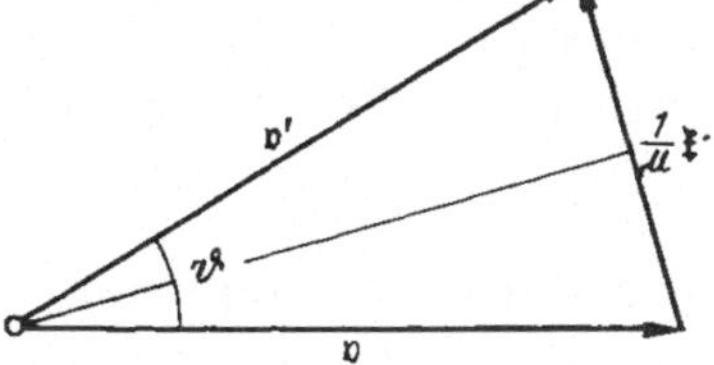

Fig. 19. Geschwindigkeitsänderung beim elastischen Stoß

Schließlich können wir vom Schwerpunktssystem wieder auf das ursprüngliche Koordinatensystem zurückrechnen. Dann wird

$$\left.\begin{aligned} \mathfrak{v}_1' &= \mathfrak{u}_1' + \mathfrak{V} = \frac{m_2}{m_1 + m_2}\,\mathfrak{v}' + \frac{m_1\mathfrak{v}_1 + m_2\mathfrak{v}_2}{m_1 + m_2}; \\ \mathfrak{v}_2' &= \mathfrak{u}_2' + \mathfrak{V} = -\frac{m_1}{m_1 + m_2}\,\mathfrak{v}' + \frac{m_1\mathfrak{v}_1 + m_2\mathfrak{v}_2}{m_1 + m_2}. \end{aligned}\right\} \tag{17}$$

Diese Formeln vereinfachen sich beträchtlich, wenn man noch als Hilfsvektor den auf das erste Teilchen übertragenen Impuls $\mathfrak{k}$ einführt:

$$\mathfrak{k} = m_1(\mathfrak{v}_1' - \mathfrak{v}_1) = m_1(\mathfrak{u}_1' - \mathfrak{u}_1). \tag{18}$$

Wegen ihrer Galilei-Invarianz kann man diese Größe im Schwerpunktssystem ausrechnen und sodann im ursprünglichen Koordinatensystem verwenden:

$$\mathfrak{v}_1' = \mathfrak{v}_1 + \frac{1}{m_1}\,\mathfrak{k}; \quad \mathfrak{v}_2' = \mathfrak{v}_2 - \frac{1}{m_2}\,\mathfrak{k} \tag{19}$$

und

$$\mathfrak{k} = m_1(\mathfrak{u}_1' - \mathfrak{u}_1) = \mu(\mathfrak{v}' - \mathfrak{v}), \tag{20}$$

d.h. $\mathfrak{k}$ ist gleich dem Produkt der reduzierten Masse $\mu = m_1 m_2/(m_1 + m_2)$ mit der Änderung der Relativgeschwindigkeit im Stoß. Wegen $v = v'$ gilt für die letztere aber Fig. 19; ist der von $\mathfrak{v}$ und $\mathfrak{v}'$ eingeschlossene Winkel gleich ϑ, so wird

$$k = 2\mu v \sin\frac{\vartheta}{2}. \tag{21}$$

Der Winkel ϑ ist der gleiche natürlich ebenso zwischen $\mathfrak{u}_1$ und $\mathfrak{u}_1'$ oder auch zwischen $\mathfrak{u}_2$ und $\mathfrak{u}_2'$ und heißt der *Ablenkungswinkel* im Schwerpunktssystem.

Die häufigste Anwendung dieser Sätze geschieht bei den Stoßprozessen der Atomphysik und Kernphysik. In der Atomphysik handelt es sich in vielen Fällen um ein Elektron (m_1), das auf ein sehr viel schwereres Atom (m_2) geschossen wird, dessen (gaskinetische) Geschwindigkeit gegen diejenige des Elektrons vernachlässigt werden kann. Ähnlich ist es in der Kernphysik, wo der in ein Target eingebaute bombardierte Kern (m_2) nur eine winzige Anfangsgeschwindigkeit im Vergleich zu derjenigen des künstlich auf hohe Energie gebrachten Geschosses (m_1) besitzt. In allen derartigen Fällen können wir daher die Idealisierung

$$\mathfrak{v}_2 = 0 \tag{22}$$

zugrundelegen; dann wird

$$\mathfrak{V} = \frac{m_1}{m_1 + m_2}\,\mathfrak{v}; \qquad \mathfrak{v}_1 = \mathfrak{v}; \qquad \mathfrak{v}_1' = \mathfrak{v} + \frac{1}{m_1}\,\mathfrak{k}; \qquad \mathfrak{v}_2' = -\frac{1}{m_2}\,\mathfrak{k}. \tag{23}$$

Das durch Gl. (22) definierte Koordinatensystem bezeichnen wir allgemein als das *Laborsystem.* Die Anfangsgeschwindigkeit $\mathfrak{v}$ und die beiden Endgeschwindigkeiten ($\mathfrak{v}_1'$, $\mathfrak{v}_2'$) liegen hierbei in der von $\mathfrak{v}$ und $\mathfrak{k}$ aufgespannten Ebene, in der nach Gl. (20) auch $\mathfrak{v}'$, ferner nach (8) und (11) $\mathfrak{u}_1$, $\mathfrak{u}_2$, $\mathfrak{u}_1'$ und $\mathfrak{u}_2'$ liegen müssen. Alle vorkommenden Geschwindigkeiten sind daher in diesem Falle *komplanar.*

Beschreiben wir in dieser Ebene $\mathfrak{v}_1'$ und $\mathfrak{v}_2'$ durch ihre Beträge v_1' und v_2' und durch die Ablenkungswinkel Θ_1 und Θ_2 gegen die ursprüngliche Geschoßrichtung $\mathfrak{v}$ im Laborsystem, so erhalten wir für die Komponentenzerlegung der Gln. (23):

$$v_1' \cos\Theta_1 = v - \frac{k}{m_1}\sin\frac{\vartheta}{2}; \qquad v_1' \sin\Theta_1 = \frac{k}{m_1}\cos\frac{\vartheta}{2};$$

$$v_2' \cos\Theta_2 = \frac{k}{m_2}\sin\frac{\vartheta}{2}; \qquad v_2' \sin\Theta_2 = -\frac{k}{m_2}\cos\frac{\vartheta}{2}$$

und Gl. (21) für k. Daraus folgt für die Beträge

$$\begin{aligned} v_1'^2 &= \left(v - \frac{k}{m_1}\sin\frac{\vartheta}{2}\right)^2 + \left(\frac{k}{m_1}\cos\frac{\vartheta}{2}\right)^2 \\ &= v^2 - \frac{2vk}{m_1}\sin\frac{\vartheta}{2} + \frac{k^2}{m_1^2}; \\ v_2'^2 &= \frac{k^2}{m_2^2}, \end{aligned}$$

und für die Ablenkungswinkel im Laborsystem

$$\cot\Theta_1 = \frac{m_1 v}{k\cos\frac{\vartheta}{2}} - \tan\frac{\vartheta}{2}; \qquad \cot\Theta_2 = -\tan\frac{\vartheta}{2}.$$

Einsetzen von k aus Gl. (21) führt diese Gleichungen über in

$$\left.\begin{aligned} v_1'^2 &= v^2\left(1-\frac{4\mu}{m_1}\left(1-\frac{\mu}{m_1}\right)\sin^2\frac{\vartheta}{2}\right); \qquad v_2'^2 = v^2\frac{4\mu^2}{m_2^2}\sin^2\frac{\vartheta}{2}; \\ \cot\Theta_1 &= \frac{m_1}{\mu\sin\vartheta} - \tan\frac{\vartheta}{2}; \\ \cot\Theta_2 &= -\tan\frac{\vartheta}{2}, \qquad \text{d.h.} \qquad \Theta_2 = \frac{\vartheta}{2} - \frac{\pi}{2}. \end{aligned}\right\} \tag{24}$$

Von Interesse ist schließlich noch der Winkel, der von den beiden Teilchenbahnen nach dem Stoß eingeschlossen wird:

$$\Theta = \Theta_1 - \Theta_2; \tag{25}$$

man findet

$$\cot\Theta = \frac{\cot\Theta_1\cot\Theta_2 + 1}{\cot\Theta_1 - \cot\Theta_2} = \left(\frac{2\mu}{m_1} - 1\right)\tan\frac{\vartheta}{2}. \tag{26}$$

Besonders wichtig sind zwei Grenzfälle dieser Formeln.

a) m_2 sei unendlich groß. Dann wird $\mu = m_1$, und die Gln. (24) liefern

$$v_1' = v; \qquad v_2' = 0; \qquad \cot\Theta_1 = \frac{1}{\sin\vartheta} - \tan\frac{\vartheta}{2} = \cot\vartheta.$$

Die Angabe von Θ_2 und Θ hat keinen Sinn, weil das zweite Teilchen in Ruhe bleibt ($v_2' = 0$). Dann ist kein Unterschied zwischen Laborsystem und Schwerpunktssystem, und das Geschoß erfährt eine Ablenkung um $\Theta_1 = \vartheta$ ohne Geschwindigkeitsverlust.

Dieser Fall tritt ebenso auf, wenn eine Billardkugel an der Bande reflektiert wird, wie bei der Streuung von Elektronen an Atomen, die viele tausendmal schwerer sind als die gestreuten Elektronen.

b) Die beiden Stoßpartner sind gleichschwer, $m_1 = m_2$. Die Streuung zweier Protonen aneinander, die Streuung von α-Teilchen im Heliumgas, aber auch die Streuung von Neutronen in einer wasserstoffhaltigen Substanz fallen hierunter. Dann ist $\mu = m_1/2$, und Gl. (24) und (26) geben:

$$v_1' = v\cos\frac{\vartheta}{2}; \qquad v_2' = v\sin\frac{\vartheta}{2}; \qquad \Theta_1 = \frac{\vartheta}{2}; \qquad \Theta = \frac{\pi}{2}.$$

Die beiden Teilchenbahnen nach dem Stoß stehen im Laborsystem senkrecht aufeinander; die Geschwindigkeitsbeträge sind $v\cos\Theta_1$ und $v\sin\Theta_1$.

Mit den vorstehenden Betrachtungen ist alles gesagt, was im Rahmen des Massenpunktbildes streng genommen über Stoßprobleme gesagt werden kann, ohne daß nähere Angaben über die Art der Wechselwirkung benutzt werden. Wenn wir jedoch einen Augenblick überlegen, welche physikalische Realität das vereinfachende Massenpunktmodell darstellen soll, so ergeben sich zwei naheliegende Verallgemeinerungen, die sich ebenfalls noch im Rahmen dieses Modells behandeln lassen.

a) Unelastische Streuung. Stoßen zwei Bälle aufeinander, so wird eine merkliche Wechselwirkung nur im Augenblick der Berührung spürbar. Die Bälle deformieren sich gegenseitig beim Zusammenprall und vermindern dadurch ihre Relativgeschwindigkeit bis auf Null. Die kinetische Energie der Schwerpunktsbewegung bleibt dabei in jedem Augenblick erhalten; diejenige der Relativbewegung wird jedoch vollständig in elastische Spannungsenergie umgesetzt. In der zweiten Phase des Stoßprozesses tritt nun wieder Entspannung ein. Die Bälle gehen in ihre ursprüngliche Gestalt zurück und die in ihnen einen Augenblick lang gespeicherte Spannungsenergie setzt sich wieder vollständig in kinetische Energie um, nur daß die Verteilung dieser Energie auf die beiden Bälle jetzt eine andere ist als vor dem Stoße. Die beiden Bälle haben sich dabei wie vollkommen elastische Körper verhalten; eben deshalb nennen wir einen solchen Stoß einen elastischen.

In Wirklichkeit ist auch die Vorstellung des vollkommen elastischen Körpers eine idealisierte Modellvorstellung. Ein Teil der zugeführten Energie wird nämlich in andere Energieformen umgesetzt, z.B. in Erwärmung oder, vor allem, in plastische, d.h. länger dauernde Formänderungen (sog. dissipativer Energieanteil). Die kinetische Energie des Systems ist daher nach dem Stoß um einen Betrag Q kleiner als vorher:

$$E = \tfrac{1}{2}(m_1 v_1^2 + m_2 v_2^2) = \tfrac{1}{2}(m_1 v_1'^2 + m_2 v_2'^2) + Q. \tag{27}$$

Q heißt die *Energietönung* des Vorganges; bei dem geschilderten Beispiel ist $Q > 0$. Wir sprechen hier von einem *unelastischen*, und zwar wegen $Q > 0$ insbesondere von einem *endoenergetischen* Streuprozeß.

Beim Zusammenstoß von komplizierten Systemen kann dieser Energietönung ein entscheidendes Interesse zukommen. Das gilt insbesondere für die Anwendungen im atomaren Bereich: Bei dem Stoß eines Elektrons gegen ein Atom kann ein Teil der kinetischen Energie des Elektrons zu einer Anregung des Atoms verwendet werden; ähnlich kann eine Kernanregung beim Zusammenstoß zweier Kerne eintreten. Trifft aber ein solches Geschoß ein bereits vorher angeregtes Atom oder einen bereits vorher angeregten Kern, so kann auch die Anregungsenergie dieser Stoßpartner umgekehrt ganz oder teilweise der kinetischen Energie des Systems zugeführt werden. Auch dann haben wir einen unelastischen Stoßprozeß vor uns, diesmal aber wegen $Q < 0$ einen *exoenergetischen*. (Nach einer von J. FRANCK eingeführten Terminologie spricht man dann auch von „Stößen zweiter Art".)

Für derartige unelastische Streuprozesse bleiben offenbar alle Konsequenzen aus dem Impulssatz erhalten, d.h. also die Gln. (1) sowie (3) bis (12). Der Energiesatz (2) ist jedoch durch (27) zu ersetzen; daher erhalten wir für die Relativbewegung anstelle von (13)

$$E_r = \tfrac{1}{2}(m_1 u_1^2 + m_2 u_2^2) = \tfrac{1}{2}(m_1 u_1'^2 + m_2 u_2'^2) + Q \tag{28}$$

oder bei Ersetzung von $\mathfrak{u}_2$, $\mathfrak{u}_2'$ durch $\mathfrak{u}_1$, $\mathfrak{u}_1'$ wie zuvor:

$$E_r = \frac{1}{2}\,\frac{m_1}{m_2}\,(m_1 + m_2)\,u_1^2 = \frac{1}{2}\,\frac{m_1}{m_2}\,(m_1 + m_2)\,u_1'^2 + Q\,.$$

Daher wird

$$u_1' = \sqrt{u_1^2 - \frac{2m_2}{m_1(m_1+m_2)}\,Q} = \sqrt{u_1^2 - \frac{2\mu}{m_1^2}\,Q} \tag{29a}$$

und analog

$$u_2' = \sqrt{u_2^2 - \frac{2\mu}{m_2^2}\,Q}\,. \tag{29b}$$

Für die Relativgeschwindigkeiten vor und nach dem Stoß erhalten wir wie in Gl. (16)

$$v = \frac{m_1}{\mu}\,u_1; \qquad v' = \frac{m_1}{\mu}\,u_1';$$

daraus folgt nunmehr aber

$$v' = \sqrt{v^2 - \frac{2Q}{\mu}}\,. \tag{30}$$

Den auf das erste Teilchen übertragenen Impuls $\mathfrak{k}$ können wir zwar wie früher einführen; da aber die einfache Fig. 19 (S. 87) und Relation (21) jetzt nicht mehr zutreffen, wird dadurch die Rückrechnung vom Schwerpunktssystem auf das Laborsystem ($\mathfrak{v}_2 = 0$, $\mathfrak{v}_1 = \mathfrak{v}$) nicht wesentlich erleichtert. Der Schluß auf die Komplanarität aller Vektoren im Laborsystem wie im Schwerpunktssystem bleibt aber erhalten; wir können in dieser gemeinsamen Ebene wieder nach Komponenten in Richtung von $\mathfrak{v}$ und senkrecht dazu zerlegen und erhalten aus (17) zunächst

$$\mathfrak{v}_1' = \frac{m_2}{m_1+m_2}\,\mathfrak{v}' + \frac{m_1}{m_1+m_2}\,\mathfrak{v}; \qquad \mathfrak{v}_2' = -\frac{m_1}{m_1+m_2}\,\mathfrak{v}' + \frac{m_1}{m_1+m_2}\,\mathfrak{v} \tag{31}$$

und sodann in Komponenten:

$$\left.\begin{aligned}
v_1' \cos\Theta_1 &= \frac{m_2}{m_1+m_2}\,v' \cos\vartheta + \frac{m_1}{m_1+m_2}\,v;\\
v_1' \sin\Theta_1 &= \frac{m_2}{m_1+m_2}\,v' \sin\vartheta;\\
v_2' \cos\Theta_2 &= -\frac{m_1}{m_1+m_2}\,v' \cos\vartheta + \frac{m_1}{m_1+m_2}\,v;\\
v_2' \sin\Theta_2 &= -\frac{m_1}{m_1+m_2}\,v' \sin\vartheta.
\end{aligned}\right\} \tag{32}$$

Die vier Gleichungen (32) zusammen mit der aus dem Energiesatz entnommenen Relation (30) enthalten die sechs Unbekannten

$$v_1', \Theta_1, v_2', \Theta_2, v', \vartheta;$$

sie enthalten also eine Unbekannte zuviel, deren Festlegung ohne Rückgriff auf die Wechselwirkung nicht möglich ist[1].

Aus (32) erhalten wir durch Auflösen nach den Unbekannten v_1', v_2', Θ_1 und Θ_2:

$$\left.\begin{aligned} v_1'^2 &= \frac{m_2^2}{M^2} v'^2 + \frac{m_1^2}{M^2} v^2 + 2\frac{m_1 m_2}{M^2} v v' \cos\vartheta, \\ v_2'^2 &= \frac{m_1^2}{M^2} v'^2 + \frac{m_1^2}{M^2} v^2 - 2\frac{m_1^2}{M^2} v v' \cos\vartheta, \end{aligned}\right\} \quad M = m_1 + m_2 \tag{33}$$

und

$$\left.\begin{aligned} \cot\Theta_1 &= \cot\vartheta + \frac{m_1}{m_2} \frac{v}{v' \sin\vartheta}, \\ \cot\Theta_2 &= \cot\vartheta - \frac{v}{v' \sin\vartheta}. \end{aligned}\right\} \tag{34}$$

b) Umwandlungen. Stoßen zwei Moleküle zusammen, und es findet eine chemische Reaktion zwischen ihnen statt, so treten anstelle der ursprünglichen Moleküle mit den Massen m_1 und m_2 zwei andere mit den Massen m_1' und m_2' nach dem Stoß, wobei allerdings die Gesamtmasse

$$M = m_1 + m_2 = m_1' + m_2' \tag{35}$$

erhalten bleibt. In ähnlicher Weise kann bei einer Reaktion zwischen zwei Atomkernen eine Massenänderung eintreten. Hierbei ist (35) nicht streng erfüllt infolge der verschiedenen Massendefekte von Anfangs- und Endkernen, doch können wir diesen geringfügigen Unterschied in einer sehr guten Näherung vernachlässigen.

In diesem allgemeinsten Falle lauten Impulssatz und Energiesatz

$$\mathfrak{P} = m_1 \mathfrak{v}_1 + m_2 \mathfrak{v}_2 = m_1' \mathfrak{v}_1' + m_2' \mathfrak{v}_2' \tag{36}$$

und

$$E = \tfrac{1}{2}(m_1 v_1^2 + m_2 v_2^2) = \tfrac{1}{2}(m_1' v_1'^2 + m_2' v_2'^2) + Q. \tag{37}$$

Die Schwerpunktsgeschwindigkeit $\mathfrak{V}$ ist die gleiche wie früher; daraus erhält man im Schwerpunktssystem jetzt

$$\mathfrak{u}_2 = -\frac{m_1}{m_2}\mathfrak{u}_1; \qquad \mathfrak{u}_2' = -\frac{m_1'}{m_2'}\mathfrak{u}_1' \tag{38}$$

[1] Hier bleibt nur *eine* Variable, z.B. der Ablenkwinkel Θ_1 wählbar; in der allgemeinen Theorie hatten wir gezeigt (S. 85), daß *zwei* Variable frei bleiben. Die zweite Variable entfällt beim ebenen Problem; es ist der Winkel, welcher die Bahnebene fixiert, die sonst noch um den Vektor $\mathfrak{v}$ frei drehbar bliebe.

und für die Relativgeschwindigkeiten vor und nach der Reaktion:

$$\left.\begin{aligned} \mathfrak{v} &= \mathfrak{v}_1 - \mathfrak{v}_2 = \mathfrak{u}_1 - \mathfrak{u}_2 = \frac{M}{m_2}\,\mathfrak{u}_1; \\ \mathfrak{v}' &= \mathfrak{v}_1' - \mathfrak{v}_2' = \mathfrak{u}_1' - \mathfrak{u}_2' = \frac{M}{m_2'}\,\mathfrak{u}_1'. \end{aligned}\right\} \tag{39}$$

Im Energiesatz kann man wie früher die Schwerpunktsenergie $\frac{1}{2}M\mathfrak{V}^2$ abspalten; es bleibt für die Energie der Relativbewegung

$$E_r = \tfrac{1}{2}(m_1 u_1^2 + m_2 u_2^2) = \tfrac{1}{2}(m_1' u_1'^2 + m_2' u_2'^2) + Q \tag{40}$$

oder nach (38):

$$E_r = \frac{m_1 M}{2m_2}\,u_1^2 = \frac{m_1' M}{2m_2'}\,u_1'^2 + Q,$$

woraus

$$u_1' = \sqrt{\frac{m_1 m_2'}{m_2 m_1'}\,u_1^2 - \frac{2m_2'}{M m_1'}\,Q} \tag{41}$$

hervorgeht. Analog haben wir nach (39)

$$E_r = \frac{m_1 m_2}{2M}\,v^2 = \frac{m_1' m_2'}{2M}\,v'^2 + Q$$

und daher

$$v' = \sqrt{\frac{m_1 m_2}{m_1' m_2'}\,v^2 - \frac{2M}{m_1' m_2'}\,Q}. \tag{42}$$

Handelt es sich um eine Kernreaktion, so ist es von Interesse von den Schwerpunktskoordinaten auf das Laborsystem ($\mathfrak{v}_2 = 0$, $\mathfrak{v}_1 = \mathfrak{v}$) zurückzurechnen; dann wird analog zu (11) und (31)

$$\mathfrak{v}_1' = \mathfrak{u}_1' + \mathfrak{V} = \frac{m_2'}{M}\,\mathfrak{v}' + \frac{m_1}{M}\,\mathfrak{v}; \qquad \mathfrak{v}_2' = \mathfrak{u}_2' + \mathfrak{V} = -\frac{m_1'}{M}\,\mathfrak{v}' + \frac{m_1}{M}\,\mathfrak{v}. \tag{43}$$

Die weitere Auswertung dieser Formeln durch Komponentenzerlegung läßt sich in voller Analogie zu den Gln. (32) bis (34) vornehmen.

Die allgemeinen Sätze (36) und (37) zeigen übrigens sofort, daß eine Kernreaktion nicht zu einer einfachen Vereinigung der Stoßpartner zu führen vermag. Dann hätten wir nach dem Stoß $m_2' = 0$, $m_1' = M$. Gln. (36) und (37) gehen dann für $\mathfrak{v}_2 = 0$ über in

$$m_1\,\mathfrak{v}_1 = M\,\mathfrak{v}_1'$$

und

$$\tfrac{1}{2} m_1 v_1^2 = \tfrac{1}{2} M\,v_1'^2 + Q.$$

Da aus dem Impulssatz

$$\mathfrak{v}_1' = \frac{m_1}{M}\,\mathfrak{v}_1$$

folgt, entsteht beim Einsetzen in den Energiesatz

$$\frac{1}{2}\,m_1\left(1 - \frac{m_1}{M}\right)v_1^2 = Q,$$

und das ist für beliebig vorgegebene Geschwindigkeit v_1 nicht allgemein erfüllbar. Bei den tatsächlich beobachteten Einfangprozessen wird in der Tat ein zweites „Teilchen" in Gestalt eines Lichtquants emittiert.

§ 16. Ein Streuproblem

Als eine spezielle Anwendung der im vorigen Paragraphen entwickelten Stoßtheorie betrachten wir den elastischen Stoß einer Punktmasse m gegen eine sehr viel schwerere M, wenn zwischen beiden eine Wechselwirkungskraft

$$\mathfrak{K}_{12} = -m\gamma \frac{\mathfrak{r}_1 - \mathfrak{r}_2}{|\mathfrak{r}_1 - \mathfrak{r}_2|^3} \tag{1}$$

besteht. Dabei haben wir die Konstante des Kraftgesetzes aus Bequemlichkeit mit $m\gamma$ bezeichnet, so daß wir die Formeln von § 5c wieder verwenden können; soll es sich um die Gravitationskraft zwischen zwei Himmelskörpern handeln, so ist $\gamma = \Gamma M$, aber das gleiche Gesetz ist z.B. auch zwischen zwei elektrischen Punktladungen e_1 und e_2 wirksam mit $m\gamma = -e_1 e_2$. Daß wir annehmen, die Masse M sei sehr viel größer als m, ist gleichbedeutend mit der vereinfachenden Annahme, daß diese mit dem Schwerpunkt des Systems zusammenfällt und daher – wenn sie anfangs ruhte – auch nach dem Zusammenstoß in Ruhe bleibt.

In § 5c hatten wir bereits die wichtigsten Gleichungen unseres Problems zusammengestellt, nämlich die Bahngleichung

$$r = \frac{p}{1 + \varepsilon \cos(\varphi - \varphi_0)}, \tag{2}$$

den Flächensatz

$$r^2 \dot{\varphi} = f \tag{3}$$

und schließlich die Beziehung

$$\gamma = \frac{f^2}{p} \tag{4}$$

zwischen den Konstanten der Bewegung[1]. Der Unterschied unserer jetzigen Fragestellung gegenüber derjenigen von § 5c besteht allein darin, daß Gl. (2) jetzt nicht eine Ellipsen-, sondern eine Hyperbelbahn beschreibt. Dazu muß $\varepsilon > 1$ sein, damit der Nenner von Gl. (2) Nullstellen erhält, welche die Asymptotenrichtungen der Hyperbel ergeben. Setzen wir

$$\varepsilon = \frac{1}{\sin\frac{\vartheta}{2}}, \tag{5}$$

[1] Gl. (4) führt für $\gamma < 0$ (Abstoßung) zu $p < 0$. Da stets $r > 0$ sein muß, wird dann der Nenner in Gl. (2) negativ, was mit $\varepsilon > 1$ wieder Hyperbelbahnen mit den gleichen Asymptoten liefert; nur liegen die Bahnkurven jetzt gerade in den Zwickeln zwischen den Asymptoten, die bei $\gamma > 0$ keine Kurven enthalten. Im folgenden wird nur der Fall der Anziehung ($\gamma > 0$) behandelt.

so ist die Bedingung $\varepsilon > 1$ erfüllt; setzen wir außerdem $\varphi_0 = \frac{1}{2}(\vartheta - \pi)$, so geht (2) über in

$$r = \frac{p \sin \frac{\vartheta}{2}}{\sin \frac{\vartheta}{2} - \sin\left(\varphi - \frac{\vartheta}{2}\right)}, \tag{6}$$

und man sieht sofort, daß der Nenner bei $\varphi = -\pi$ und $\varphi = \vartheta$ Nullstellen hat, welche die Asymptotenrichtungen definieren, sowie daß er bei den zwischen diesen Werten liegenden Winkeln φ positiv wird. Den kleinsten Wert von r erhält man für $\varphi = \frac{1}{2}(\vartheta - \pi)$; für $\varphi = 0$ wird $r = p/2$. Daraus konstruiert man leicht qualitativ den Verlauf der Bahn (Fig. 20): Die Masse M steht im einen Brennpunkt der Hyperbel (der gezeichnete Fall entspricht einer Anziehungskraft); die Asymptoten laufen im Abstande a, dem sog. *Stoßparameter*, an M vorbei. In der Umgebung von $\varphi = -\pi$, also in großem Abstande *vor* dem Streuzentrum, schreiben wir $\varphi = -\pi + \alpha$; dann ist α sehr klein, und wir können $\sin\alpha \approx \alpha$, $\cos\alpha \approx 1$ setzen. Gl. (6) geht dann über in

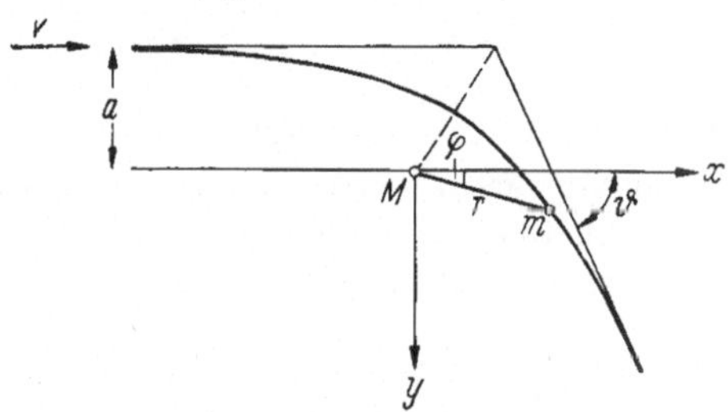

Fig. 20. Hyperbelbahn eines Massenpunktes m, unter der Wirkung eines im Koordinatenursprung ruhenden Massenpunktes M. Da der Massenpunkt M beim Vorbeigang von m selbst Impuls aufnimmt, kann er nur bei unendlich großer Masse in Ruhe bleiben

$$r \approx \frac{p}{\alpha} \tan \frac{\vartheta}{2}; \tag{7}$$

für $y = r \sin\varphi = -r \sin\alpha$ schreiben wir genähert $y = -r\alpha$; nach Fig. 20 ist $y = -a$, also

$$r\alpha = a$$

die genäherte Bahngleichung und daher gemäß (7)

$$a = p \tan \frac{\vartheta}{2}. \tag{8}$$

Ferner folgt aus (7) durch Differenzieren

$$\dot{r} = -p \frac{\dot{\alpha}}{\alpha^2} \tan \frac{\vartheta}{2},$$

oder wenn wir rechts mit r^2 erweitern und den Flächensatz (3) in der Form $r^2\dot{\alpha} = f$ berücksichtigen:

$$\dot{r} = -p \frac{f}{a^2} \tan \frac{\vartheta}{2};$$

andererseits ist $\dot{r} = -\dot{x}$ für dies asymptotische Gebiet, d.h. $\dot{r} = -v$, wenn wir mit v die asymptotische Anfangs-(und End-)geschwindigkeit bezeichnen:

$$v = \frac{f}{a^2} p \tan\frac{\vartheta}{2},$$

oder wegen (8):

$$a v = f. \tag{9}$$

Diese Beziehung wird übrigens anschaulich besonders klar, wenn man in kartesischen Koordinaten

$$r^2 \dot{\varphi} = x\dot{y} - y\dot{x}$$

einführt; da asymptotisch $\dot{y} = 0$, $\dot{x} = v$ und $y = -a$ unmittelbar an der Figur abgelesen werden kann, erhält man sofort $r^2\dot{\varphi} = av$.

Schließlich benutzen wir noch Gl. (4), aus der wir mit Hilfe von Gln. (8) und (9) bei Elimination von p und f finden:

$$a = \frac{f^2}{\gamma} \tan\frac{\vartheta}{2} = \frac{a^2 v^2}{\gamma} \tan\frac{\vartheta}{2}$$

oder

$$a = \frac{\gamma}{v^2} \cot\frac{\vartheta}{2}. \tag{10}$$

Gl. (10) ist die zentrale Gleichung, um zu asymptotischen Aussagen über das System *nach* dem Stoß zu gelangen, wenn der Zustand *vor* dem Stoß gegeben ist; denn a und v bestimmen gemeinsam den Anfangszustand, der durch Gl. (10) mit ϑ, d.h. mit einer Aussage über den endgültig erreichten Ablenkwinkel im Endzustand verknüpft wird.

Die in der Physik am häufigsten auftretende Fragestellung in diesem Zusammenhange geht nicht davon aus, daß nur ein einziger Massenpunkt m das Streuzentrum M im Abstande a passiert und dabei um einen bestimmten Winkel ϑ gemäß (10) aus seiner ursprünglichen Richtung abgelenkt wird, sondern davon, daß ein Strom von vielen Massenpunkten gleicher Geschwindigkeit $\mathfrak{v}$ mit verschiedenen Stoßparametern a ankommt, so daß hinter dem Streuzentrum eine *Streuverteilung* über alle möglichen Ablenkwinkel ϑ beobachtet wird. Wenn ein solcher Teilchenstrom eine konstante *Stromdichte* von j Teilchen pro cm² und sec besitzt, so enthält er offenbar

$$dn = 2\pi a\, da \cdot j$$

Teilchen pro sec in der Kreisringzone mit Stoßparameterwerten zwischen a und $a + da$. Da aus Gl. (10) durch Differenzieren folgt

$$da = -\frac{\gamma}{2v^2} \frac{d\vartheta}{\sin^2\frac{\vartheta}{2}},$$

gehen sekundlich

$$dn = 2\pi\left(\frac{\gamma}{v^2}\cot\frac{\vartheta}{2}\right)\left(\frac{\gamma}{2v^2}\frac{d\vartheta}{\sin^2\frac{\vartheta}{2}}\right)j,$$

d.h. also

$$dn = \pi j\frac{\gamma^2}{v^4}\frac{\cos\frac{\vartheta}{2}}{\sin^3\frac{\vartheta}{2}}d\vartheta \tag{11}$$

Teilchen ins Winkelintervall $d\vartheta$ oder aber in das Raumwinkelelement

$$d\Omega = 2\pi\sin\vartheta\, d\vartheta. \tag{12}$$

Setzt man $d\Omega$ statt $d\vartheta$ in (11) ein und berücksichtigt dabei

$$\sin\vartheta = 2\sin\frac{\vartheta}{2}\cos\frac{\vartheta}{2},$$

so erhält man schließlich den Ausdruck

$$d\sigma = \frac{dn}{j} = \frac{\gamma^2}{4v^4}\frac{d\Omega}{\sin^4\frac{\vartheta}{2}}. \tag{13}$$

Diese Größe gibt den in das Raumwinkelelement $d\Omega$ gestreuten Strom von Teilchen pro sec, dividiert durch den primär eintreffenden Teilchenstrom pro cm² und sec; sie ist also eine von der Intensität des Primärstromes unabhängige, für den Streuvorgang als solchen charakteristische Größe. Sie heißt der *differentielle Streuquerschnitt* und hat die Dimension einer Fläche.

Führt man in (13) $\gamma = \Gamma M$ ein, so entsteht die Streuformel für Gravitationsanziehung. Von größerem Interesse für die Physik ist der Fall zweier Punktladungen, zwischen denen elektrische (Coulombsche) Wechselwirkung besteht:

$$\gamma = -\frac{e_1 e_2}{m}.$$

Dann nimmt mit $E = \frac{1}{2}mv^2$ der differentielle Streuquerschnitt (13) die Form an

$$d\sigma = \left(\frac{e_1 e_2}{4E}\right)^2\frac{d\Omega}{\sin^4\frac{\vartheta}{2}}. \tag{14}$$

Diese Beziehung wird als *Rutherfordsche Streuformel* bezeichnet.

Zweiter Teil

Einführung in die Kontinuumsphysik

§ 17. Einleitung

Im ersten Teil dieses Bandes wurde die klassische Mechanik der Massenpunkte behandelt. Die physikalische Grundidee des Massenpunktes idealisierte jeden ausgedehnten Körper, falls seine Bewegung sich über eine Bahn erstreckt, deren Abmessungen sehr groß sind gegen diejenigen des Körpers selbst; sie vernachlässigte dann seine Ausdehnung und behandelte seine ganze Masse als im Schwerpunkt vereinigt. Die Aufgabe, die Bewegung dieses Körpers zu bestimmen, reduzierte sich dann auf die Angabe der drei Schwerpunktskoordinaten als Funktionen eines einzigen Parameters, der Zeit:

$$x(t), \quad y(t), \quad z(t).$$

Das mathematische Instrument einer solchen Bestimmung der Bewegung ist NEWTONs Grundgesetz, das die Beschleunigungskomponenten $\ddot{x}, \ddot{y}, \ddot{z}$ in Beziehung zu den Komponenten der insgesamt auf den Körper wirkenden Kraft setzt:

$$m\ddot{x} = K_x, \quad m\ddot{y} = K_y, \quad m\ddot{z} = K_z.$$

Dies sind drei Differentialgleichungen zweiter Ordnung zur Bestimmung der drei gesuchten Funktionen $x(t)$, $y(t)$, $z(t)$. Ihre Integration stellt die vollständige Lösung der gestellten Aufgabe dar. Sie erfordert einerseits die Kenntnis der Kraft als Vorbedingung; dies ist die dem mathematischen Kalkül vorhergehende Stufe der physikalischen Formulierung. Sie liefert andererseits am Ende des Kalküls insgesamt sechs Integrationskonstanten, somit also eine ∞^6-fache Schar von Bewegungsabläufen. Die Determinierung eines einzigen Ablaufes, nämlich des im Einzelfall in der Natur oder im Experiment eintretenden, erfordert die Festlegung der sechs Konstanten, und dies geschieht im allgemeinen durch die Anfangsbedingungen: Zu einem bestimmten Zeitpunkt (oft als Anfangszeit $t=0$ bezeichnet) muß der Bewegungszustand, d.h. Ort (x, y, z) und Geschwindigkeit $(\dot{x}, \dot{y}, \dot{z})$ des Massenpunktes bekannt sein; dann ist er auch für jede andere Zeit angebbar.

Das Vorgehen der Massenpunktmechanik erweist sich als besonders fruchtbar, wenn es sich um die Bewegung in einem als Funktion des Ortes vorgegebenen Kraftfeld handelt. Eine andere, ebenfalls wichtige Gruppe von Problemen, welche nach dieser Methode angesetzt werden kann, ist der Fall von Kräften zwischen den einzelnen Massenpunkten, welche nur von deren gegenseitigen Abständen abhängend in der Richtung der Verbindungslinien wirken. In allen diesen Fällen handelt es sich um Kräfte, welche über endliche Entfernungen hinweg momentan wirksam sind *(Fernwirkung)*. In der Relativitätstheorie wird gezeigt, daß diese als Näherung oft vorzügliche Annahme in Strenge grundsätzlich nicht zutreffen kann. Sie ist zu ersetzen durch den Begriff des sich mit endlicher Geschwindigkeit ausbreitenden Kraftfeldes, das aus einer strengen *Nahwirkungstheorie* gewonnen wird.

In den hier folgenden Abschnitten wollen wir nun fur diesen anderen großen Teilbereich der klassischen Physik den Zugang öffnen. Die grundlegende Idee hierzu ist die des *räumlich ausgedehnten Kontinuums*, sei dies nun ein ausgedehnter materieller Körper oder sei es ein Kraftfeld. Tritt in irgendeinem Volumenelement ein physikalisches Ereignis ein, so wird dies zunächst auf die benachbarten Volumenelemente einwirkend deren physikalischen Zustand verändern, diese wiederum denjenigen ihrer Nachbarn, usw. bis in endlichen Zeiten die Erregung über endliche Entfernungen hinwegschreitet. Dabei kann unter den hier gewählten farblosen Ausdrücken „physikalisches Ereignis", „physikalischer Zustand", „Erregung" ein breites Spektrum verschiedenartigster Vorgänge verstanden werden: elastische Spannungen oder Deformationen, Temperaturerhöhungen, Verdampfung an Oberflächen, elektrische oder magnetische Felder, Lichtblitze, Schallerregungen, kurz die ganze Vielfalt physikalischer Erscheinungen.

Das einigende Band, das alle diese Erscheinungen verknüpft, liegt denn auch nicht so sehr im physikalischen Gegenstande, als in der Idee des Kontinuums, und in den mathematisch-methodischen Konsequenzen dieser Idee. Im Kontinuum ist jeder Punkt durch seine drei Raumkoordinaten x, y, z definiert; eine oder mehrere physikalische Größen (z.B. Temperatur, Feldstärke) sind als Funktion dieser Koordinaten und der Zeit gesucht; der elementare Vorgang ist die Ausbreitung von einem Ort x, y, z zum Nachbarort $x+dx$, $y+dy$, $z+dz$ im Zeitintervall dt. Wir haben es also wieder mit Differentialgleichungen zu tun, jetzt aber mit partiellen, welche von den jeweils betrachteten physikalischen Größen als Funktion der vier unabhängigen Veränderlichen x, y, z, t befolgt werden müssen.

Dieser zweite Teil des Bandes wird entsprechend dieser Themastellung einen viel stärkeren mathematischen Einschlag erhalten als der erste Teil. Dabei werden wir die wichtigsten Ausschnitte aus der

Theorie partieller Differentialgleichungen — wie stets mathematische Hilfsmittel in der Physik — unter dem Gesichtspunkt des Kalküls behandeln. Im Vordergrunde stehen das Superpositionsprinzip und die Separationsmethode als via regia, und die wichtigsten daraus entspringenden speziellen Funktionen, die Kugelfunktionen und die Bessel-Funktionen, werden etwas genauer untersucht. Als physikalischen Gegenstand wählen wir einige sehr verschiedene Problemkreise aus, darunter solche, die sich trotz ihrer praktischen Bedeutung dem systematischen Aufbau der klassischen Physik schlecht einfügen. Wir benutzen am Anfang nur Beispiele aus der Mechanik der Kontinua, gehen dann zu den Ausgleichsvorgängen der Diffusion und Wärmeleitung über und schließen mit einigen Problemen der Gravitationstheorie.

I. Aus der Mechanik der Kontinua

§ 18. Die schwingende Saite

a) Aufstellung der Differentialgleichung. Wir wollen den Anschluß an die im ersten Teil dieses Bandes behandelte Massenpunktmechanik dadurch herstellen, daß wir die homogene Saite zunächst durch eine Perlenschnur ersetzen, diese nach der Massenpunktmechanik behandeln und zuletzt den Grenzübergang zu unendlich vielen, unendlich kleinen Perlen — d.h. zum Kontinuum — vollziehen.

Es möge auf jeden Abschnitt der Länge δx längs der Saite die gleiche Masse $\delta m = \varrho\, \delta x$ entfallen, die wir zu einem Massenpunkt zusammengezogen denken. Dann bedeutet ϱ [g/cm] die Massenbelegung (eindimensionale Dichte), welche längs der ganzen Länge der Saite konstant sei. Die Saite sei längs der x-Achse von $x = 0$ bis $x = l$ ausgespannt; die n-te Perle befindet sich dann am Orte $x_n = n\, \delta x$.

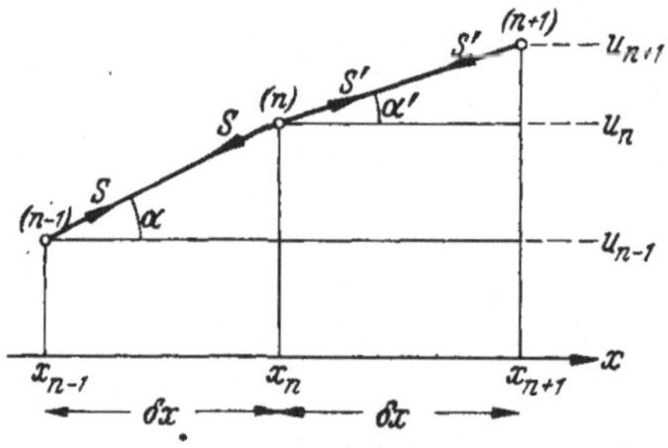

Fig. 21. Ersetzung der schwingenden Saite durch eine Perlenschnur

Wird die Saite angeschlagen, so bewegen sich die Perlen seitwärts aus der x-Achse heraus: die seitlichen Ausschläge, welche alle in einer Ebene liegen sollen, wollen wir mit u_n für die n-te Perle bezeichnen. Sind die Perlen durch Fäden von vernachlässigbarem Gewicht verbunden, längs deren Kräfte von Nachbar zu Nachbar übertragen werden, so ergibt sich etwa für die Umgebung der n-ten Perle die in Fig. 21 dargestellte Lage.

Auf die n-te Perle wirken Kräfte S und S' längs der Verbindungslinien zu den Nachbarperlen links und rechts. Die x-Komponenten dieser Kräfte rufen offenbar keine Beschleunigung hervor, also ist

$$0 = \delta m \ddot{x}_n = - S \cos\alpha + S' \cos\alpha',$$

während die Beschleunigung der n-ten Perle senkrecht zur x-Achse aus

$$\delta m \ddot{u}_n = - S \sin\alpha + S' \sin\alpha' \tag{1}$$

folgt. Solange die Ausschläge klein genug bleiben, um überall die Winkel α, α' als kleine Größen (erster Ordnung) zu behandeln, kann man bis auf Größen zweiter Ordnung $\cos\alpha = \cos\alpha' = 1$ setzen, d.h. $S' = S$ ist die längs der ganzen Saite konstante Spannkraft. In Gl. (1) können wir bis auf Größen dritter Ordnung

$$\left.\begin{aligned} \sin\alpha &\approx \tan\alpha = \frac{u_n - u_{n-1}}{\delta x} \\ \sin\alpha' &\approx \tan\alpha' = \frac{u_{n+1} - u_n}{\delta x} \end{aligned}\right\} \tag{2}$$

setzen; dann geht (1) über in

$$\delta m \ddot{u}_n = \frac{S}{\delta x} (u_{n+1} - 2u_n + u_{n-1}). \tag{3}$$

Dies sind für $n = 1, 2, 3 \ldots N$ (mit $N = l/\delta x$) die Bewegungsgleichungen für die N Perlen der Schnur.

Wir vollziehen nun den Grenzübergang $\delta x \to 0$. Schreiben wir sinngemäß $u_n = u(x)$, $u_{n\pm 1} = u(x \pm \delta x)$, so wird

$$u_{n+1} - 2u_n + u_{n-1} = u(x + \delta x) - 2u(x) + u(x - \delta x),$$

woraus sich bei Taylor-Entwicklung

$$u(x \pm \delta x) = u(x) \pm \delta x \frac{\partial u(x)}{\partial x} + \frac{1}{2} (\delta x)^2 \frac{\partial^2 u(x)}{\partial x^2} \cdots$$

ergibt (unter Auslassung des gemeinsamen Arguments x):

$$\begin{aligned} u_{n+1} - 2u_n + u_{n-1} &= u + \delta x \frac{\partial u}{\partial x} + \frac{(\delta x)^2}{2} \frac{\partial^2 u}{\partial x^2} \cdots - \\ &\quad - 2u + u - \delta x \frac{\partial u}{\partial x} + \frac{(\delta x)^2}{2} \frac{\partial^2 u}{\partial x^2} \cdots \\ &= (\delta x)^2 \frac{\partial^2 u}{\partial x^2} + O\left((\delta x)^3\right). \end{aligned}$$

Hierbei bezeichnet die partielle Differentiation nach x die Konstanthaltung der Variablen t, da die Ausschläge der Perlen in Gl. (3) ja alle zur gleichen Zeit zu nehmen sind. Mithin geht (3) über in

$$\delta m \frac{\partial^2 u}{\partial t^2} = \frac{S}{\delta x} (\delta x)^2 \frac{\partial^2 u}{\partial x^2}$$

oder mit $\delta m/\delta x = \varrho$:

$$\varrho \frac{\partial^2 u}{\partial t^2} = S \frac{\partial^2 u}{\partial x^2}. \tag{4}$$

Der partielle Differentialquotient $\partial^2 u/\partial t^2$ auf der linken Seite bezeichnet die Differentiation bei konstantem x, d.h. für eine feste Perle.

Es sei besonders betont, daß die Herleitung der partiellen Differentialgleichung (4) an eine Reihe idealisierender Voraussetzungen gebunden ist, deren wichtigste die Kleinheit der Ausschläge und die Vernachlässigung der endlichen Dicke und der Biegungssteifigkeit der Saite sind. Wie stets in der theoretischen Physik stellt die Einführung eines solchen idealisierenden Modells eine Approximation dar. Dies hindert nicht, die sich im Rahmen dieses Modells ergebende mathematische Beschreibung mit aller Strenge und Exaktheit durchzuführen, soweit dies möglich ist. Das bedeutet z.B., daß wir den Grenzübergang $\delta x \to 0$ im strengen Sinne der Infinitesimalrechnung zu vollziehen hatten. Zu dieser mathematischen Strenge steht keineswegs in Widerspruch, daß die reale Saite z.B. eine atomistische Struktur besitzt, die ihre Behandlung als Kontinuum zu einer Näherung macht, die im Bereich der Atomdurchmesser ($\sim 10^{-8}$ cm) falsch wird. Die mathematische Theorie beschreibt eben exakt das Modell, und der Näherungscharakter liegt an der Ersetzung der Wirklichkeit durch das Modell, d.h. ganz im Bereich der Physik. Eine ganz andere Frage als die der Zulässigkeit ist die der ökonomischen Zweckmäßigkeit mathematischer Strenge im Bereich der theoretischen Physik; in der Tat kann bei komplizierten Problemen, die ohnehin nur sehr roh durch vereinfachende Modelle physikalisch approximiert sind, eine gröbere mathematische Approximation durchaus angemessen sein. In diesem Sinne ist es durchaus zu rechtfertigen, wenn für den Physiker oft das Differential zu einer „kleinen, aber endlichen" Strecke wird; freilich tritt im gleichen Augenblick an die Stelle exakter wissenschaftlicher Methodik eine Kunst, die oft genug von einem unsicheren physikalischen Gefühl betrogen wird.

b) Lösung der Differentialgleichung durch Separation. Stehende Wellen. Die Differentialgleichung lösen, heißt offenbar, Funktionen $u(x, t)$ suchen, welche sie erfüllen. Aus der unendlichen Mannigfaltigkeit solcher Funktionen ist die bei der schwingenden Saite realisierte Lösung herauszusuchen, indem man ihr eine Reihe typischer Zusatzbedingungen auferlegt. Wie bei jedem Problem der Massenpunktmechanik ist der Anfangszustand frei wählbar: die Verbindung der Nachbarperlen miteinander erfordert nur, daß die beiden Gesamtheiten der Anfangswerte $u_n(0)$ und $\dot{u}_n(0)$ zur Zeit $t=0$ im Grenzübergang zu stetigen beschränkten Funktionen

$$\left.\begin{aligned} u(x, 0) &= u_0(x), \\ \dot{u}(x, 0) &= v_0(x) \end{aligned}\right\} \tag{5}$$

zusammentreten. Außer diesen *Anfangsbedingungen*, die genau analog zur Massenpunktmechanik sind, treten neu die *Randbedingungen* auf: Da die Saite bei $x = 0$ und $x = l$ festgehalten wird, muß

$$\left.\begin{aligned} u(0, t) &= 0, \\ u(l, t) &= 0 \end{aligned}\right\} \tag{6}$$

werden. Die Ableitungen $\partial u/\partial x$ an den beiden Endpunkten $x = 0$ und $x = l$ sind jedoch nicht vorgeschrieben, da die Saite keine Biegungssteifigkeit besitzen soll.

Ehe wir zur Lösung übergehen, stellen wir zunächst noch fest, daß sich die Differentialgleichung (4) kürzer

$$\frac{\partial^2 u}{\partial x^2} = \frac{1}{c^2}\frac{\partial^2 u}{\partial t^2} \tag{7}$$

mit

$$c = \sqrt{\frac{S}{\varrho}} \tag{8}$$

schreiben läßt: Spannkraft S und Massenbelegung ϱ treten also nur in der Kombination c auf. Die Differentialgleichung enthält also nur eine einzige Konstante, die übrigens die Dimension einer Geschwindigkeit hat:

$$[S] \triangleq \text{dyn} = \text{g cm sec}^{-2}; \quad [\varrho] \triangleq \text{g cm}^{-1}; \quad [c] \triangleq \text{cm sec}^{-1}.$$

Den Ausgangspunkt zur Lösung von (7) geben uns die Randbedingungen: Wird die Saite an den Enden festgehalten, so befinden sich dort zwei Schwingungsknoten. Es liegt daher nahe, solche Deformationen zu erwarten, bei denen eine bestimmte Gestalt zu verschiedenen Zeiten mit verschiedenen Amplituden multipliziert wird:

$$u = f(x)\, g(t), \tag{9}$$

worin $f(x)$ die Gestalt und $g(t)$ die Amplitude bestimmt. Der Produktansatz (9) entspricht dem physikalischen Begriff der *stehenden Welle*.

Geht man mit dem Ansatz (9) in die Differentialgleichung (7) ein, so wird

$$f'' g = \frac{1}{c^2} f \ddot{g}, \tag{10}$$

wobei der Strich die Ableitung nach x, der Punkt wie üblich nach t bedeutet. Da $f(x)$ und $g(t)$ nur je von einer Variablen abhängen, sind dies gewöhnliche (nicht partielle) Differentialquotienten:

$$f'' = \frac{d^2 f}{dx^2}; \quad \ddot{g} = \frac{d^2 g}{dt^2}.$$

Dividiert man nun Gl. (10) durch $u = f \cdot g$, so wird

$$\frac{f''}{f} = \frac{\ddot{g}}{c^2 g};$$

hier hängt die linke Seite nicht von t, die rechte nicht von x ab. Sollen die Ausdrücke für beliebige x und t trotzdem immer einander gleich bleiben, so können sie offenbar weder von x noch von t abhängen, sondern müssen einer gemeinsamen Konstanten σ gleich sein:

$$\frac{f''}{f} = \sigma; \qquad \frac{\ddot{g}}{c^2 g} = \sigma. \tag{11}$$

Damit ist die *Separation* der partiellen Differentialgleichung in zwei gewöhnliche Differentialgleichungen für je eine unabhängige Veränderliche vollzogen. Die bei diesem Prozeß notwendig auftretende willkürliche Konstante σ heißt der *Separationsparameter*.

Wir schreiben die separierten Gleichungen (11) in gewohnter Form

$$f'' - \sigma f = 0; \qquad \ddot{g} - c^2 \sigma g = 0.$$

Die Lösungen dieser Gleichungen sind bekanntlich

$$f \sim e^{\pm\sqrt{\sigma}x}, \qquad g \sim e^{\pm c\sqrt{\sigma}t}.$$

Nun fragen wir insbesondere nach Lösungen vom Schwingungstyp, d.h. nach solchen, die zeitlich periodisch sind. Dies ist nur für negativ reelles $\sigma = -k^2$ zu erreichen, wobei wir $k > 0$ normieren können. Dann ist

$$f'' + k^2 f = 0; \qquad \ddot{g} + c^2 k^2 g = 0 \tag{12}$$

und

$$f = A \sin(k x + \delta); \qquad g = B \sin(k c t + \gamma). \tag{13}$$

Wir führen noch die Abkürzung

$$\omega = k c \tag{14}$$

ein und schreiben $AB = C$; dann lautet die gewonnene Lösung der Differentialgleichung (7):

$$u(x, t) = C \sin(k x + \delta) \sin(\omega t + \gamma). \tag{15}$$

Dies ist natürlich keineswegs die allgemeinste Lösung von (7); die freie Wählbarkeit der Konstanten C, δ, γ und des Separationsparameters k gibt uns aber bereits eine erhebliche Zahl von Lösungen in die Hand.

Hierin ist zunächst die Phasenkonstante γ von keiner sehr tiefen Bedeutung, da sie durch geeignete Wahl des Zeitnullpunktes immer gleich Null gemacht werden kann. Auch die Amplitude C ist für die Diskussion der Lösung zunächst ohne Belang; da die Differentialgleichung (7) homogen ist, kann jede Lösung mit einer beliebigen

Konstanten multipliziert werden und bleibt Lösung. Interessanter ist die Untersuchung der Konstanten δ und k, welche die Form der schwingenden Saite bestimmen. Unser Ausgangspunkt waren ja die Randbedingungen (6), die der Lösung (15) die Bedingungen auferlegen:

$$\sin\delta = 0; \quad \sin(kl + \delta) = 0.$$

Aus $\sin\delta = 0$ können wir auf $\delta = 0$ schließen, da Reduktion auf die Periode 2π genügt und $\delta = \pi$ durch die Transformation $C \to -C$ wegnormiert werden kann.

Die Randbedingung bei $x = l$ führt auf

$$\sin kl = 0,$$

d.h.

$$kl = n\pi$$

$$(n = 1, 2, 3, \ldots).$$

Der Separationsparameter, den wir oben schon auf reelle positive Werte von k eingeschränkt haben, ist also nur einer abzählbar unendlichen Schar diskreter Werte

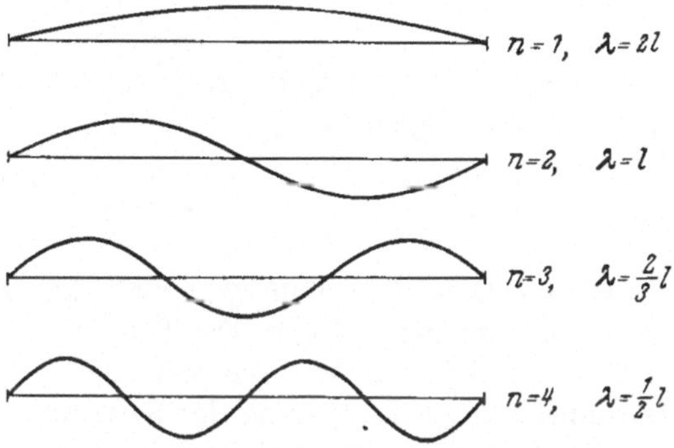

Fig. 22. Die ersten vier Eigenschwingungstypen einer Saite

$$k_n = \frac{n\pi}{l} \quad (n = 1, 2, 3, \ldots) \tag{16}$$

fähig. Diese aus den Randbedingungen folgenden Werte heißen die *Eigenwerte*, eine zu einem bestimmten k_n gehörige Lösung eine *Eigenlösung* oder *Eigenfunktion:*

$$u_n(x, t) = C_n \sin\frac{n\pi x}{l} \sin\left(\frac{n\pi c t}{l} + \gamma_n\right). \tag{17}$$

Das Auftreten dieser Eigenwerte ist anschaulich klar, wenn man bedenkt, daß

$$\lambda_n = \frac{2\pi}{k_n} = \frac{2l}{n}$$

die Wellenlänge der n-ten Eigenschwingung ist. Nur solche Wellen aber, für die

$$l = n \cdot \frac{\lambda_n}{2} \tag{18}$$

ist, bei denen also eine ganze Zahl halber Wellenlängen auf die Länge der Saite entfällt, können an beiden Enden Schwingungsknoten haben (Fig. 22).

Der Zusammenhang von

$$\omega_n = \frac{n \pi c}{l}$$

mit der Frequenz

$$\nu_n = \frac{\omega_n}{2\pi}$$

der n-ten Eigenschwingung ergibt für die letztere:

$$\nu_n = n \frac{c}{2l}. \tag{19}$$

Die Saite kann also nur mit ganzen Vielfachen der Grundfrequenz $\nu_1 = c/2l$ oder wegen Gl. (8)

$$\nu_1 = \frac{1}{2l} \sqrt{\frac{S}{\varrho}} \tag{20}$$

schwingen. Diese Gleichung gibt die bekannten Grunderfahrungen jedes Saiteninstrumentes wieder: Der Ton ist um so tiefer (ν_1 um so kleiner), je länger und je schwerer die Saite und je geringer die Spannkraft ist. Die musikalische Bedeutung der Saiteninstrumente beruht darauf, daß die Obertöne harmonisch sind; dies ist z.B. bei der kreisförmigen Membran (Trommel!) nicht erfüllt (s. S. 137).

Schließlich folgt noch

$$\lambda_n \nu_n = \frac{2l}{n} \cdot n \frac{c}{2l} = c,$$

d.h. das Produkt aus Wellenlänge und Frequenz hat für alle Eigenschwingungen den gleichen Wert c. Diese Relation heißt das *Dispersionsgesetz.*

Unser Tonsystem baut bekanntlich auf *Oktavenschritten* auf. Die Oktaven zur Grundfrequenz ν_1 sind die Frequenzen $\nu_1 \cdot 2^n$, d.h. in der Bezeichnungsweise von Gl. (19) die Obertöne $\nu_2, \nu_4, \nu_8, \nu_{16}$ usw. der Saite. Die dazwischen liegenden Eigenfrequenzen vermehren die Tonschritte. In der zweiten Oktave über dem Grundton liegt ν_3 eine *Quinte* höher als ν_2 (Frequenzverhältnis 3:2) und eine *Quarte* tiefer als ν_4 (3:4); Quintenschritt und Quartenschritt nacheinander ausgeführt ergeben also zusammen exakt eine Oktave ($\frac{3}{2} \cdot \frac{4}{3} = 2$). In der dritten Oktave spielt ν_6 dieselbe Rolle wie ν_3 in der zweiten; außerdem liegt hier ν_5 eine große *Terz* höher als ν_4 (5:4) und ν_6 eine kleine Terz höher als ν_5 (6:5). Große und kleine Terz zusammen geben also eine Quinte. Die beiden Terzen werden zur Oktave jeweils durch eine der beiden *Sexten* ergänzt; die kleine Sexte $\nu_8:\nu_5 = 8:5$ ist dabei die Ergänzung zur großen Terz, die große Sexte $\nu_{10}:\nu_6 = 5:3$ zur kleinen Terz. (Im letzten Fall ist $\nu_{10}:\nu_5 = 2$ der zugehörige Oktavenschritt.) Schließlich fällt in die dritte Oktave noch ν_7; das Verhältnis $\nu_7:\nu_4 = 1{,}75$ bezeichnet man auch als natürliche *Septime*; sie liegt sehr nahe der kleinen Septime $\nu_9:\nu_5 = 1{,}80$.

Auf diesen konsonanten Intervallen baut die dur-Tonleiter reiner Stimmung auf, die zunächst 8 Töne bis zur Oktave enthält, wie sie in der folgenden Tabelle für den Grundton c ($\nu_1 = 132\ \text{sec}^{-1}$) zusammengestellt sind.

Ton	Zeichen	Frequenz ν/ν_1	Intervall Größe	Intervall Name
Prim	c	$1:1=1{,}000$		
			$9:8\ =1{,}125$	großer Ganzton
Sekunde	d	$9:8=1{,}125$		
			$10:9\ =1{,}111$	kleiner Ganzton
Terz	e	$5:4=1{,}250$		
			$16:15=1{,}067$	(großer) Halbton
Quarte	f	$4:3=1{,}333$		
			$9:8\ =1{,}125$	großer Ganzton
Quinte	g	$3:2=1{,}500$		
			$10:9\ =1{,}111$	kleiner Ganzton
Sexte	a	$5:3=1{,}667$		
			$9:8\ =1{,}125$	großer Ganzton
Septime	h	$15:8=1{,}875$		
			$16:15=1{,}067$	(großer) Halbton
Oktave	c'	$2:1=2{,}000$		

Diese Tonskala läßt sich noch weiter verdichten; so schiebt man zwischen *d* und *e* noch einen Halbton, die kleine Terz des Grundtones ($6:5=1{,}200$), zwischen *g* und *a* die kleine Sexte ($8:5=1{,}600$) und schließlich zwischen *a* und *h* die kleine Septime $9:5=1{,}800$ ein.

Die Schwierigkeit dieser Tonleiter reiner Stimmung, wie sie aus den Schwingungen einer Saite leicht abzuleiten ist, liegt darin, daß sie keine exakte Transposition in andere Tonlagen gestattet, da die ganzen Töne nicht immer dem gleichen Frequenzverhältnis entsprechen und der (große) Halbton etwas größer ist als ein halber Tonschritt. Diese Schwierigkeiten verschwinden bei der *temperierten Tonleiter*, bei der das Intervall der Oktave in 12 gleichgroße Halbtonschritte geteilt ist, deren jeder also dem Frequenzverhältnis $\sqrt[12]{2}$ entspricht. In der darüberstehenden Tabelle sind die so definierten Töne und ihre Zuordnung zu den Tönen reiner Stimmung angegeben.

Temperierte Tonleiter: Tonzeichen	Temperierte Tonleiter: Frequenz ν/ν_1	Reine Stimmung: Frequenz ν/ν_1	Reine Stimmung: Ton
c	1	1	Prim
cis, des	1,0594		
d	1,1215	1,125	Sekunde
dis, es	1,1892	1,200	kleine Terz
e	1,2599	1,250	große Terz
f	1,3348	1,333	Quarte
fis, ges	1,4142		
g	1,4983	1,500	Quinte
gis, as	1,5874	1,600	kleine Sexte
a	1,6818	1,667	große Sexte
ais, b	1,7818	1,800	kleine Septime
h	1,8877	1,875	große Septime
c'	2	2	Oktave

c) Das Superpositionsprinzip: Fourier-Reihen. Wir haben beim Aufsuchen der Lösungen bisher nur die Randbedingungen, nicht aber die Anfangsbedingungen berücksichtigt. Keine der Eigenlösungen (17) ist allein ausreichend, um beliebig vorgegebene Anfangsbedingungen (5) zu befriedigen. Hierzu setzt uns erst die Anwendung des *Superpositionsprinzips* in Stand: Sind $u_1, u_2 \ldots$ Lösungen einer linearen, homogenen Differentialgleichung, so ist die Linearkombination

$$u=\sum_n C_n u_n \tag{21}$$

mit beliebigen Konstanten C_n ebenfalls eine Lösung. Wenden wir diesen Satz auf die Eigenlösungen (17) an, so können wir eine allgemeinere Lösung in der Form anschreiben

$$u = \sum_{n=1}^{\infty} \alpha_n(t) \sin \frac{n\pi x}{l} \tag{22}$$

mit

$$\alpha_n(t) = C_n \sin\left(\frac{n\pi c t}{l} + \gamma_n\right). \tag{23}$$

Wir können diese beiden Gleichungen auch in etwas anderer Form lesen: Wenn (22) ein — die Randbedingungen befriedigender — Ansatz zur Lösung der Differentialgleichung

$$\frac{\partial^2 u}{\partial x^2} = \frac{1}{c^2} \frac{\partial^2 u}{\partial t^2}$$

ist, so folgt durch Einsetzen:

$$-\sum_n \alpha_n \left(\frac{n\pi}{l}\right)^2 \sin\frac{n\pi x}{l} = \sum_n \ddot{\alpha}_n \sin\frac{n\pi x}{l}$$

oder

$$\sum_n \left\{\ddot{\alpha}_n + \left(\frac{n\pi}{l}\right)^2 \alpha_n\right\} \sin\frac{n\pi x}{l} = 0.$$

Man überzeugt sich leicht, daß diese Summe nur verschwinden kann, wenn jedes ihrer Glieder einzeln verschwindet: Multipliziert man sie etwa mit $\sin\frac{m\pi x}{l}$ (m feste ganze Zahl) und integriert über die Länge der Saite, so bleibt wegen

$$\int_0^l dx \sin\frac{m\pi x}{l} \sin\frac{n\pi x}{l} = \frac{l}{2}\delta_{mn}$$

von der ganzen Summe nur das Glied $n = m$ übrig, und es entsteht bei Weglassung des Faktors $l/2$:

$$\ddot{\alpha}_m + \left(\frac{m\pi c}{l}\right)^2 \alpha_m = 0. \tag{24}$$

Diese harmonischen Schwingungsgleichungen haben die vollständigen Lösungen (23); die oben gegebene Lösung (22), (23) ist daher die allgemeinste mit der sin-Reihe mögliche.

Darüber hinaus behaupten wir, daß (22), (23) überhaupt die allgemeinste mit den Randbedingungen verträgliche Lösung ist. Dies hängt mit ihrem Charakter als Fourier-Reihe zusammen. Jede beschränkte, stückweise stetige Funktion $f(x)$, die im Intervall $-l < x < +l$ vorgegeben ist und sich außerhalb dieses Intervalls links und rechts mit der Periodenlänge $2l$ wiederholt, läßt sich in eine Fourier-Reihe entwickeln:

$$f(x) = \frac{1}{2} a_0 + \sum_{n=1}^{\infty} \left(a_n \cos \frac{n \pi x}{l} + b_n \sin \frac{n \pi x}{l} \right). \tag{25}$$

Die Koeffizienten dieser Entwicklung erhält man unter Verwendung der Orthogonalitätseigenschaften der trigonometrischen Funktionen:

$$\left. \begin{aligned} &\frac{1}{l} \int_{-l}^{+l} dx \cos \frac{n \pi x}{l} \cos \frac{m \pi x}{l} = \delta_{mn}; \\ &\frac{1}{l} \int_{-l}^{+l} dx \sin \frac{n \pi x}{l} \sin \frac{m \pi x}{l} = \delta_{mn}; \\ &\int_{-l}^{+l} dx \sin \frac{n \pi x}{l} \cos \frac{m \pi x}{l} = 0. \end{aligned} \right\} \tag{26}$$

Wir beweisen als Beispiel die erste dieser drei Relationen:

$$\int_{-l}^{+l} \cos \frac{n \pi x}{l} \cos \frac{m \pi x}{l} dx = \frac{1}{2} \int_{-l}^{+l} dx \left[\cos \frac{(n-m) \pi x}{l} + \cos \frac{(n+m) \pi x}{l} \right]$$

$$= \frac{1}{2} \left\{ \frac{l}{(n-m)\pi} \left[\sin \frac{(n-m) \pi x}{l} \right]_{-l}^{+l} + \frac{l}{(n+m)\pi} \left[\sin \frac{(n+m) \pi x}{l} \right]_{-l}^{+l} \right\},$$

und hier verschwinden alle Sinus; nur wenn $n = m$ ist, kann im ersten Gliede etwas übrig bleiben; da dies aus

$$\frac{1}{2} \int_{-l}^{+l} dx \cos \frac{(n-m) \pi x}{l}$$

entstanden ist und der Cosinus für $n = m$ Eins wird, folgt dann einfach $\frac{1}{2} \cdot 2l = l$ für das Integral.

Mit Hilfe der Orthogonalitätsrelationen (26) können wir die Koeffizienten der Entwicklung (25) berechnen, indem wir diese Entwicklung der Reihe nach mit $\frac{1}{l}$, $\frac{1}{l} \cos \frac{m \pi x}{l}$ und $\frac{1}{l} \sin \frac{m \pi x}{l}$ (m feste ganze Zahl $\neq 0$) multiplizieren und über das Intervall $-l \leqq x \leqq +l$ integrieren. Dann finden wir:

$$\left. \begin{aligned} a_0 &= \frac{1}{l} \int_{-l}^{+l} dx\, f(x); \\ a_m &= \frac{1}{l} \int_{-l}^{+l} dx\, f(x) \cos \frac{m \pi x}{l}; \\ b_m &= \frac{1}{l} \int_{-l}^{+l} dx\, f(x) \sin \frac{m \pi x}{l}. \end{aligned} \right\} \tag{27}$$

Es sei angemerkt, daß die Berechnung der Koeffizienten zwar für die praktische Anwendung unerläßlich ist, daß damit aber die Richtigkeit der Entwicklung (25) nur unvollständig bewiesen ist: Hierzu müßte noch die Vollständigkeit des trigonometrischen Funktionensystems untersucht werden, d.h. es müßte gezeigt werden, daß in der Reihe (25) keine Glieder ausgelassen sind. Hätten wir z.B. das konstante Glied a_0 weggelassen, so würde die Entwicklung nur noch zur Beschreibung solcher Funktionen taugen, deren Mittelwert über die Periode verschwindet:

$$\bar{f} = \frac{1}{2l} \int_{-l}^{+l} dx\, f(x) = 0;$$

würden wir außerdem noch alle Cosinusglieder auslassen, so wäre die Entwicklung auf ungerade Funktionen

$$f(-x) = -f(x)$$

beschränkt; hätten wir umgekehrt alle Sinusglieder weggelassen, so daß nur a_0 und a_n ($n = 1, 2, \ldots$) geblieben wären, dann hätten wir Beschränkung auf gerade Funktionen

$$f(-x) = f(x)$$

gefunden.

Wenden wir die Idee der Fourier-Entwicklung auf unser physikalisches Problem an, so können wir zweifellos Gl. (22) als eine Fourier-Reihe ansehen; da sie nur Sinusglieder enthält, gilt speziell

$$u(-x, t) = -u(x, t).$$

Dies bedeutet für die physikalische Fragestellung aber keine Einschränkung, da die Funktion u nur im Intervall $0 \leqq x \leqq l$ physikalische Bedeutung hat. Die Ergänzung zur ungeraden Funktion ist ebenso wie die Periode $2l$ eine nicht notwendige, wohl aber zweckmäßige Erweiterung auf die ganze reelle x-Achse. Zweckmäßig ist die ungerade Ergänzung deshalb, weil dann jedes Fourier-Glied einzeln die Randbedingung befriedigt, was bei Mitnahme von Cosinusgliedern nicht mehr zuträfe.

Der Charakter von Gl. (22) als Fourier-Reihe bedeutet nun aber auch, daß jede mit $2l$ periodische, ungerade Funktion (der oben erwähnten Stetigkeitseigenschaften) durch geeignete Wahl der Koeffizienten α_n von (22) dargestellt werden kann. Die Fouriersche Form (22) der Lösung ermöglicht daher auch die Behandlung des Anfangswertproblems und damit die vollständige Festlegung einer physikalisch realisierten Lösung.

Sind die Anfangsbedingungen (5) zu erfüllen, so folgt aus (22):

$$\left.\begin{aligned} u_0(x) &= \sum_n \alpha_n(0) \sin\frac{n\pi x}{l}, \\ v_0(x) &= \sum_n \dot{\alpha}_n(0) \sin\frac{n\pi x}{l}. \end{aligned}\right\} \qquad (28)$$

Die Umkehrung (27) der Fourier-Entwicklung führt dann auf

$$\left.\begin{aligned} \alpha_n(0) &= \frac{2}{l}\int\limits_0^l dx\, u_0(x)\sin\frac{n\pi x}{l}, \\ \dot{\alpha}_n(0) &= \frac{2}{l}\int\limits_0^l dx\, v_0(x)\sin\frac{n\pi x}{l}. \end{aligned}\right\} \tag{29}$$

Ist also für $t=0$ die Anfangsform $u_0(x)$ und die Anfangsgeschwindigkeitsverteilung $v_0(x)$ vorgegeben, so können die Integrale (29) ausgerechnet und damit alle α_n und $\dot{\alpha}_n$ zur Zeit $t=0$ bestimmt werden. Die Lösung der Gl. (24) für $\alpha_n(t)$ ergibt sich dann eindeutig zu

$$\alpha_n(t) = \frac{l}{n\pi c}\,\dot{\alpha}_n(0)\sin\frac{n\pi c t}{l} + \alpha_n(0)\cos\frac{n\pi c t}{l}. \tag{30}$$

Die Gln. (30) und (22) zusammen legen die Lösung des Anfangswertproblems also eindeutig fest.

Es sei noch angemerkt, daß die Periodizität der Lösung in t mit der Periode $2l/c$ auch den Aufbau als Fourier-Entwicklung nach t gestattet hätte. Die hier gewählte Darstellung ist jedoch insofern einfacher, als die Lösung bezüglich der Zeitabhängigkeit nicht auf Sinusglieder beschränkt werden kann. Nur das Glied a_0 der Gl. (25) fehlt auch in der Zeitentwicklung infolge der Homogenität des Problems, welches auf jeden Fall die triviale Lösung $u(x,t)\equiv 0$ (Ruhelage) enthalten muß.

d) Laufende Wellen. Wenn man eine sehr lange Saite an einer Stelle anstößt, so läuft die Erregung von dieser Stelle aus beidseitig mit konstanter Geschwindigkeit nach links und rechts. Dieser Vorgang ändert sich erst, wenn die beiden „Wellenberge" an den Enden der Saite ankommen und dort reflektiert werden, so daß es zur Interferenz der einander entgegenlaufenden Wellen kommt.

Man kann diese Beobachtung mathematisch durch die Gleichung

$$u(x,t) = f(x - vt) + g(x + vt) \tag{31}$$

beschreiben; dabei bedeutet v die Geschwindigkeit, mit der sich der „Wellenberg" fortbewegt. Hat z. B. die Saite zur Zeit $t=0$ die Form $f(x)$, und bewegt sich der „Berg" ohne Deformation mit der Geschwindigkeit v nach rechts, so ist die Form der Saite zur Zeit t durch $f(x-vt)$ gegeben (Lösung vom Bernoulli).

Durch Einsetzen in die Differentialgleichung

$$\frac{\partial^2 u}{\partial x^2} = \frac{1}{c^2}\frac{\partial^2 u}{\partial t^2}$$

erhalten wir mit Hilfe der Differentialquotienten von (31) (der Strich bedeutet Differentiation nach dem Argument):

$$\frac{\partial u}{\partial x} = f' + g'; \qquad \frac{\partial u}{\partial t} = v(f' - g');$$

$$\frac{\partial^2 u}{\partial x^2} = f'' + g''; \qquad \frac{\partial^2 u}{\partial t^2} = v^2(f'' + g'')$$

die Bedingung

$$v = c,$$

d.h. (31) löst die Differentialgleichung, wenn für die Geschwindigkeit der Wellenausbreitung längs der Saite die Konstante c aus Gl. (8) eingeführt wird.

Die Lösung (31) enthält zwei willkürliche Funktionen f und g. Man weiß aus der Theorie der partiellen Differentialgleichungen, daß dadurch die allgemeinste Lösung einer Gleichung zweiter Ordnung beschrieben wird. Wir können das in physikalisch sehr konkreter Weise untersuchen, indem wir versuchen, mit Hilfe von (31) die Randbedingungen (6) und die Anfangsbedingungen (5) gleichzeitig zu erfüllen.

Die Randbedingung

$$u(0, t) = 0$$

liefert

$$f(-ct) + g(ct) = 0.$$

Da t alle positiven und negativen reellen Werte durchläuft, können wir also grundsätzlich für beliebiges Argument τ

$$f(\tau) = -g(-\tau)$$

setzen, d.h. die Lösung (31) vereinfachen zu

$$u(x, t) = -g(ct - x) + g(ct + x) \tag{32}$$

mit nur noch einer willkürlichen Funktion g.

Die andere Randbedingung

$$u(l, t) = 0$$

liefert nun

$$-g(ct - l) + g(ct + l) = 0$$

oder mit $ct - l = \tau$:

$$g(\tau + 2l) = g(\tau). \tag{33}$$

Die Funktion g ist also eine periodische Funktion mit der Periode $2l$.

An dieser Stelle läßt sich die Äquivalenz der Lösung (32), (33) mit (22), (23) leicht einsehen. Ist g periodisch mit der Periode $2l$, so kann es in die Fourier-Reihe

$$g(\tau) = \frac{1}{2} a_0 + \sum_{n=1}^{\infty} \left(a_n \cos \frac{n \pi \tau}{l} + b_n \sin \frac{n \pi \tau}{l} \right)$$

entwickelt werden. Beim Einsetzen in (32) hebt sich die Konstante a_0 weg, d.h. g ist überhaupt nur bis auf eine willkürliche Konstante definiert. Es bleibt

$$u(x,t) = \sum_{n=1}^{\infty}\left\{-a_n \cos\frac{n\pi(ct-x)}{l} - b_n \sin\frac{n\pi(ct-x)}{l} + \right.$$
$$\left. + a_n \cos\frac{n\pi(ct+x)}{l} + b_n \sin\frac{n\pi(ct+x)}{l}\right\}.$$

Mit Hilfe der bekannten trigonometrischen Formeln

$$\cos\alpha - \cos\beta = -2\sin\frac{\alpha+\beta}{2}\sin\frac{\alpha-\beta}{2},$$
$$\sin\alpha - \sin\beta = 2\sin\frac{\alpha-\beta}{2}\cos\frac{\alpha+\beta}{2}$$

kann man dies auf die Argumente $\frac{n\pi}{l}ct$ und $\frac{n\pi}{l}x$ umformen:

$$u(x,t) = \sum_{n=1}^{\infty}\sin\frac{n\pi x}{l}\left\{-2a_n \sin\frac{n\pi ct}{l} + 2b_n \cos\frac{n\pi ct}{l}\right\}.$$

Die Identität mit der Lösung (22), (23) ist evident.

Verzichten wir auf den Übergang zur Fourier-Reihe, so bleibt als Aufgabe die weitere Festlegung von g aus dem Anfangswertproblem. Die Bedingungen (5) ergeben für die Lösung (32):

$$\left.\begin{aligned} u_0(x) &= -g(-x) + g(x), \\ \frac{1}{c}v_0(x) &= -g'(-x) + g'(x). \end{aligned}\right\} \tag{34}$$

Der Strich bedeutet hier wieder den Differentialquotienten nach dem jeweiligen Argument. Um die Gln. (34) nach g und g' aufzulösen, wollen wir die Funktion $g(\tau)$ in ihren geraden und ungeraden Anteil zerlegen:

$$g(\tau) = \xi(\tau) + \eta(\tau), \tag{35}$$
$$\xi(-\tau) = \xi(\tau); \qquad \eta(-\tau) = -\eta(\tau).$$

Dann ist

$$g(-\tau) = \xi(\tau) - \eta(\tau),$$
$$g'(-\tau) = -\xi'(\tau) + \eta'(\tau).$$

Gehen wir damit in die Anfangsbedingungen (34) ein, so entsteht

$$u_0(x) = 2\eta(x),$$
$$\frac{1}{c}v_0(x) = 2\xi'(x),$$

woraus folgt:

$$\eta(x) = \frac{1}{2}u_0(x); \qquad \xi(x) = \frac{1}{2c}\int_a^x d\tau\, v_0(\tau). \tag{36}$$

Die freibleibende Integrationskonstante a bedeutet eine freie, additive Konstante in g, die sich beim Einsetzen in die Lösung (32) heraushebt. Wir können daher auch einfach $a=0$ setzen. Damit ist die Lösung vollständig willkürfrei bestimmt.

§ 19. Das zweidimensionale elastische Kontinuum

a) Zweidimensionaler Deformationszustand. Wir gehen jetzt von dem eindimensionalen Problem der Saite zu dem zweidimensionalen über, in welchem die Auslenkungen $u(x, y, t)$ von zwei Koordinaten abhängen. Ähnlich wie bei der Saite wollen wir hier eine Materieschicht behandeln, bei der die Biegungssteifigkeit vernachlässigt werden kann, bei der aber von vornherein ein Spannungszustand besteht. Ein solches zweidimensionales Kontinuum heißt eine *Membran*, während ein Kontinuum mit Biegungssteifigkeit eine *Platte* (eindimensional: ein Balken) heißt.

Wird eine Membran gespannt, so treten auch Dehnungen im Material auf, d.h. ein materieller Punkt, der im ungespannten Zustande an der Stelle (x, y) lag, wird um (u, v) nach der Stelle (ξ, η) im gespannten Zustande verschoben. Ein Nachbarpunkt mit den Koordinaten $(x+dx, y+dy)$ im ungespannten Zustande verschiebt sich dann um $(u+du, v+dv)$ nach $(\xi+d\xi, \eta+d\eta)$. Dann ist

$$\left.\begin{aligned} d\xi &= dx+du = dx+\frac{\partial u}{\partial x}dx+\frac{\partial u}{\partial y}dy\,,\\ d\eta &= dy+dv = dy+\frac{\partial v}{\partial x}dx+\frac{\partial v}{\partial y}dy\,. \end{aligned}\right\}\tag{1}$$

Der Abstand der beiden materiellen Punkte, der im ungespannten Zustande

$$ds=\sqrt{dx^2+dy^2}$$

war, wird im gespannten Zustande

$$d\sigma=\sqrt{d\xi^2+d\eta^2}\,.$$

Mit Hilfe von Gl. (1) findet man

$$d\sigma^2=ds^2+\gamma_{xx}dx^2+2\gamma_{xy}dx\,dy+\gamma_{yy}dy^2\tag{2}$$

mit

$$\left.\begin{aligned} \gamma_{xx} &= \left(\frac{\partial u}{\partial x}\right)^2+\left(\frac{\partial v}{\partial x}\right)^2+2\frac{\partial u}{\partial x}\,,\\ \gamma_{xy}=\gamma_{yx} &= \frac{\partial u}{\partial y}+\frac{\partial v}{\partial x}+\frac{\partial u}{\partial x}\frac{\partial u}{\partial y}+\frac{\partial v}{\partial x}\frac{\partial v}{\partial y}\,,\\ \gamma_{yy} &= \left(\frac{\partial u}{\partial y}\right)^2+\left(\frac{\partial v}{\partial y}\right)^2+2\frac{\partial v}{\partial y}\,. \end{aligned}\right\}\tag{3}$$

Die Koeffizienten γ_{ik} enthalten nur noch die Ableitungen der Komponenten (u, v) des Verschiebungsvektors.

Spezialisieren wir uns sofort auf *kleine* Verschiebungen, so gehen die Relationen (3) über in

$$\gamma_{xx} = 2\frac{\partial u}{\partial x}; \quad \gamma_{xy} = \gamma_{yx} = \frac{\partial u}{\partial y} + \frac{\partial v}{\partial x}; \quad \gamma_{yy} = 2\frac{\partial v}{\partial y}; \tag{4}$$

es verbleiben also nur die linearen Glieder. Wir nennen diese Näherung daher diejenige der *linearen Elastizitätstheorie.* Die Gln. (4) können wir einfacher zusammenfassen zu

$$\gamma_{ik} = \frac{\partial u_i}{\partial x_k} + \frac{\partial u_k}{\partial x_i} \qquad (i, k = 1, 2), \tag{5}$$

wenn wir u_i statt u, v und x_i statt x, y schreiben.

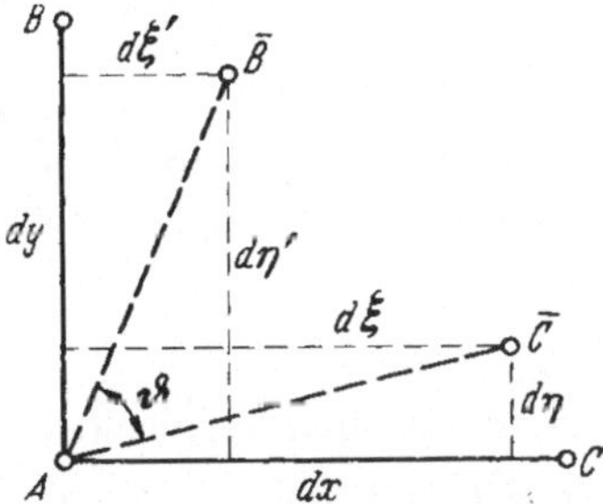

Fig. 23. Verzerrung eines rechten Winkels $AB\hat{C}$ bei Deformation eines zweidimensionalen elastischen Kontinuums. Es entsteht der Winkel $A\bar{B}\bar{C}$

Als nächstes betrachten wir die in Fig. 23 gezeichneten Punkte A, B, C des ungedehnten Zustandes, welche bei fest gedachtem A in die Punkte $\bar{B}$ und $\bar{C}$ des deformierten Zustandes übergehen. (Da uns im folgenden nur die Relativlagen interessieren, können wir A festgehalten denken.) Dabei sollen A und B um dy in Richtung y, und A und C um dx in Richtung x auseinander liegen. Der Winkel BAC bei A ist im undeformierten Zustand ein rechter. Bezeichnen wir nun die Koordinaten im deformierten Zustand, auf das gleiche Zentrum A bezogen, für $\bar{B}$ mit $d\xi'$, $d\eta'$ und für $\bar{C}$ mit $d\xi$, $d\eta$, so ergibt sich nach (1) und (4) für die Koordinaten von $\bar{C}$

$$\left.\begin{aligned} d\xi &= dx\left(1 + \frac{\partial u}{\partial x}\right) = dx\left(1 + \frac{1}{2}\gamma_{xx}\right), \\ d\eta &= dx\frac{\partial v}{\partial x}, \end{aligned}\right\} \tag{6}$$

und von $\bar{B}$

$$\left.\begin{aligned} d\xi' &= dy\frac{\partial u}{\partial y}, \\ d\eta' &= dy\left(1 + \frac{\partial v}{\partial y}\right) = dy\left(1 + \frac{1}{2}\gamma_{yy}\right). \end{aligned}\right\} \tag{7}$$

Die Abstände $AB = dy$ und $AC = dx$ gehen also über in

$$\left.\begin{aligned} A\bar{B} &= \sqrt{d\xi'^2 + d\eta'^2} = dy\left(1 + \tfrac{1}{2}\gamma_{yy}\right), \\ A\bar{C} &= \sqrt{d\xi^2 + d\eta^2} = dx\left(1 + \tfrac{1}{2}\gamma_{xx}\right); \end{aligned}\right\} \tag{8}$$

d.h. eine in x-Richtung liegende Strecke wird um den Bruchteil $\frac{1}{2}\gamma_{xx}$ gedehnt, eine solche in y-Richtung um $\frac{1}{2}\gamma_{yy}$.

Schließlich wollen wir den Winkel ϑ in Fig. 23 berechnen. Wir benutzen dazu den Cosinussatz im $\triangle A\overline{B}\overline{C}$:

$$(\overline{B}\overline{C})^2 = (d\xi - d\xi')^2 + (d\eta - d\eta')^2$$
$$= (1+\gamma_{xx})\,dx^2 - 2\gamma_{xy}\,dx\,dy + (1+\gamma_{yy})\,dy^2;$$

daher

$$\cos\vartheta = \frac{(A\overline{B})^2 + (A\overline{C})^2 - (\overline{B}\overline{C})^2}{2(A\overline{B})(A\overline{C})} = \frac{2\gamma_{xy}\,dx\,dy}{2\,dx\,dy},$$

mithin

$$\cos\vartheta = \gamma_{xy}. \tag{9}$$

Die Verdrehung zweier aufeinander senkrechter Strecken in x- und y-Richtung gegeneinander wird also durch γ_{xy} gemessen. Die Veränderung des ursprünglich rechten Winkels ist

$$\frac{\pi}{2} - \vartheta = \gamma_{xy},$$

da in der hier entwickelten linearen Theorie $\sin\left(\frac{\pi}{2}-\vartheta\right) \approx \frac{\pi}{2} - \vartheta$ gilt. Damit sind alle drei Koeffizienten γ_{ik} anschaulich gedeutet.

Es seien noch zwei Ergänzungen angefügt. Erstens bekommt das Rechteck $df = dx\,dy$ bei der Deformation den Flächeninhalt

$$df' = (A\overline{B}) \cdot (A\overline{C}) \cdot \sin\vartheta$$
$$= dy\,(1+\tfrac{1}{2}\gamma_{yy}) \cdot dx\,(1+\tfrac{1}{2}\gamma_{xx}) \cdot \sqrt{1-\gamma_{xy}^2},$$

und das wird in der linearen Näherung

$$df' = df\left[1 + \frac{1}{2}(\gamma_{xx}+\gamma_{yy})\right]$$
$$= df\left[1 + \left(\frac{\partial u}{\partial x} + \frac{\partial v}{\partial y}\right)\right].$$

Man nennt die relative Änderung der Fläche

$$\frac{df' - df}{df} = \frac{\partial u}{\partial x} + \frac{\partial v}{\partial y} \tag{10}$$

die *Dilatation:* sie ist offenbar gleich der (zweidimensionalen) Divergenz des Verschiebungsvektors (u, v).

Zweitens wollen wir bei der Winkeländerung genauer zwei Dinge unterscheiden: Daß ϑ kein rechter Winkel mehr ist, bedeutet eine Deformation, welche wir als *Scherung* bezeichnen: daß die Winkelhalbierende dieses Winkels aber nicht mehr in die frühere Richtung (45°) weist, bedeutet eine *Verdrehung* des ganzen Flächenelements um den Winkel

$$\alpha = \frac{1}{2}\{\sphericalangle BA\overline{B} + \sphericalangle CA\overline{C}\} = \frac{1}{2}\left(-\frac{d\xi'}{d\eta'} + \frac{d\eta}{d\xi}\right),$$

oder nach (6) und (7):

$$\alpha = \frac{1}{2}\left(\frac{\partial v}{\partial x} - \frac{\partial u}{\partial y}\right). \tag{11}$$

Der Ausdruck in der Klammer heißt die *Rotation des Verschiebungsvektors.*

Zusammenfassend stellt Fig. 24 nacheinander die wichtigsten Deformationszustände in der Ebene dar.

Fig. 24. Dehnung, Scherung und Drehung in zwei Dimensionen. Die beiden ersten Schritte sind echte Verzerrungen, der letzte nur eine starre Rotation der Fläche. (Die beiden Parallelogramme sind kongruent)

Für das folgende ist es nützlich, noch zu zeigen, wie sich die für die Verformung charakteristischen Größen γ_{ik} in einem anderen Achsenkreuz darstellen lassen. Als Differentialquotienten sind sie natürlich invariant gegen eine bloße Verschiebung des Koordinatennullpunktes; eine Drehung des Achsenkreuzes, d.h. eine Transformation

$$x_i = \sum_\mu \alpha_{i\mu}\, x'_\mu \tag{12}$$

von den Koordinaten x_i auf die gedrehten Koordinaten x'_μ mit den Richtungscosinus

$$\alpha_{i\mu} = \cos(x_i, x'_\mu), \tag{13}$$

müssen wir aber genauer untersuchen. Bei der Drehung bleibt das Linienelement $d\sigma$, Gl. (2), invariant; da wir Gl. (2) in unserer Summationssymbolik auch

$$d\sigma^2 = \sum_i \sum_k (\delta_{ik} + \gamma_{ik})\, dx_i\, dx_k \tag{14}$$

schreiben können, so folgt, wenn wir

$$dx_1^2 + dx_2^2 = dx_1'^2 + dx_2'^2$$

voraussetzen,

$$\sum_i \sum_k \gamma_{ik}\, dx_i\, dx_k = \sum_\mu \sum_\nu \gamma'_{\mu\nu}\, dx'_\mu\, dx'_\nu .$$

Daraus berechnen wir die $\gamma'_{\mu\nu}$:

$$\begin{aligned}\sum_\mu \sum_\nu \gamma'_{\mu\nu}\, dx'_\mu\, dx'_\nu &= \sum_i \sum_k \gamma_{ik} \sum_\mu \alpha_{i\mu}\, dx'_\mu \sum_\nu \alpha_{k\nu}\, dx'_\nu \\ &= \sum_\mu \sum_\nu \left(\sum_i \sum_k \alpha_{i\mu}\,\alpha_{k\nu}\,\gamma_{ik}\right) dx'_\mu\, dx'_\nu .\end{aligned}$$

Der Ausdruck in der Klammer ist also $\gamma'_{\mu\nu}$:

$$\gamma'_{\mu\nu} = \sum_i \sum_k \alpha_{i\mu} \alpha_{k\nu} \gamma_{ik}. \tag{15}$$

Ein quadratisches Koeffizientenschema, das sich nach dieser Formel transformiert, heißt ein *Tensor* (zweiter Stufe). Da $\gamma_{ik} = \gamma_{ki}$, mithin auch $\gamma'_{\mu\nu} = \gamma'_{\nu\mu}$, heißt der Tensor *symmetrisch*. Der Verformungszustand der zweidimensionalen Substanz wird also durch Angabe des Tensors γ vollständig beschrieben.

b) Zweidimensionaler Spannungszustand. Verformungen können durch das Vorhandensein von Spannungen entstehen. Fig. 25 zeigt, wie der Spannungszustand in zwei Dimensionen beschrieben werden kann: Ein Flächenelement $dx\,dy$ sei parallel zu den Koordinatenachsen herausgeschnitten. Dann muß an den Schnitten zur Aufrechterhaltung des bestehenden Spannungszustandes je eine äußere Kraft angebracht werden, deren Betrag der Länge des Schnittes proportional ist. An der rechten Seite der Länge dy, senkrecht zur x-Achse, sei diese Kraft $\mathfrak{t}^{(x)}\,dy$; ihre Komponente senkrecht zum Schnitt sei $\sigma_x\,dy$ und in Schnittrichtung $\tau_{xy}\,dy$. An dem gegenüberliegenden Schnitt greifen die entgegengesetzten Kräfte an: insgesamt gibt das eine Zugspannung (σ_x) in x-Richtung und eine Schubbeanspruchung durch das Kräftepaar $\tau_{xy}\,dy$ am Hebelarm dx. Die eingezeichneten Pfeile geben überall die als positiv definierte Richtung an. Entsprechendes gilt für den oberen und unteren Rand des herausgeschnittenen Flächenelements; auch hier herrscht ein Zug σ_y infolge der normalen Kraftkomponente $\sigma_y\,dx$ des Vektors $\mathfrak{t}^{(y)}\,dx$, und ein Kräftepaar $\tau_{yx}\,dx$ am Hebelarm dy. Man sieht sofort, daß Gleichgewicht nur bestehen kann, wenn sich die beiden Kräftepaare aufheben, d.h. wenn

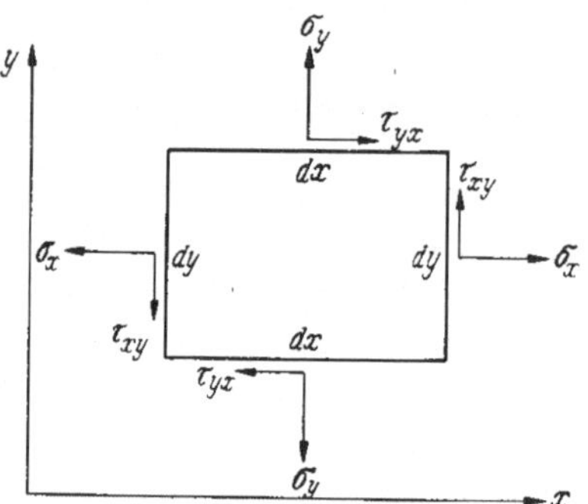

Fig. 25. Definition der Spannungskomponenten an den Schnittlinien eines herausgetrennten Flächenelements

$$\tau_{xy} = \tau_{yx} \tag{16}$$

ist; andernfalls wirkt ein resultierendes Drehmoment auf das Flächenelement.

Als Spannungskomponenten haben wir die vier Größen $\sigma_x, \sigma_y, \tau_{xy}, \tau_{yx}$ eingeführt, deren Dimension dyn/cm und deren Größe unabhängig von der willkürlichen Länge der Schnitte ist. Die Vektoren $\mathfrak{t}^{(x)}$ und $\mathfrak{t}^{(y)}$ haben dann die Komponenten

$$t_x^{(x)} = \sigma_x, \quad t_y^{(x)} = \tau_{xy}, \quad t_x^{(y)} = \tau_{yx}, \quad t_y^{(y)} = \sigma_y.$$

Schreiben wir statt

$$\sigma_x \equiv \tau_{xx}, \qquad \sigma_y \equiv \tau_{yy},$$

so können wir diese Relationen auch zusammenfassen:

$$t_k^{(i)} = \tau_{ik}. \tag{17}$$

Das quadratische Koeffizientenschema τ_{ik} heißt der *Spannungstensor*. Wir haben bereits gesehen, daß er symmetrisch ist, müssen aber noch seinen Tensorcharakter durch Bezug auf ein gedrehtes Achsenkreuz beweisen.

Dies geschieht am besten durch Betrachtung des Gleichgewichtes an einem schräg begrenzten Flächenelement, wie es in Fig. 26 dargestellt ist. Die Normale zu dem schrägen Schnitt heiße ξ, die Tangentenrichtung η, dann muß die durch den Schnitt übertragene Kraft $\mathfrak{t}^{(\xi)}\,ds$ mit den Kräften durch die beiden anderen Begrenzungen im Gleichgewicht stehen:

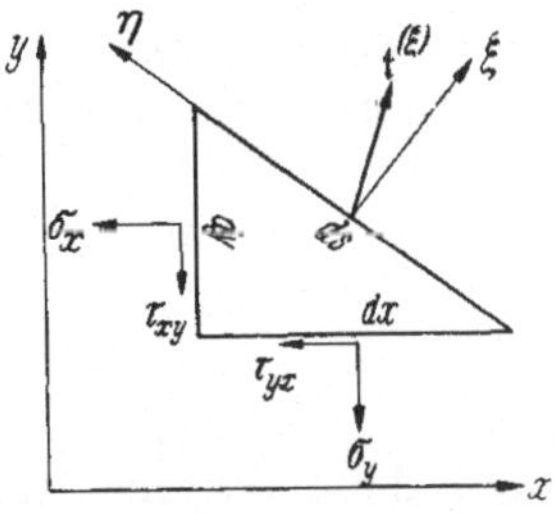

Fig. 26. Zum Tensorcharakter der Spannungen

$$\mathfrak{t}_x^{(\xi)}\,ds = \sigma_x\,dy + \tau_{yx}\,dx,$$
$$\mathfrak{t}_y^{(\xi)}\,ds = \sigma_y\,dx + \tau_{xy}\,dy.$$

Führen wir wieder die in Gl. (13) definierten Richtungscosinus ein:

$$\frac{dx}{ds} = \alpha_{x\eta} = \alpha_{y\xi},$$
$$\frac{dy}{ds} = \alpha_{y\eta} = \alpha_{x\xi},$$

so wird

$$t_x^{(\xi)} = \alpha_{x\xi}\,\tau_{xx} + \alpha_{y\xi}\,\tau_{yx},$$
$$t_y^{(\xi)} = \alpha_{x\xi}\,\tau_{xy} + \alpha_{y\xi}\,\tau_{yy}.$$

Wir zerlegen den Vektor $\mathfrak{t}^{(\xi)}$ nun in Komponenten nach den Richtungen ξ und η; dann treten wiederum die gleichen Richtungscosinus auf:

$$t_\xi^{(\xi)} = \alpha_{x\xi}\,t_x^{(\xi)} + \alpha_{y\xi}\,t_y^{(\xi)},$$
$$t_\eta^{(\xi)} = \alpha_{x\eta}\,t_x^{(\xi)} + \alpha_{y\eta}\,t_y^{(\xi)}.$$

Auf diese Weise entstehen also Formeln, die in den Richtungscosinus bilinear sind:

$$t_\xi^{(\xi)} = \alpha_{x\xi}(\alpha_{x\xi}\,\tau_{xx} + \alpha_{y\xi}\,\tau_{yx}) + \alpha_{y\xi}(\alpha_{x\xi}\,\tau_{xy} + \alpha_{y\xi}\,\tau_{yy}),$$
$$t_\eta^{(\xi)} = \alpha_{x\eta}(\alpha_{x\xi}\,\tau_{xx} + \alpha_{y\xi}\,\tau_{yx}) + \alpha_{y\eta}(\alpha_{x\xi}\,\tau_{xy} + \alpha_{y\xi}\,\tau_{yy}),$$

oder kürzer

$$t_\mu^{(\nu)} = \sum_i \sum_k \alpha_{i\mu}\,\alpha_{k\nu}\,\tau_{ik} = t_\nu^{(\mu)}.$$

Wegen (17) ist nun aber $t_\nu^{(\mu)} = \tau_{\mu\nu}$ der auf das gedrehte Achsenkreuz bezogene Spannungstensor; die erhaltenen Formeln geben also die Transformationseigenschaften von τ beim Übergang auf ein gedrehtes Koordinatensystem an und besitzen in der Tat den gleichen Aufbau wie die Tensordefinition (15).

Läßt sich ein Achsenkreuz x, y angeben, für welches an einer Stelle

$$\sigma_x = \sigma_y \, (= \sigma), \qquad \tau_{xy} = \tau_{yx} = 0$$

wird, so sprechen wir an der betreffenden Stelle von einem *homogenen Spannungszustand.* Beim Übergang auf ein gedrehtes Achsenkreuz ξ, η transformiert sich dann der spezielle Ausdruck

$$\tau_{ik} = \sigma \cdot \delta_{ik} \tag{18}$$

in

$$\tau_{\mu\nu} = \sigma \sum_i \sum_k \alpha_{i\mu} \alpha_{k\nu} \delta_{ik} = \sigma \sum_i \alpha_{i\mu} \alpha_{i\nu},$$

und diese Summe ist wegen der Orthogonalität der Transformation gleich $\delta_{\mu\nu}$, so daß

$$\tau_{\mu\nu} = \sigma \cdot \delta_{\mu\nu};$$

d.h. im gedrehten Koordinatensystem bestehen in diesem Falle die gleichen Komponenten. Der Spannungstensor entartet zu einem Vielfachen des Einheitstensors, dessen Komponenten δ_{ik} sich bei der Drehung in $\delta_{\mu\nu}$ transformieren.

c) Aufstellung der Membrangleichung. Wir wollen jetzt annehmen, daß die Membran so gespannt worden ist, daß in einem Achsenkreuz x, y die Dehnungen einen Tensor

$$\gamma_{ik} = \gamma \cdot \delta_{ik}$$

ergeben. Dann ist nach dem Hookeschen Gesetz damit auch ein homogener Spannungszustand

$$\tau_{ik} = \sigma \cdot \delta_{ik}$$

verknüpft.

Wir denken nun die Membran zum Schwingen angestoßen, so daß jeder Punkt x, y zur Zeit t um eine Strecke u senkrecht aus der Membranebene herausrückt. Dann ist unsere Aufgabe, für die Funktion $u(x, y, t)$ eine Differentialgleichung aufzustellen.

Bei der Verbiegung der Membran erhalten die im Gleichgewicht befindlichen, am Flächenelement $\delta x \, \delta y$ angreifenden Kräfte (Fig. 27) eine resultierende Komponente senkrecht zur Zeichenebene, in gleicher

Weise wie bei der schwingenden Saite. Damit entsteht die Bewegungsgleichung:

$$\varrho(x, y)\,\delta x\,\delta y\,\frac{\partial^2 u(x, y)}{\partial t^2}$$
$$= \sigma\,\delta x\left\{\frac{u(x, y+\delta y) - u(x, y)}{\delta y} - \frac{u(x, y) - u(x, y-\delta y)}{\delta y}\right\} +$$
$$+ \sigma\,\delta y\left\{\frac{u(x+\delta x, y) - u(x, y)}{\delta x} - \frac{u(x, y) - u(x-\delta x, y)}{\delta x}\right\},$$

wobei ϱ die Massenbelegung [g/cm²] und σ die homogene Spannung [dyn/cm] ist. Durch Taylor-Entwicklung entsteht wie bei der Saite:

$$\varrho\,\frac{\partial^2 u}{\partial t^2}\,\delta x\,\delta y$$
$$= \sigma\,\frac{\delta x}{\delta y}\left\{(\delta y)^2\,\frac{\partial^2 u}{\partial y^2}\right\} + \sigma\,\frac{\delta y}{\delta x}\left\{(\delta x)^2\,\frac{\partial^2 u}{\partial x^2}\right\}$$

oder unter Weglassung des Faktors $\delta x\,\delta y$:

$$\varrho\,\frac{\partial^2 u}{\partial t^2} = \sigma\left(\frac{\partial^2 u}{\partial x^2} + \frac{\partial^2 u}{\partial y^2}\right). \tag{19}$$

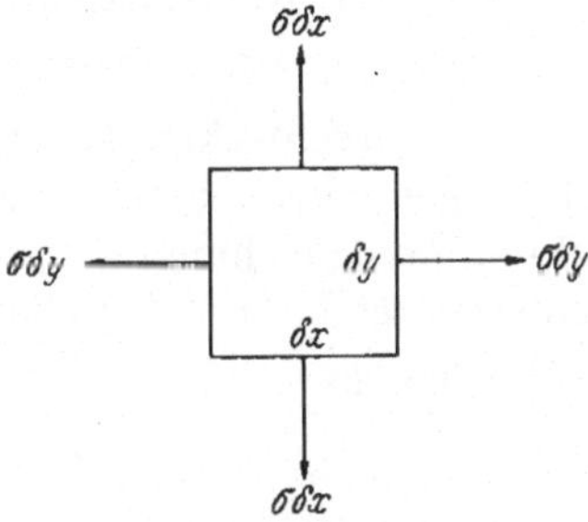

Fig. 27. Homogener Spannungszustand einer Membran

An der Form der Differentialgleichung zeigt sich nochmals deutlich die Invarianz gegen die Wahl des Achsenkreuzes: Der Laplace-Operator

$$\Delta = \frac{\partial^2}{\partial x^2} + \frac{\partial^2}{\partial y^2} \tag{20}$$

ist gegen eine Drehung des Achsenkreuzes invariant, genau wie der zugrundegelegte homogene Spannungszustand es ist.

Wir zeigen diese Invarianz gegen die Transformation

$$x'_\mu = \sum_i \alpha_{\mu i}\,x_i$$

mit

$$\sum_i \alpha_{\mu i}\,\alpha_{\nu i} = \delta_{\mu\nu}$$

durch einfaches Umrechnen der Differentialquotienten:

$$\frac{\partial u}{\partial x_i} = \sum_\mu \frac{\partial u}{\partial x'_\mu}\,\frac{\partial x'_\mu}{\partial x_i} = \sum_\mu \alpha_{\mu i}\,\frac{\partial u}{\partial x'_\mu}.$$

$$\frac{\partial^2 u}{\partial x_i^2} = \sum_\mu \alpha_{\mu i}\,\frac{\partial}{\partial x_i}\left(\frac{\partial u}{\partial x'_\mu}\right) = \sum_\mu \alpha_{\mu i}\sum_\nu \frac{\partial}{\partial x'_\nu}\left(\frac{\partial u}{\partial x'_\mu}\right)\frac{\partial x'_\nu}{\partial x_i}$$
$$= \sum_\mu\sum_\nu \alpha_{\mu i}\,\alpha_{\nu i}\,\frac{\partial^2 u}{\partial x'_\mu\,\partial x'_\nu}.$$

Daraus folgt der Δ-Operator durch Summation über i:

$$\Delta u = \sum_i \frac{\partial^2 u}{\partial x_i^2} = \sum_\mu\sum_\nu\left(\sum_i \alpha_{\mu i}\,\alpha_{\nu i}\right)\frac{\partial^2 u}{\partial x'_\mu\,\partial x'_\nu}$$

und wegen der Orthogonalität der Koeffizienten α:

$$\Delta u = \sum_{\mu}\sum_{\nu} \delta_{\mu\nu} \frac{\partial^2 u}{\partial x'_\mu \, \partial x'_\nu} = \sum_{\mu} \frac{\partial^2 u}{\partial x'^2_\mu} = \Delta' u,$$

was zu beweisen war.

Wir wollen die Gl. (19) unter Einführung der Abkürzung

$$c = \sqrt{\frac{\sigma}{\varrho}} \tag{21}$$

in der Standardform schreiben

$$\Delta u = \frac{1}{c^2} \frac{\partial^2 u}{\partial t^2}, \tag{22}$$

die von der Koordinatenwahl unabhängig ist. Die Größe c hat wie bei der Saite die Dimension einer Geschwindigkeit.

d) Die rechteckige Membran. Wir wenden uns nun dem Problem zu, die Eigenschwingungen einer Membran zu bestimmen. Zur Lösung der Differentialgleichung (22) separieren wir dann zunächst die Zeit ab, entsprechend der physikalischen Fragestellung, daß wir stehende Schwingungen suchen. Wir setzen daher

$$u(x, y, t) = \psi(x, y) \cdot \chi(t) \tag{23}$$

und finden durch Einsetzen in Gl. (22)

$$\chi \Delta \psi = \frac{1}{c^2} \psi \ddot{\chi};$$

d.h. wir können separieren

$$c^2 \frac{\Delta \psi}{\psi} = \frac{\ddot{\chi}}{\chi},$$

so daß die rechte Seite nicht vom Ort x, y abhängt, die linke aber nicht von der Zeit t, und daher beide weder von x, y noch von t abhängen können, sondern einen gemeinsamen konstanten Wert annehmen müssen. Diesen Wert, den Separationsparameter, bezeichnen wir nach den Erfahrungen der schwingenden Saite mit $-\omega^2$ $(\omega > 0)$ und erhalten

$$\ddot{\chi} + \omega^2 \chi = 0, \tag{24}$$

$$\Delta \psi + k^2 \psi = 0 \quad \text{mit} \quad k = \frac{\omega}{c}. \tag{25}$$

Aus (24) ergibt sich in bekannter Weise die Abhängigkeit von der Zeit

$$\chi = \sin(\omega t + \gamma); \tag{26}$$

die Amplitude ist dabei weggelassen, da der Faktor ψ bereits eine willkürliche Amplitude enthält.

Bis zu dieser Stelle hängt die Behandlung des Membranproblems offensichtlich noch nicht davon ab, welche Randkurve wir als Begrenzung der Membran wählen. Bei der nun folgenden Lösung des Randwertproblems von Gl. (25), daß nämlich

$$\psi = 0 \text{ auf der Randkurve}$$

sein soll, tritt aber ein neuer Zug auf, den wir von der Theorie der Saite her noch nicht kennen: Um die Randbedingung möglichst einfach formulieren zu können, wählen wir in der x, y-Ebene solche Koordinaten, welche zu einer möglichst einfachen Gleichung der Randkurve führen, am besten die Randkurve selbst zur Koordinatenlinie machen. Von dieser Stelle ab müssen wir daher verschiedene Randkurven getrennt betrachten.

Wir behandeln zunächst die durch die Geraden $x=0$, $x=a$, $y=0$, $y=b$ begrenzte *rechteckige Membran*. Hier setzt sich die Berandung aus Stücken von vier Koordinatenlinien ($x=\text{const}$, $y=\text{const}$) in kartesischen Koordinaten zusammen, die sich also hier als geeignete Koordinaten anbieten. Gl. (25) lautet dann

$$\frac{\partial^2\psi}{\partial x^2} + \frac{\partial^2\psi}{\partial y^2} + k^2\psi = 0. \tag{27}$$

Wir versuchen auch diese Gleichung durch Separation zu behandeln:

$$\psi(x, y) = X(x)\, Y(y); \tag{28}$$

dann entsteht beim Einsetzen von (28) in (27) und Durchdividieren mit ψ:

$$\frac{X''}{X} + \frac{Y''}{Y} + k^2 = 0.$$

Der erste Term hängt nicht von y, der zweite nicht von x ab; ihre Summe soll für beliebige Werte x, y immer konstant $-k^2$ bleiben; das ist nur möglich, wenn jeder Term für sich konstant ist:

$$X''/X = -k_1^2; \qquad Y''/Y = -k_2^2; \qquad k_1^2 + k_2^2 = k^2. \tag{29}$$

Für X und Y gelten also die Differentialgleichungen

$$X'' + k_1^2 X = 0; \qquad Y'' + k_2^2 Y = 0 \tag{30}$$

mit den Lösungen

$$X(x) = \sin(k_1 x + \delta_1); \qquad Y(y) = \sin(k_2 y + \delta_2), \tag{31}$$

wieder unter Auslassung der am Ende hinzuzufügenden gemeinsamen Amplitude für alle Faktoren von $u(x, y, t)$.

An Hand der Lösungen (31) können wir nun leicht das *Randwertproblem* formulieren. Offenbar kann $\psi=0$ für $x=0$ und $x=a$, unabhängig von y, nur durch das Verschwinden des Faktors X erreicht werden:

$$X(0) = \sin\delta_1 = 0,$$
$$X(a) = \sin(k_1 a + \delta_1) = 0,$$

und ebenso $\psi = 0$ für $y = 0$ und $y = b$ nur durch Verschwinden des Faktors Y:

$$Y(0) = \sin\delta_2 = 0,$$
$$Y(b) = \sin(k_2 b + \delta_2) = 0.$$

Aus diesen Bedingungen lesen wir, genau wie bei der schwingenden Saite, ab:

$$\left.\begin{aligned} \delta_1 &= 0, & \delta_2 &= 0, \\ k_1 a &= n_1\pi, & k_2 b &= n_2\pi. \end{aligned}\right\} \tag{32}$$

Es treten also zwei unabhängige Sätze ganzer Zahlen $n_1, n_2 = 1, 2, 3 \ldots$ auf. Damit erhalten wir bei Zusammenfassung der Formeln (23), (26), (28), (29), (31), (32):

$$u(x, y, t) = C_{n_1 n_2} \sin\frac{n_1 \pi x}{a} \sin\frac{n_2 \pi y}{b} \sin(\omega_{n_1 n_2} t + \gamma_{n_1 n_2}) \tag{33}$$

mit

$$\omega_{n_1 n_2} = \sqrt{k_1^2 + k_2^2} = \pi c \sqrt{\left(\frac{n_1}{a}\right)^2 + \left(\frac{n_2}{b}\right)^2}. \tag{34}$$

Die hier erhaltene Lösung u können wir spezieller als $u_{n_1 n_2}$ bezeichnen; es ist die zu den Eigenwerten n_1 und n_2 gehörige Eigenlösung. Die Frequenz der von dieser Eigenlösung beschriebenen Schwingung ist durch Gl. (34) gegeben. Gl. (34) gibt also die Gesamtheit der Eigenfrequenzen an, mit denen die rechteckige Membran schwingen kann.

Bezeichnen wir mit

$$\nu_{1,1} = \frac{1}{2\pi}\omega_{1,1} = \frac{c}{2}\sqrt{\frac{1}{a^2} + \frac{1}{b^2}} \tag{35}$$

die Eigenfrequenz der Grundschwingung ($n_1 = 1$, $n_2 = 1$), so wird die Gesamtheit der Oberschwingungen durch

$$\nu_{n_1 n_2} = \nu_{1,1}\sqrt{\frac{(n_1 b)^2 + (n_2 a)^2}{b^2 + a^2}} \tag{36}$$

bestimmt. Speziell entsteht hieraus für eine *quadratische Membran* mit $b = a$:

$$\nu_{n_1 n_2} = \nu_{1,1}\sqrt{\frac{n_1^2 + n_2^2}{2}}. \tag{37}$$

Dies führt zu folgender Tabelle für die ersten Oberschwingungen $(\nu_{n_1 n_2}/\nu_{1,1})$:

$n_2 \backslash n_1$	1	2	3	4	5
1	1,00	1,58	2,24	2,92	3,60
2	1,58	2,00	2,55	3,16	3,81
3	2,24	2,55	3,00	3,54	4,12
4	2,92	3,16	3,54	4,00	4,52
5	3,60	3,81	4,12	4,52	5,00

Wie man sofort sieht, erhält man nur für $n_1 = n_2$ harmonische Oberschwingungen der Grundfrequenz, während für $n_1 \neq n_2$ jeweils zwei (in der Tabelle symmetrisch zur Hauptdiagonale stehende) Frequenzen gleich werden. Zwei solche Schwingungen heißen miteinander *entartet*. Die Frequenzen für $n_1 \neq n_2$ haben irrationale Verhältnisse zur Grundfrequenz: deshalb kann die Membran nicht analog zur Violine als Musikinstrument verwendet werden. Die Entartung der Schwingungszustände (n_1, n_2) und (n_2, n_1) gilt übrigens nur für das Quadrat; beim Rechteck wird sie aufgehoben.

Zur Veranschaulichung der Schwingungsformen haben wir in Fig. 28 die *Knotenlinienbilder* in der gleichen Anordnung wie in der Tabelle aufgezeichnet. Hier wird die Ursache der Entartung sehr anschaulich: Die miteinander entarteten Paare gehen durch Drehung der Membran um 90° ineinander über. Für Rechtecke wäre dies nicht mehr der Fall. Außerdem macht Fig. 28 das allgemeine qualitative Gesetz deutlich: *Je größer die Zahl der Knotenlinien, desto höher liegt die Eigenfrequenz der betreffenden Schwingung.*

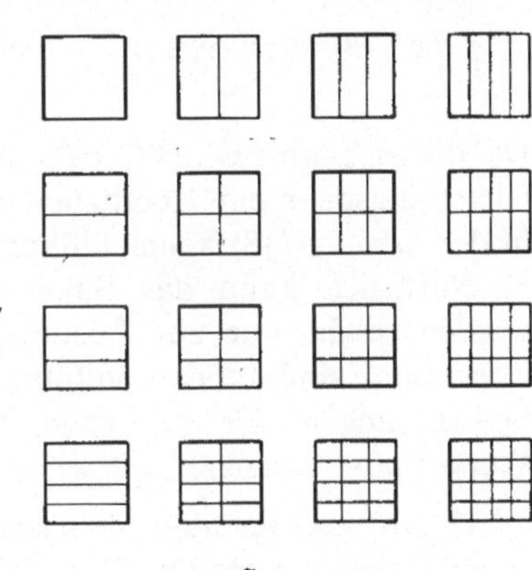

Fig. 28. Die einfachsten Eigenschwingungstypen einer quadratischen Membran, dargestellt durch ihre Knotenlinien

Nachdem wir nun das Randwertproblem gelöst haben und die zweiparametrig unendliche Schar der Eigenlösungen kennen, können wir uns noch kurz dem *Anfangswertproblem* zuwenden. Durch Anwendung des Superpositionsprinzips erhalten wir die allgemeinste, die Randbedingungen erfüllende Lösung:

$$u(x, y, t) = \sum_{n_1=1}^{\infty} \sum_{n_2=1}^{\infty} C_{n_1 n_2} \sin \frac{n_1 \pi x}{a} \sin \frac{n_2 \pi y}{b} \sin(\omega_{n_1 n_2} t + \gamma_{n_1 n_2}). \quad (38)$$

Hiermit sollen die Anfangsbedingungen für $t=0$ erfüllt werden:

$$\left.\begin{aligned} u(x, y, 0) &= u_0(x, y), \\ \dot{u}(x, y, 0) &= v_0(x, y), \end{aligned}\right\} \tag{39}$$

mit beliebig vorgegebenen (aber natürlich die Randbedingungen erfüllenden) Funktionen u_0 und v_0. Einsetzen in (38) ergibt

$$\left.\begin{aligned} u_0(x, y) &= \sum_{n_1}\sum_{n_2} C_{n_1 n_2} \sin\frac{n_1 \pi x}{a} \sin\frac{n_2 \pi y}{b} \sin\gamma_{n_1 n_2}; \\ v_0(x, y) &= \sum_{n_1}\sum_{n_2} C_{n_1 n_2} \sin\frac{n_1 \pi x}{a} \sin\frac{n_2 \pi y}{b} \omega_{n_1 n_2} \cos\gamma_{n_1 n_2}. \end{aligned}\right\} \tag{40}$$

Dies sind zwei zweidimensionale Fourier-Reihen, deren Koeffizienten wir nach dem Vorbild der eindimensionalen ausrechnen, indem wir die Operation

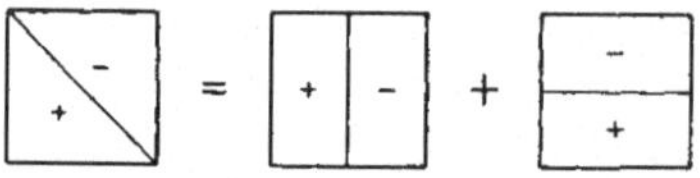

$$\int_0^a dx \int_0^b dy \sin\frac{n\pi x}{a} \sin\frac{m\pi y}{b} \ldots$$

Fig. 29. Superposition von Knotenlinienbildern

auf (40) anwenden und rechts von den Orthogonalitätssätzen (26) in § 18c auf S. 109 Gebrauch machen:

$$\left.\begin{aligned} \int_0^a dx \int_0^b dy\, u_0(x, y) \sin\frac{n\pi x}{a} \sin\frac{m\pi y}{b} &= \frac{ab}{4} C_{nm} \sin\gamma_{nm} \\ \int_0^a dx \int_0^b dy\, v_0(x, y) \sin\frac{n\pi x}{a} \sin\frac{m\pi y}{b} &= \frac{ab}{4} C_{nm} \omega_{nm} \cos\gamma_{nm}. \end{aligned}\right\} \tag{41}$$

Da die ω_{nm} aus Gl. (34) bekannt sind, kann man aus jedem solchen Gleichungspaar ein Koeffizientenpaar C_{nm} und γ_{nm} berechnen, so daß in der Lösung (38) keine willkürliche Konstante zurückbleibt.

Natürlich kann das Superpositionsprinzip auch sonst angewandt werden, nicht nur zur Lösung des Anfangswertproblems. Besonders interessant sind Linearkombinationen von zwei miteinander entarteten Schwingungen, die zu neuen Knotenlinienbildern führen. Auf diese Weise findet man z. B. die Zuordnung von Fig. 29.

e) Die kreisförmige Membran. Begrenzen wir die Membran durch einen Kreis vom Radius R, so führen wir zweckmäßig Polarkoordinaten r, φ durch die Relationen ein:

$$x = r\cos\varphi, \qquad y = r\sin\varphi. \tag{42}$$

Dann lautet die Randbedingung einfach

$$\psi(R, \varphi) = 0, \tag{43}$$

wenn wir jetzt allgemein $\psi(r, \varphi)$ statt $\psi(x, y)$ schreiben. Der Laplace-Operator ergibt sich bei Umrechnung auf Polarkoordinaten zu

$$\Delta = \frac{\partial^2}{\partial r^2} + \frac{1}{r}\frac{\partial}{\partial r} + \frac{1}{r^2}\frac{\partial^2}{\partial \varphi^2}, \tag{44}$$

wie man leicht nachrechnet, indem man zunächst

$$\left.\begin{aligned} \frac{\partial}{\partial x} &= \cos\varphi \frac{\partial}{\partial r} - \frac{\sin\varphi}{r^2}\frac{\partial}{\partial \varphi} \\ \frac{\partial}{\partial y} &= \sin\varphi \frac{\partial}{\partial r} + \frac{\cos\varphi}{r^2}\frac{\partial}{\partial \varphi} \end{aligned}\right\}$$

bildet und dann die Quadratsumme dieser Operatoren (nicht der Differentialquotienten!) unter Beachtung der Reihenfolge der Faktoren herstellt.

Das *Randwertproblem* besteht jetzt also darin, die Differentialgleichung

$$\frac{\partial^2\psi}{\partial r^2} + \frac{1}{r}\frac{\partial\psi}{\partial r} + \frac{1}{r^2}\frac{\partial^2\psi}{\partial\varphi^2} + k^2\psi = 0 \tag{45}$$

mit der Randbedingung (43) zu lösen. Wir versuchen dazu wieder den Separationsansatz:

$$\psi(r, \varphi) = f(r)\, g(\varphi). \tag{46}$$

Einsetzen in Gl. (45) und Division durch ψ entsprechend den früheren Vorbildern gibt dann aber noch keine vollständige Separation, da das dritte Glied

$$\frac{1}{\psi} \cdot \frac{1}{r^2}\frac{\partial^2\psi}{\partial\varphi^2} = \frac{1}{r^2}\frac{g''}{g}$$

ergibt, also noch beide Variablen enthält. Multiplizieren wir aber die ganze Gleichung mit r^2 durch, so tritt Variablentrennung ein:

$$\frac{r^2}{f}\left(f'' + \frac{1}{r}f'\right) + \frac{g''}{g} + k^2 r^2 = 0;$$

hier hängt der zweite Term nur mehr von φ, die beiden andern nur von r ab, und wir erhalten mit dem Separationsparameter σ:

$$g'' - \sigma g = 0,$$

$$f'' + \frac{1}{r}f' + \left(k^2 + \frac{\sigma}{r^2}\right) f = 0.$$

Die erste dieser beiden Gleichungen hat Lösungen $e^{\pm\sqrt{\sigma}\varphi}$. Da der Winkel φ eine zyklische Variable ist, die bei Vermehrung um 2π den gleichen Ort im Raume wieder beschreibt, muß die Lösung $g(\varphi)$ eine periodische Funktion der Periode 2π sein, also

$$\sqrt{\sigma} = \pm i\, m;$$

denn dann wird

$$g = \sin m(\varphi - \varphi_0) \qquad (m = 0, 1, 2, \ldots) \tag{47}$$

bis auf eine willkürliche Amplitudenkonstante. Die Differentialgleichung für $f(r)$ nimmt dann die Form an:

$$f'' + \frac{1}{r} f' + \left(k^2 - \frac{m^2}{r^2}\right) f = 0. \tag{48}$$

Diese Gleichung ist mit der Randbedingung

$$f(R) = 0 \tag{49}$$

zu lösen.

Wir bringen die Aufgabe in die mathematische Standardform, indem wir von r zu der neuen Variablen

$$z = k r \tag{50}$$

übergehen. Dann wird

$$\frac{d^2 f}{d z^2} + \frac{1}{z} \frac{d f}{d z} + \left(1 - \frac{m^2}{z^2}\right) f = 0. \tag{51}$$

In dieser Schreibweise enthält die Differentialgleichung nur noch *einen* Parameter m. Gl. (51) heißt die *Besselsche Differentialgleichung.*

Wir untersuchen zunächst das Verhalten der Lösungen von (51) für kleine z. Schon die physikalische Anschauung lehrt, daß dort — im Mittelpunkt der Membran — eine um so feinere Faltung erfolgt je größer m ist; denn bei $r = 0$ schneiden sich m radiale Knotenlinien. Man wird daher $f(0) = 0$ für $m > 0$ erwarten; zum mindesten muß $f(0)$ für alle m regulär bleiben.

Setzt man

$$f = z^\varrho \qquad \text{für} \qquad |z| \ll 1$$

in die Differentialgleichung (51) ein, so ergibt sich

$$\left\{\frac{\varrho(\varrho - 1)}{z^2} + \frac{\varrho}{z^2} + 1 - \frac{m^2}{z^2}\right\} z^\varrho = 0.$$

Für $|z| \ll 1$ kann die Eins in der Klammer gegen die Glieder mit z^{-2} vernachlässigt werden; es ergibt sich daher die Fundamentalgleichung

$$\varrho(\varrho - 1) + \varrho - m^2 = 0$$

zur Bestimmung des Exponenten ϱ; ihre Lösungen sind $\varrho_1 = m$ und $\varrho_2 = -m$. Die letztere können wir für $m > 0$ sofort ausschließen, da sie singulär wird. Dann folgt, daß $f \sim z^m$ wird, was unsere anschauliche Erwartung quantitativ faßt. Lediglich der Fall $m = 0$ erfordert eine etwas genauere Untersuchung, da dann beide Ansätze $z^{\pm m}$ zusammenfallen. Man findet leicht durch Einsetzen, daß hier die zweite Lösung eine logarithmische Singularität besitzt, indem man ansetzt:

$$f = A \cdot \log z \cdot (1 - \tfrac{1}{4} z^2 \cdots) + (1 + \alpha z^2 + \cdots).$$

Auch diese Singularität müssen wir ausscheiden.

Wir entwickeln nun die reguläre Lösung $f_m(z)$ in eine Potenzreihe an der Stelle $z = 0$:

$$f_m(z) = z^m (a_0 + a_1 z + a_2 z^2 + \cdots). \tag{52}$$

Beim Einsetzen in Gl. (51) entsteht dann:

$$\begin{aligned}
&a_0 m(m-1) z^{m-2} + a_1 (m+1) m z^{m-1} + a_2 (m+2)(m+1) z^m + \cdots \\
&+ a_0 m z^{m-2} \qquad + a_1 (m+1) z^{m-1} \quad + a_2 (m+2) z^m \qquad + \cdots \\
&\qquad\qquad\qquad\qquad\qquad\qquad\qquad + a_0 z^m \qquad\qquad + \cdots \\
&- a_0 m^2 z^{m-2} \qquad - a_1 m^2 z^{m-1} \qquad - a_2 m^2 z^m \qquad - \cdots = 0.
\end{aligned}$$

Durch Koeffizientenvergleich entsteht also das Gleichungssystem

$$\begin{aligned}
a_0 [m^2 - m^2] &= 0, \\
a_1 [(m+1)^2 - m^2] &= 0, \\
a_2 [(m+2)^2 - m^2] + a_0 &= 0,
\end{aligned}$$

und allgemein, für z^{m+p}

$$a_{p+2} [(m + p + 2)^2 - m^2] + a_p = 0.$$

Dies ist eine zweigliedrige Rekursion, welche jeweils jedes zweite Glied überspringt:

$$a_{p+2} = -\frac{a_p}{(p+2)(2m+p+2)} \qquad (p = 0, 1, 2 \ldots). \tag{53}$$

Die beiden ersten Gleichungen des Rekursionssystems, die in Gl. (53) nicht enthalten sind, ergeben $a_1 = 0$ und keine Festsetzung von a_0. Die Reihe (52) enthält also nur Glieder mit geraden $p = 2n$:

$$\begin{aligned}
a_{2n} &= -\frac{a_{2n-2}}{(2n)\cdot(2n+2m)} = \frac{a_{2n-4}}{(2n)(2n-2)\cdot(2n+2m)(2n+2m-2)} \\
&= \cdots = \frac{(-1)^k a_{2n-2k}}{(2n)(2n-2)\ldots(2n-2k+2)\cdot(2n+2m)\ldots(2n+2m-2k+2)}.
\end{aligned}$$

Mit $k = n$ gibt das schließlich Zurückführung auf den ersten Koeffizienten a_0:

$$a_{2n} = \frac{(-1)^n a_0}{(2^n n!)\cdot(2^n (n+m)!/m!)}.$$

Die Lösung (52) lautet daher

$$f_m(z) = a_0 m! z^m \sum_{n=0}^{\infty} \frac{(-1)^n z^{2n}}{2^{2n} n! (n+m)!}.$$

Dabei ist $0! = 1$ definiert (vgl. auch unten, S. 153). Die Normierungskonstante a_0 der Lösung ist wegen der Homogenität der Differentialgleichung (51) frei wählbar. Es ist üblich, die Lösung in der Form

$$J_m(z) = \left(\frac{z}{2}\right)^m \sum_{n=0}^{\infty} \frac{(-1)^n}{n!\,(m+n)!} \left(\frac{z}{2}\right)^{2n} \tag{54}$$

zu schreiben: das Symbol J_m statt f_m bezeichnet die *m-te Bessel-Funktion.*

Kenntnis der Bessel-Funktionen vorausgesetzt, kann die Lösung für die kreisförmige Membran also

$$\psi(r, \varphi) = C \cdot J_m(k r) \sin m (\varphi - \varphi_0) \tag{55}$$

geschrieben werden: die Randbedingung reduziert sich auf

$$J_m(k R) = 0. \tag{56}$$

Wir wollen zunächst die Bessel-Funktionen etwas genauer studieren, ehe wir auf dies Problem nochmals zurückkommen.

f) Zur Theorie der Bessel-Funktionen. Wir stellen zunächst fest, daß die Koeffizienten der Potenzreihe (54) schneller gegen Null gehen als die der Reihe

$$e^{\left(\frac{z}{2}\right)^2} = \sum_{n=0}^{\infty} \frac{1}{n!} \left(\frac{z}{2}\right)^{2n}.$$

Da letztere aber in der ganzen z-Ebene konvergiert, muß dies für die Reihe (54) a fortiori gelten. Wir können sie daher als Definition der Bessel-Funktion $J_m(z)$ für jedes beliebige, komplexe Argument z benutzen[1].

Die Reihen für die ersten Bessel-Funktionen beginnen:

$$\left.\begin{aligned} J_0(z) &= 1 - \frac{z^2}{4} + \frac{z^4}{64} - \cdots \\ J_1(z) &= \frac{z}{2} - \frac{z^3}{16} + \cdots. \end{aligned}\right\} \tag{57}$$

Approximiert man J_0 für kleine z durch eine Parabel, so liegt bei $z = 2$ eine Nullstelle; berücksichtigt man das Glied mit z^4, so rückt diese Nullstelle nach $z = \sqrt{8} = 2{,}83$. Berücksichtigung von z^6 würde sie wieder näher an Null rücken; das Verfahren konvergiert gegen $z = 2{,}405$. Die erste Nullstelle von J_1 liegt nicht, wie die vorstehende kubische

[1] Für reelle z wird die Konvergenz der Reihe (54) infolge der alternierenden Vorzeichen noch besser und würde durch weniger scharfe Kriterien gesichert werden können. Die hier gegebene Majorisierung durch eine Exponentialreihe ist aber notwendig für komplexe z, d.h. um etwa auch die sog. modifizierten Bessel-Funktionen $I_n(\zeta) = i^{-n} J_n(i\zeta)$ für reelles ζ in die Definition (54) einzubeziehen.

Näherung ergäbe, bei $z = \sqrt{8} = 2{,}83$, sondern bei $z = 3{,}83$. Diese beiden Zahlenangaben zeigen, daß selbst bei so großen Argumenten wie $z = 2$ bis 3 die Reihen bei Beschränkung auf ganz wenige Glieder noch nicht unvernünftige Resultate geben; allerdings wird dies mit wachsenden m immer schlechter erreicht.

Von besonderem Interesse, sowohl von der praktischen Anwendung als auch von der mathematischen Theorie her ist das asymptotische

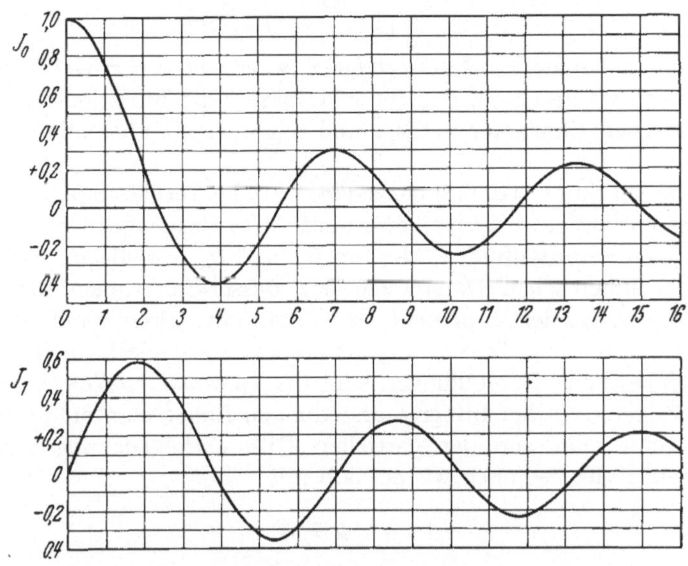

Fig. 30. Die Bessel-Funktionen J_0 und J_1 für reelles positives Argument

Verhalten der Bessel-Funktionen für $|z| \to \infty$. Eine (etwas oberflächliche) Vorstellung davon läßt sich leicht gewinnen, wenn wir von der Besselschen Differentialgleichung (51) ausgehend diese durch die Substitution

$$f(z) = z^{-\frac{1}{2}} v(z)$$

in

$$v'' + \left[1 - \frac{m^2 - \frac{1}{4}}{z^2}\right] v = 0$$

überführen: Für große $|z|$ kann das zweite Glied in der eckigen Klammer gegen 1 vernachlässigt werden (genauer: für $m \geqq 0$, wenn $|z| \gg m+1$), und dann gehorcht v der harmonischen Gleichung $v'' + v = 0$ mit $\sin z$ und $\cos z$ als Fundamentallösungen. Mithin muß asymptotisch

$$J_m(z) \to \frac{C_m}{\sqrt{z}} \sin(z + \delta_m) \tag{58}$$

sein; Phase δ_m und Amplitude C_m bleiben dabei aber zunächst frei, da ja jede Mischung der beiden Partikularlösungen noch möglich ist. Da die Funktion $J_m(z)$ nach Ausweis der Potenzreihe für reelle z selbst reell ist, können wir lediglich schließen, daß auch C_m und δ_m reell sind.

Übrigens hätten wir statt $\sin z$ und $\cos z$ auch die Fundamentallösungen e^{iz} und e^{-iz} für das asymptotische Verhalten von v zugrundelegen können. Ihnen entsprechen zwei auch in der Physik häufig benutzte Lösungen, die sich asymptotisch wie

$$\frac{1}{\sqrt{z}}\, e^{\pm iz}$$

verhalten: sie heißen *Hankel-Funktionen erster und zweiter Art.* Schließlich ist noch zu beachten, daß für imaginäre z die Funktion (58) ihren oszillatorischen Charakter verliert und exponentiell über alle Grenzen anwächst.

Wir haben nun in Gl. (58) das asymptotische Verhalten *jeder* Lösung der Differentialgleichung (51) bestimmt. Um dasjenige der *speziellen* Lösung $J_m(z)$ herauszufinden, also um C_m und δ_m festzulegen, bedürfen wir einer einheitlichen Darstellung der Bessel-Funktionen für große und kleine $|z|$, aus der für kleine $|z|$ die Potenzentwicklung und für große $|z|$ die asymptotische Darstellung als einfachste Sonderformeln folgen. Solche einheitliche Darstellungen sind die *Integraldarstellungen.*

Den Zugang zu den Integraldarstellungen findet man oft am leichtesten, wenn man von der partiellen Differentialgleichung ausgeht. In unserem Falle beginnen wir deshalb mit

$$\Delta u + k^2 u = 0 \tag{59}$$

(in zwei Dimensionen). Diese Gleichung hat unter anderem die im Endlichen überall reguläre Lösung

$$u = e^{ikx} = e^{ikr\cos\varphi}; \tag{60}$$

sie wird aber auch durch die bei $r=0$ ebenfalls regulären Funktionen $J_m(kr)\cos m\varphi$ gelöst, aus denen nach dem Superpositionsprinzip reguläre Lösungen

$$u = \sum_{n=0}^{\infty} a_n J_n(kr)\cos n\varphi \tag{61}$$

aufgebaut werden können. Das sind aber Fourier-Reihen in φ, bei denen wir die Sinusglieder weggelassen haben. Die Lösung (61) ist daher genau wie die Lösung (60) invariant gegen die Transformation $\varphi \to -\varphi$; mithin muß auch die Fourier-Entwicklung von (60) die Form (61) besitzen, d.h. wir können über die Koeffizienten a_n so verfügen, daß

$$e^{ikr\cos\varphi} = \sum_{n=0}^{\infty} a_n J_n(kr)\cos n\varphi\,.$$

Aus der Umkehrung sind dann die Koeffizienten a_n zu bestimmen:

$$\frac{1}{\pi}\int_{-\pi}^{+\pi} d\varphi\, e^{ikr\cos\varphi} \cos m\varphi = a_m J_m(kr). \tag{62}$$

Diese Formel kann man natürlich auch so lesen, daß das Integral auf der linken Seite bis auf einen noch zu bestimmenden Zahlenfaktor πa_m die Bessel-Funktion $J_m(kr)$ darstellt.

Die richtige Bestimmung dieses Faktors führt auf die Integraldarstellung

$$J_m(z) = \frac{1}{2\pi i^m}\int_{-\pi}^{+\pi} d\varphi \cos m\varphi\, e^{iz\cos\varphi}, \tag{63}$$

d.h. $a_m = 2i^m$, die wir nun beweisen wollen, indem wir zeigen, daß sie mit der Definition (54) durch eine Potenzreihe identisch ist. Da diese Potenzreihe am besten für kleine z konvergiert, entwickeln wir die e-Funktion in (63) ebenfalls in eine Potenzreihe

$$e^{iz\cos\varphi} = \sum_{k=0}^{\infty} \frac{(iz\cos\varphi)^k}{k!},$$

mithin also

$$J_m(z) = \sum_{k=0}^{\infty} \frac{i^{k-m}}{2\pi k!} z^k \int_{-\pi}^{+\pi} d\varphi \cos m\varphi \cos^k\varphi.$$

Nun gilt die elementare Formel

$$\cos^k\varphi = \left(\frac{1}{2}\right)^{k-1}\left\{\cos k\varphi + \binom{k}{1}\cos(k-2)\varphi + \binom{k}{2}\cos(k-4)\varphi \ldots\right\}.$$

Das Integral setzt sich also aus einer Summe von Gliedern

$$\int_{-\pi}^{+\pi} d\varphi \cos m\varphi \cdot \left(\frac{1}{2}\right)^{k-1}\binom{k}{\lambda}\cos(k-2\lambda)\varphi$$

zusammen, die wegen der Orthogonalitätseigenschaft nur für $k-2\lambda = m$ oder $\lambda = \frac{k-m}{2}$ nicht verschwinden. Dann ergibt das Integral

$$\left(\frac{1}{2}\right)^{k-1}\binom{k}{\lambda}\pi.$$

Da λ eine ganze Zahl sein muß, bleiben für gerades m nur gerade k und für ungerades m nur ungerade k in der Summe über k stehen, was wir durch einen Akzent am Summenzeichen andeuten wollen:

$$J_m(z) = \sum_{k=m}^{\infty}{}' \frac{i^{k-m}}{2\pi k!} z^k \cdot \left(\frac{1}{2}\right)^{k-1} \pi \binom{k}{\frac{k-m}{2}}$$

oder etwas kürzer:

$$J_m(z) = \sum_{k=m}^{\infty}{}' \frac{(-1)^{\frac{k-m}{2}}}{k!} \binom{k}{\frac{k-m}{2}} \left(\frac{z}{2}\right)^k.$$

Wir können nun die gerade Zahl $k - m = 2n$ setzen und $n = 0, 1, 2, \ldots$ durchlaufen lassen:

$$J_m(z) = \sum_{n=0}^{\infty} \frac{(-1)^n}{(m+2n)!} \binom{2n+m}{n} \left(\frac{z}{2}\right)^{2n+m}.$$

Es gilt aber die Identität

$$\binom{2n+m}{n} = \frac{(2n+m)!}{n!\,[(2n+m)-n]!} = \frac{(2n+m)!}{n!\,(n+m)!},$$

daher

$$J_m(z) = \left(\frac{z}{2}\right)^m \sum_{n=0}^{\infty} \frac{(-1)^n}{n!\,(m+n)!} \left(\frac{z}{2}\right)^{2n},$$

was mit der Definition (54) identisch ist. Damit ist die Integralformel (63) bewiesen.

Wir versuchen nun, mit Hilfe dieser Integralformel unser Ziel zu erreichen, eine asymptotische Darstellung von $J_m(z)$ für $|z| \gg m$ zu finden. Wir wollen dazu das Integral etwas umformen:

$$\left.\begin{aligned} J_m(z) &= \frac{1}{\pi i^m} \int_0^{\pi} d\varphi \cos m\varphi \, e^{iz\cos\varphi} \\ &= \frac{2}{\pi} \int_0^{\pi/2} d\varphi \cos m\varphi \cos\left(z\cos\varphi - \frac{m\pi}{2}\right). \end{aligned}\right\} \tag{64}$$

Die letzte, reelle Gestalt folgt bei abermaliger Zerlegung des Integrationsintervalls an der Stelle $\pi/2$ und Einarbeitung von $i^{-m} = e^{-\frac{i\pi m}{2}}$. Statt φ führen wir nun eine neue Integrationsvariable ζ durch die Relation

$$z\cos\varphi = z - \zeta$$

ein. Dann wird

$$\cos\varphi = 1 - \frac{\zeta}{z}; \qquad d\varphi = \frac{d\zeta}{z} \Big/ \sin\varphi = \frac{d\zeta}{z\sqrt{1-\left(1-\frac{\zeta}{z}\right)^2}}$$

oder

$$d\varphi = \frac{d\zeta}{z\sqrt{2\frac{\zeta}{z} - \frac{\zeta^2}{z^2}}} = \frac{d\zeta}{\sqrt{2z\zeta}\sqrt{1-\frac{\zeta}{2z}}}.$$

Das Integrationsintervall $0<\varphi<\frac{\pi}{2}$ wird in $0<\zeta<z$ überführt. Schließlich erhält man

$$\begin{aligned}\cos m\varphi &= \cos^m\varphi - \binom{m}{2}\sin^2\varphi\cos^{m-2}\varphi + \binom{m}{4}\sin^4\varphi\cos^{m-4}\varphi\ldots\\ &= \left(1-\frac{\zeta}{z}\right)^m - \binom{m}{2}\left[1-\left(1-\frac{\zeta}{z}\right)^2\right]\left(1-\frac{\zeta}{z}\right)^{m-2}+\cdots.\end{aligned}$$

Fassen wir alles zusammen, so wird also

$$\begin{aligned}J_m(z) &= \frac{2}{\pi}\int\limits_0^z \frac{d\zeta}{\sqrt{2z\zeta}}\left(1-\frac{\zeta}{2z}\right)^{-\frac{1}{2}}\times\\ &\times\left\{\left(1-\frac{\zeta}{z}\right)^m - \binom{m}{2}\left[1-\left(1-\frac{\zeta}{z}\right)^2\right]\left(1-\frac{\zeta}{z}\right)^{m-2}+\cdots\right\}\cos\left(z-\zeta-\frac{m\pi}{2}\right).\end{aligned}$$

Unsere Näherung[1] besteht nun darin, ζ/z gegen 1 zu vernachlässigen:

$$J_m(z) \approx \frac{2}{\pi}\int\limits_0^z \frac{d\zeta}{\sqrt{2z\zeta}}\cos\left(z-\zeta-\frac{m\pi}{2}\right). \tag{65}$$

Das ist natürlich nicht streng zulässig, da an der oberen Grenze der echte Bruch ζ/z bis auf 1 anwächst. Wir unterdrücken hier die mathematisch nicht einfache Frage nach der Größe des auf diese Weise begangenen Fehlers. Wir bemerken lediglich, daß die Mitnahme der höheren Entwicklungsglieder nach steigenden Potenzen von ζ/z zu einer Reihenentwicklung für $J_m(z)$ führt, die *semikonvergent* ist; d.h. die Glieder nehmen für große z zunächst ab und kommen dem wahren Funktionswert nahe; sie erreichen ihn um so eher und um so genauer je größer z ist; sie nehmen dann aber wieder zu, so daß die Reihe streng genommen divergiert.

Wir zerlegen nun im Näherungsintegral (65) den Cosinus in zwei e-Funktionen:

$$J_m(z) = \sqrt{\frac{2}{z}}\,\frac{1}{2\pi}\left\{e^{i\left(z-\frac{m\pi}{2}\right)}\int\limits_0^z\frac{d\zeta}{\sqrt{\zeta}}e^{-i\zeta} + e^{-i\left(z-\frac{m\pi}{2}\right)}\int\limits_0^z\frac{d\zeta}{\sqrt{\zeta}}e^{i\zeta}\right\}.$$

In den beiden übrig gebliebenen Integralen kann man ohne wesentliche Fehler $z\to\infty$ gehen lassen, sofern man sich dem Unendlichfernen in einer Richtung innerhalb der komplexen ζ-Ebene nähert, in der der Integrand $e^{\pm i\zeta}$ gegen Null geht. Die beiden Integrale stellen dann bloße

[1] Die nächstbessere Näherung würde den Faktor $\left[1-\left(m^2-\frac{1}{4}\right)\frac{\zeta}{z}\right]$ enthalten.

Konstanten dar. Mit $i\zeta = -t^2$, $\zeta = it^2$ erhält man so z.B.[1]

$$\int_0^\infty \frac{d\zeta}{\sqrt{\zeta}} e^{i\zeta} = \int_0^\infty \frac{2it\,dt}{\sqrt{i}\,t} e^{-t^2} = 2\sqrt{i}\cdot\frac{\sqrt{\pi}}{2} = \sqrt{i\pi} = \sqrt{\pi}\,e^{\frac{i\pi}{4}}$$

entsprechend für das konjugiert komplexe andere Integral

$$\sqrt{-i\pi} = \sqrt{\pi}\,e^{-\frac{i\pi}{4}}.$$

Damit wird

$$J_m(z) = \sqrt{\frac{2}{\pi z}}\cdot\frac{1}{2}\left\{e^{-\frac{i\pi}{4}+i\left(z-\frac{m\pi}{2}\right)} + e^{\frac{i\pi}{4}-i\left(z-\frac{m\pi}{2}\right)}\right\}$$

oder bei Zusammenfassung schließlich

$$J_m(z) \to \sqrt{\frac{2}{\pi z}}\cos\left(z - \frac{m\pi}{2} - \frac{\pi}{4}\right). \tag{66}$$

Wie gut die so erhaltene asymptotische Formel ist, zeigen die im folgenden zusammengestellten Werte für die ersten vier Nullstellen von J_0 und J_5, die nach der asymptotischen Formel bei

$$z_n = \pi n + \left(m + \frac{3}{2}\right)\frac{\pi}{2}$$

liegen sollten. Der Fehler ist offenbar für J_0 geringer als für J_5, was damit zusammenhängt, daß die asymptotische Formel bei $m > 0$ erst für $|z| \gg m$ zu verwenden ist.

Nullstelle n	J_0		J_5	
	exakt	asymptotisch	exakt	asymptotisch
1	2,405	2,356	8,78	10,21
2	5,520	5,498	12,34	13,35
3	8,654	8,639	15,70	16,49
4	11,792	11,781	18,98	19,64

g) Das Eigenwertspektrum der Kreismembran. Wir verwenden die Bessel-Funktionen jetzt, um aus der Lösung (55) und der Randbedingung (56) die Eigenfrequenzen auszurechnen. Es sei $z_n^{(m)}$ die n-te Nullstelle der m-ten Bessel-Funktion:

$$J_m(z_n^{(m)}) = 0. \tag{67}$$

Dann folgt aus (56)

$$kR = z_n^{(m)}$$

[1] Daß $\int_0^\infty dt\, e^{-t^2} = \frac{1}{2}\sqrt{\pi}$ ist, beweisen wir auf S. 181.

und daher unter Verwendung von (21) und (25)

$$\omega = k\,c = k\sqrt{\frac{\sigma}{\varrho}} = \frac{1}{R}\sqrt{\frac{\sigma}{\varrho}}\,z_n^{(m)}. \tag{68}$$

Man erhält also die Eigenfrequenz, indem man die Größe

$$\omega_0 = \frac{1}{R}\sqrt{\frac{\sigma}{\varrho}}\;[\mathrm{sec}^{-1}] \tag{69}$$

der Reihe nach mit den Nullstellen $z_n^{(m)}$ der Bessel-Funktionen multipliziert.

Diese Nullstellen sind, soweit sie < 10 bleiben, in der nebenstehenden Tabelle zusammengestellt. Die kleinen hochgestellten Ziffern vor den Zahlenangaben der Tabelle geben die Nummer der Eigenfrequenz, nach der Größe geordnet. Die zugehörigen Knotenlinienbilder sind für die neun ersten Schwingungen in Fig. 31 skizziert.

m \ n	1	2	3
0	^{1}2,405	^{4}5,520	^{9}8,654
1	^{2}3,832	^{6}7,016	
2	^{3}5,135	^{8}8,417	
3	^{5}6,379	^{11}9,760	
4	^{7}7,586		
5	^{10}8,780		
6	^{12}9,934		

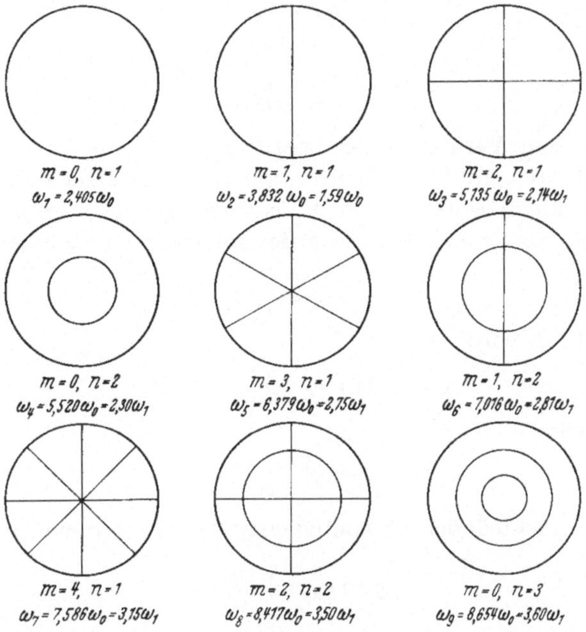

Fig. 31. Knotenlinien der neun tiefsten Eigenschwingungen einer Kreismembran

Dabei sind außer den Quantenzahlen m und n, von denen m die Anzahl der Knotendurchmesser angibt und $(n - 1)$ die Zahl von Knotenkreisen innerhalb der Membran ist, auch die Frequenzen in Vielfachen sowohl von ω_0 als von der Grundfrequenz ω_1 angegeben. Die Frequenzen halten übrigens ungefähr die Ordnung nach dem Parameter $m+2(n-1)$, der über die Figur von 0 bis 4 anwächst. Die Angabe in Vielfachen von ω_1 zeigt deutlich den anharmonischen Charakter der Obertöne mit ihren transzendenten Schwingungsverhältnissen. Zu jeder gezeichneten Figur mit radialen Knoten ($\sin m\varphi$) gehört noch eine um den halben von den Radien eingeschlossenen Winkel gedrehte, mit der gezeichneten entartete Schwingung, die Cosinuslösung ($\cos m\varphi$), zu der die gleiche Frequenz zuzuordnen ist.

§ 20. Dreidimensionale Schwingungen

a) Aufstellung der Differentialgleichung. In einem Gase kann eine Schwingung dadurch entstehen, daß sich eine von Ort zu Ort periodisch variierende Druckverteilung $p(x, y, z, t)$ ausbildet. Gleichzeitig mit dem Druck variiert die Dichte ϱ von Ort zu Ort, und zwar gilt bei den sehr schnell variierenden akustischen Wellen im allgemeinen in sehr guter Näherung der adiabatische Zusammenhang

$$\frac{p}{p_0} = \left(\frac{\varrho}{\varrho_0}\right)^\gamma \tag{1}$$

mit

$$\gamma = c_p/c_v, \tag{2}$$

also gleich dem Verhältnis der spezifischen Wärmen bei konstantem Druck und konstantem Volumen. Solange die Druck- und Dichteänderungen klein bleiben gegen die Normalwerte p_0 und ϱ_0 von Druck und Dichte, können wir Gl. (1) in der relativen Druckänderung

$$u = \frac{p - p_0}{p_0} \tag{3}$$

linearisieren; es wird nämlich

$$\log(u+1) = \gamma \log\left[1 + \frac{\varrho - \varrho_0}{\varrho_0}\right],$$

oder entwickelt:

$$u = \gamma \frac{\varrho - \varrho_0}{\varrho_0}. \tag{4}$$

Druck- und Dichteänderung sind zueinander proportional, und

$$\varrho = \varrho_0\left(1 + \frac{u}{\gamma}\right).$$

Man bezeichnet auch die Größe $\varkappa$, die durch

$$\frac{\varrho - \varrho_0}{\varrho_0} = \varkappa(p - p_0) \tag{4a}$$

definiert ist, als die Kompressibilität; bei dem hier zugrunde liegenden Zusammenhang (1) von Druck und Dichte erhält man speziell, bei Benutzung von (4), die *adiabatische Kompressibilität*

$$\varkappa_{\mathrm{ad}} = \frac{u/\gamma}{p - p_0} = \frac{1}{\gamma p_0}. \tag{4b}$$

Hierzu treten nun die Bewegungsgleichung

$$\varrho \frac{d\mathfrak{v}}{dt} = -\operatorname{grad} p \tag{5}$$

und die Kontinuitätsgleichung

$$\operatorname{div}(\varrho\, \mathfrak{v}) + \frac{\partial \varrho}{\partial t} = 0. \tag{6}$$

Die Bewegungsgleichung (5) besagt, daß auf jedes Volumelement eine dem Druckgefälle entgegengerichtete Kraft wirkt; in der Tat wird die Materie von Stellen höheren zu solchen niederen Druckes getrieben. Die Gleichung enthält eine Idealisierung der Verhältnisse insofern, als die innere Zähigkeit (Viskosität) des Gases vernachlässigt ist. $\mathfrak{v}$ bedeutet die Geschwindigkeit bestimmter materieller Teilchen, die zur Zeit t gerade das betrachtete Volumelement an der Stelle x, y, z ausfüllen. Nach Ablauf des Zeitintervalls dt hat sich die Geschwindigkeit geändert, nicht nur, weil sie an dem betreffenden Ort von t abhängt (lokaler Differentialquotient $\partial \mathfrak{v}/\partial t$), sondern auch, weil die Materie ihren Ort um $\mathfrak{v}\, dt$ geändert hat. Daher wird der substantielle Differentialquotient $d\mathfrak{v}/dt$ z.B. für die x-Komponente der Geschwindigkeit

$$\left.\begin{aligned} \frac{dv_x}{dt} &= \frac{\partial v_x}{\partial t} + \frac{\partial v_x}{\partial x}\frac{dx}{dt} + \frac{\partial v_x}{\partial y}\frac{dy}{dt} + \frac{\partial v_z}{\partial z}\frac{dz}{dt} \\ &= \frac{\partial v_x}{\partial t} + (\mathfrak{v}\cdot\operatorname{grad})\, v_x. \end{aligned}\right\} \tag{7}$$

Der Zusatzterm $(\mathfrak{v}\cdot\operatorname{grad})$ ist nicht linear; er kann für unser Problem gegenüber dem ersten Term vernachlässigt werden, solange nämlich die Bewegung der einzelnen Massenteile langsamer erfolgt als die Ausbreitungsgeschwindigkeit, mit der eine Schallwelle fortschreitet.

Die Kontinuitätsgleichung (6) enthält die Vektoroperation *Divergenz*, die in kartesischen Koordinaten für ein Vektorfeld $\mathfrak{s}(x, y, z)$ durch

$$\operatorname{div}\mathfrak{s} = \frac{\partial s_x}{\partial x} + \frac{\partial s_y}{\partial y} + \frac{\partial s_z}{\partial z}$$

definiert ist. Man sieht leicht beim Übergang zu einem gedrehten Achsenkreuz, daß diese Operation invariant bleibt, d.h. daß sie einen von der Koordinatenwahl unabhängigen Zahlenwert an jedem Ort besitzt („Skalar"). Die physikalische Bedeutung dieser Größe versteht man leicht, wenn man div $\mathfrak{s}$ über einen kleinen Quader mit den Kanten δx, δy, δz parallel zu den Koordinatenachsen integriert. Wir denken uns den Quader um den Punkt x_0, y_0, z_0 herum beschrieben (Fig. 32);

dann haben wir

$$\int d\tau \operatorname{div} \mathfrak{s} = \int\limits_{x_0-\frac{1}{2}\delta x}^{x_0+\frac{1}{2}\delta x} dx \int\limits_{y_0-\frac{1}{2}\delta y}^{y_0+\frac{1}{2}\delta y} dy \int\limits_{z_0-\frac{1}{2}\delta z}^{z_0+\frac{1}{2}\delta z} dz \left(\frac{\partial s_x}{\partial x} + \frac{\partial s_y}{\partial y} + \frac{\partial s_z}{\partial z}\right).$$

Schafft man nun in jedem der drei Summanden durch Integration über *eine* Koordinate die Ableitung weg, so erhält man z.B. für den ersten Term $\partial s_x/\partial x$:

$$\int\limits_{y_0-\frac{1}{2}\delta y}^{y_0+\frac{1}{2}\delta y} dy \int\limits_{z_0-\frac{1}{2}\delta z}^{z_0+\frac{1}{2}\delta z} dz \left\{s_x(x_0+\tfrac{1}{2}\delta x, y, z) - s_x(x_0-\tfrac{1}{2}\delta x, y, z)\right\},$$

d. h. wir haben jeweils die äußere Normale (Fig. 32) über die beiden senkrecht auf der x-Richtung stehenden Flächen des Quaders zu integrieren. Analog lassen sich auch der zweite und dritte Term umformen; im ganzen entsteht also für den kleinen Quader der Satz

$$\int d\tau \operatorname{div} \mathfrak{s} = \oint df\, s_n, \quad (8)$$

wobei s_n die äußere Normalkomponente von $\mathfrak{s}$ an der Oberfläche des Quaders bedeutet, über welche zu integrieren ist.

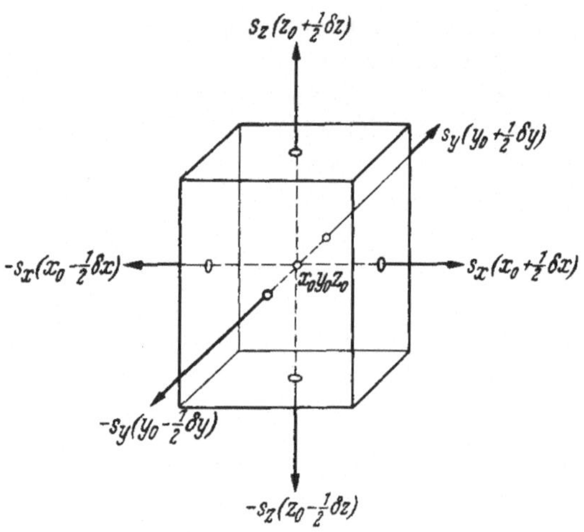

Fig. 32. Zum Gaußschen Satz

Die Kontinuitätsgleichung (6) ergibt bei Integration über einen solchen kleinen Quader mit $\mathfrak{s} = \varrho\mathfrak{v}$

$$\int d\tau \operatorname{div}(\varrho\mathfrak{v}) = -\int \frac{\partial \varrho}{\partial t} d\tau,$$

also durch sinngemäße Umformung

$$\oint df\, \varrho v_n = -\frac{d}{dt}\int \varrho\, d\tau.$$

Die Vertauschung der Reihenfolge von Differentiation und Integration auf der rechten Seite dieser Gleichung ist für ein festes Integrationsgebiet, dessen Oberfläche sich im Laufe der Zeit nicht ändert, gestattet. Da das Integral

$$\int \varrho\, d\tau$$

die insgesamt im Volumen enthaltene Masse bedeutet, steht rechts die Abnahme dieser Masse pro Zeiteinheit [g/sec]. Da hierbei Materie weder erzeugt noch vernichtet wird, kann diese Massenänderung nur dadurch erfolgen, daß in der Zeiteinheit mehr Masse durch die Oberfläche aus dem Volumen heraus als in das Volumen hineinströmt. In der Tat ist dies genau die Bedeutung des Oberflächenintegrals auf der linken Seite; $\varrho\,\mathfrak{v}$ ist die Massenstromdichte [g/cm², sec], und die Integration der äußeren Normalkomponente über die ganze Oberfläche des betrachteten Volumens ergibt den gesamten Nettostrom [g/sec], der in der Zeiteinheit das Volumen verläßt.

Gl. (8), die wir hier nur für einen infinitesimalen Quader bewiesen haben, gilt auch für jedes endliche, aus solchen Quadern zusammengesetzte Integrationsgebiet, da sich dabei die Beträge der inneren Trennflächen der Teilvolumina paarweise wegheben. Daher gilt Gl. (8) für jedes beliebig geformte, endliche Gebiet. Die einzige Lücke im Beweis liegt darin, daß die Oberfläche des Gebietes bei diesem Aufbau noch aus infinitesimalen Treppenstufen besteht. Die Glättung zu einer differenzierbaren Oberfläche läßt sich leicht durch Einfügung infinitesimaler Tetraeder in die Stufen ausführen, doch wollen wir diesen Schritt des Beweises hier unterdrücken. Gl. (8) heißt der *Gaußsche Satz* der Vektoranalysis; er ermöglicht für beliebige Volumina die Umformung eines Oberflächenintegrals in ein Volumintegral und umgekehrt.

Mit Hilfe der Gln. (3) bis (6) können wir nun eine Differentialgleichung für die relative Druckänderung u aufstellen. Bilden wir von Gl. (5) die Divergenz:

$$\operatorname{div}\left(\varrho\,\frac{\partial \mathfrak{v}}{\partial t}\right) = -\Delta p$$

und ersetzen hierin p gemäß (3) durch u, so entsteht:

$$\Delta u = -\frac{1}{p_0}\operatorname{div}\left(\varrho\,\frac{\partial \mathfrak{v}}{\partial t}\right);$$

dafür können wir aber in unserer Näherung auch

$$\Delta u = -\frac{1}{p_0}\,\frac{\partial}{\partial t}\operatorname{div}(\varrho\,\mathfrak{v})$$

schreiben; denn in

$$\frac{\partial}{\partial t}(\varrho\,\mathfrak{v}) = \varrho\,\frac{\partial \mathfrak{v}}{\partial t} + \frac{\partial \varrho}{\partial t}\,\mathfrak{v}$$

überwiegt das erste Glied bei weitem das zweite, solange die Dichteänderungen klein sind, d.h., solange $\varrho - \varrho_0 \ll \varrho_0$ ist. Nun kennen wir aber $\operatorname{div}(\varrho\,\mathfrak{v})$ aus der Kontinuitätsgleichung (6):

$$\operatorname{div}(\varrho\,\mathfrak{v}) = -\frac{\partial \varrho}{\partial t} = -\frac{\varrho_0}{\gamma}\,\frac{\partial u}{\partial t}.$$

Setzen wir das ein, so wird

$$\Delta u = \frac{1}{p_0}\cdot\frac{\varrho_0}{\gamma}\,\frac{\partial^2 u}{\partial t^2}.$$

Wir erhalten also die Wellengleichung

$$\Delta u = \frac{1}{c^2} \frac{\partial^2 u}{\partial t^2} \tag{9}$$

mit der Geschwindigkeitskonstanten

$$c = \sqrt{\gamma \frac{p_0}{\varrho_0}}, \tag{10}$$

die wir sinngemäß als Schallgeschwindigkeit bezeichnen. Gl. (10) für die Schallgeschwindigkeit hat 1816 LAPLACE zuerst gefunden; sie gibt außer einer Möglichkeit zur experimentellen Bestimmung von γ auch nach Gl. (4b) eine solche für die Messung der adiabatischen Kompressibilität. Dies spielt eine bedeutende Rolle in der Theorie der Erdbebenwellen (vgl. S. 48 u. 190). Der Laplacesche Operator in Gl. (8) ist zum Unterschied von der Membran jetzt dreidimensional gemeint:

$$\Delta = \frac{\partial^2}{\partial x^2} + \frac{\partial^2}{\partial y^2} + \frac{\partial^2}{\partial z^2}.$$

Sind die Wände eines Gefäßes, in welchem eine Schallwelle erzeugt wird, völlig starr („schallhart“), so haben die Gasteilchen dort keine Geschwindigkeitskomponente senkrecht zur Wand. Nach Gl. (5) darf dann aber auch der Druck kein Gefälle senkrecht zur Wand haben. Wir können daher für schallharte Wände die Randbedingung

$$\frac{\partial u}{\partial n} = 0 \tag{11}$$

formulieren, die etwas von dem bei der Membran diskutierten Problem ($u = 0$) abweicht. Man bezeichnet dies Problem in der Mathematik auch als homogene zweite (in der Potentialtheorie auch Neumannsche) Randwertaufgabe, während die Aufgabe mit der Randbedingung $u = 0$ als homogene erste (oder Dirichletsche) Randwertaufgabe bezeichnet wird.

b) Eigenschwingungen des kugelförmigen Hohlraumes. Das vorstehend geschilderte räumliche Eigenwertproblem ist für den Quader leicht in Analogie zu demjenigen für die rechteckige Membran zu lösen. Aus der Kreismembran entwickelt man leicht durch Hinzunahme einer senkrecht auf der Kreisebene stehenden z-Achse das Eigenwertproblem für das Innere eines Kreiszylinders endlicher Länge. Das letzte Problem findet Anwendung bei manchen Musikinstrumenten, z.B. der Flöte und Orgelpfeife. Auf diesen ganzen Problemkreis sei hier nicht eingegangen, da er keine wesentlichen Erweiterungen der schon vorgeführten mathematischen Hilfsmittel erfordert.

Statt dessen wenden wir uns dem kugelförmigen Hohlraum (Helmholtzscher Resonator) zu. Dafür müssen wir sphärische Polarkoordinaten (Kugelkoordinaten) einführen, wie in Fig. 33 angedeutet; r und ϑ

geben die Lage des Punktes P innerhalb der um die z-Achse schwenkbaren Meridianebene an, und der Drehwinkel φ um die z-Achse die Lage dieser Meridianebene. In Formeln heißt das:

$$\left.\begin{aligned} x &= r\sin\vartheta\cos\varphi\,, \\ y &= r\sin\vartheta\sin\varphi\,, \\ z &= r\cos\vartheta\,. \end{aligned}\right\} \tag{12}$$

Wieder entsteht die Aufgabe der Umrechnung des Δ-Operators auf die neuen Koordinaten. Wir geben sogleich die fertige Formel an:

$$\Delta = \frac{\partial^2}{\partial r^2} + \frac{2}{r}\frac{\partial}{\partial r} + \frac{1}{r^2}\left\{\frac{1}{\sin\vartheta}\frac{\partial}{\partial\vartheta}\left(\sin\vartheta\frac{\partial}{\partial\vartheta}\right) + \frac{1}{\sin^2\vartheta}\frac{\partial^2}{\partial\varphi^2}\right\}. \tag{13}$$

Wir betrachten nun wie früher eine in der Zeit einfach periodische Schwingung der Frequenz

$$\nu = \frac{\omega}{2\pi}; \tag{14}$$

dann geht die Wellengleichung (9) über in

$$\Delta u + k^2 u = 0 \tag{15}$$

mit

$$k = \frac{\omega}{c} \tag{16}$$

in voller Analogie zum ein- und zweidimensionalen Fall.

Wir separieren Gl. (15) nach Radial- und Winkelabhängigkeit

$$\psi(r, \vartheta, \varphi) = F(r)\cdot Y(\vartheta, \varphi)\,. \tag{17}$$

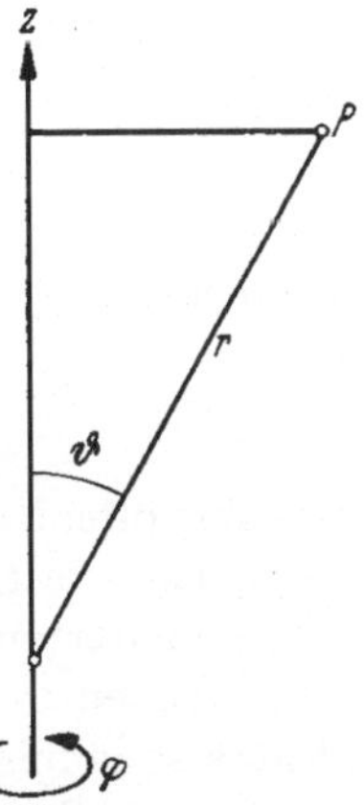

Fig. 33. Kugelkoordinaten

Das ergibt nach Multiplikation von (15) mit r^2/u:

$$\frac{r^2}{F}\left[\frac{d^2F}{dr^2} + \frac{2}{r}\frac{dF}{dr} + k^2F\right] + \frac{1}{Y}\left[\frac{1}{\sin\vartheta}\frac{\partial}{\partial\vartheta}\left(\sin\vartheta\frac{\partial Y}{\partial\vartheta}\right) + \frac{1}{\sin^2\vartheta}\frac{\partial^2 Y}{\partial\varphi^2}\right] = 0.$$

Der erste Summand hängt nur von r, der zweite nur von den Winkeln ϑ und φ ab, also ist jeder konstant. Setzen wir den ersten gleich α, den zweiten also gleich $-\alpha$, so lauten die separierten Gleichungen

$$\frac{d^2F}{dr^2} + \frac{2}{r}\frac{dF}{dr} + \left(k^2 - \frac{\alpha}{r^2}\right)F = 0 \tag{18}$$

und

$$\frac{1}{\sin\vartheta}\frac{\partial}{\partial\vartheta}\left(\sin\vartheta\frac{\partial Y}{\partial\vartheta}\right) + \frac{1}{\sin^2\vartheta}\frac{\partial^2 Y}{\partial\varphi^2} + \alpha Y = 0. \tag{19}$$

Diese beiden Gleichungen müssen wir nun getrennt weiterbehandeln.

Wir beginnen mit Gl. (18) für den Radialteil. Der Ansatz

$$F(r) = r^n f(r)$$

gibt

$$F' = \left(\frac{n}{r} + \frac{f'}{f}\right) F,$$

$$F'' = \left(\frac{n(n-1)}{r^2} + \frac{2n}{r}\frac{f'}{f} + \frac{f''}{f}\right) F;$$

daher beim Einsetzen in (18):

$$F'' + \frac{2}{r} F' = r^n \left\{ f'' + \frac{2(n+1)}{r} f' + \frac{n(n+1)}{r^2} f \right\}.$$

Dieser Ausdruck wird besonders einfach mit $n = -\frac{1}{2}$; denn dann geht die Differentialgleichung (18) in die Besselsche über:

$$f'' + \frac{1}{r} f' + \left(k^2 - \frac{\alpha + \frac{1}{4}}{r^2}\right) f = 0,$$

deren Lösung wir bereits kennen:

$$F(r) = \frac{C}{\sqrt{r}} J_{\pm\sqrt{\alpha+\frac{1}{4}}}(k r). \tag{20}$$

Gemeinsam mit der aus (11) folgenden Randbedingung

$$\left(\frac{dF}{dr}\right)_{r=R} = 0 \tag{21}$$

legt das offenbar ähnlich wie bei der kreisförmigen Membran die Eigenfrequenzen fest. Wir können aber die Gln. (20) und (21) quantitativ nicht auswerten, solange wir noch nichts über den Parameter α wissen. Wir wenden uns daher zunächst der Differentialgleichung (19) für die Winkelabhängigkeit zu, die uns die Festlegung von α gestatten wird, ehe wir zur Diskussion der Gln. (20) und (21) für die Radialabhängigkeit zurückkehren.

c) Kugelfunktionen. Die Lösungen von Gl. (19) sind Funktionen der Polarwinkel ϑ und φ. Solche Funktionen lassen sich bequem veranschaulichen, indem man ihre Funktionswerte nach Art eines Reliefglobus über einer Kugeloberfläche aufträgt; sie werden daher ganz allgemein als Kugelfunktionen bezeichnet. Da sie noch von zwei Variablen ϑ und φ abhängen, gehen wir zweckmäßig durch abermalige Separation an sie heran, d.h. wir setzen

$$Y(\vartheta, \varphi) = \Theta(\vartheta) \cdot \Phi(\varphi). \tag{22}$$

Damit entstehen aus (19) die beiden Gleichungen

$$\sin\vartheta \frac{d}{d\vartheta}\left(\sin\vartheta \frac{d\Theta}{d\vartheta}\right) + \alpha \sin^2\vartheta\, \Theta = +\lambda\Theta \tag{23}$$

und

$$\frac{d^2\Phi}{d\varphi^2} = -\lambda\Phi. \tag{24}$$

Die letzte Gleichung ist leicht zu lösen: Die Lösungen müssen in φ mit der Periode 2π periodisch sein, da man nach einem Umlauf um die z-Achse in Fig. 33 zum gleichen Raumpunkt zurückkehrt, d.h.

$$\lambda = m^2, \qquad m = 0, 1, 2\ldots \tag{25}$$

mit den Lösungen $\cos m\varphi$ und $\sin m\varphi$. Damit erhalten wir für $\Theta(\vartheta)$ endgültig die Differentialgleichung

$$\sin\vartheta \frac{d}{d\vartheta}\left(\sin\vartheta \frac{d\Theta}{d\vartheta}\right) + (\alpha \sin^2\vartheta - m^2)\,\Theta = 0. \tag{26}$$

Diese Gleichung vereinfacht sich sehr, wenn wir statt ϑ die neue Variable

$$t = \cos\vartheta \tag{27}$$

einführen; dem Variablenbereich $0 \leqq \vartheta \leqq \pi$ entspricht dann $-1 \leqq t \leqq +1$. Es wird

$$\sin\vartheta \frac{d}{d\vartheta} = -(1-t^2)\frac{d}{dt},$$

und daher lautet die Differentialgleichung (26) in der neuen Variablen t

$$(1-t^2)\frac{d}{dt}\left[(1-t^2)\frac{d\Theta}{dt}\right] + [\alpha(1-t^2) - m^2]\,\Theta = 0$$

oder, in selbstadjungierter Schreibweise,

$$\frac{d}{dt}\left[(1-t^2)\frac{d\Theta}{dt}\right] + \left[\alpha - \frac{m^2}{1-t^2}\right]\Theta = 0. \tag{28}$$

Diese Differentialgleichung enthält anstelle trigonometrischer nur noch rationale Koeffizientenfunktionen. An den Stellen $t = \pm 1$ wird der letzte Koeffizient singulär; daher ist es zweckmäßig, zuerst die Umgebung dieser Stellen zu untersuchen.

Setzen wir für $t \approx -1$:

$$t = \varepsilon - 1,$$

so wird $1 - t^2 = \varepsilon(2-\varepsilon) \approx 2\varepsilon$, also beim Einsetzen in (28):

$$2\varepsilon \frac{d^2\Theta}{d\varepsilon^2} + 2\frac{d\Theta}{d\varepsilon} + \left[\alpha - \frac{m^2}{2\varepsilon}\right]\Theta = 0.$$

In der eckigen Klammer kann für $\varepsilon \to 0$ der Parameter α vernachlässigt werden, und der Ansatz $\Theta \sim \varepsilon^{\varkappa}$ führt auf

$$\left\{2\varkappa(\varkappa-1) + 2\varkappa - \frac{m^2}{2}\right\}\varepsilon^{\varkappa-1} = 0.$$

Daraus erhält man zwei Lösungen $\varkappa = \pm\frac{m}{2}$. In der Umgebung des „Südpols“ $t = -1$ oder $\vartheta = \pi$ verhält sich die Lösung also wie

$$\Theta \sim (1+\cos\vartheta)^{\pm\frac{m}{2}};$$

für $m \neq 0$ würde die Potenz $-\frac{m}{2}$ daher zu einer Singularität der Lösung führen, die wir ausschließen müssen; daher ist nur der positive Exponent sinnvoll. Für $m=0$ haben wir ohnehin aus unserem Verfahren nur eine einzige Lösung $\varkappa=0$ erhalten; eine genauere Untersuchung würde zeigen, daß die andere Lösung eine logarithmische Singularität besitzt.

Die gleiche Untersuchung für die Umgebung des „Nordpols" $\vartheta=0$ oder $t=+1$ führt auf

$$\Theta \sim (1-\cos\vartheta)^{\pm\frac{m}{2}},$$

ebenfalls mit Ausschluß des negativen Exponenten. Im ganzen spalten wir daher die Lösung auf in

$$\Theta(t) = (1-t^2)^{\frac{m}{2}} v_m(t). \tag{29}$$

Dann entsteht aus (28) für v_m die neue Differentialgleichung

$$(1-t^2)\, v_m'' - 2(m+1)\, t\, v_m' + [\alpha - m(m+1)]\, v_m = 0. \tag{30}$$

An dieser Gleichung können wir eine wichtige Rekursion vornehmen: Durch Differenzieren von (30) entsteht

$$(1-t^2)(v_m')'' - 2(m+2)\, t\, (v_m')' + [\alpha - (m+1)(m+2)]\, (v_m') = 0,$$

d.h. für v_m' gilt dieselbe Differentialgleichung wie für v_{m+1}. Kennen wir also die vollständige Lösung v_m (mit zwei willkürlichen Integrationskonstanten), so können wir durch Differenzieren nach t daraus die vollständige Lösung v_{m+1} gewinnen. Oder aber bei Iteration dieses Verfahrens:

$$v_m(t) = \frac{d^m v_0(t)}{d t^m}. \tag{31}$$

Für die Funktion $v_0(t)$ gilt die einfachere Differentialgleichung

$$(1-t^2)\, v_0'' - 2t\, v_0' + \alpha\, v_0 = 0. \tag{32}$$

Die Gl. (32) für v_0 enthält nur noch *einen* Parameter α. Wir suchen jetzt die allgemeine Lösung von (32); aus ihr erhalten wir dann mit Hilfe von (29) und (31) die allgemeine Lösung $\Theta(\vartheta)$.

Wir setzen für v_0 eine Potenzreihenentwicklung um den Äquator $t=0$ $(\vartheta=\pi/2)$ herum an:

$$v_0 = a_0 + a_1 t + a_2 t^2 + \cdots. \tag{33}$$

Da die nächsten singulären Stellen in der t-Ebene bei $t=\pm 1$ liegen, muß diese Entwicklung für $|t|<1$ überall konvergieren. Einsetzen von

(33) in (32) ergibt

$$\begin{aligned}
2a_2 + 6a_3 t + 12a_4 t^2 + 20a_5 t^3 + \cdots \\
- \quad 2a_2 t^2 - \quad 6a_3 t^3 - \cdots \\
-2a_1 t - \quad 4a_2 t^2 - \quad 6a_3 t^3 - \cdots \\
+\alpha a_0 + \alpha a_1 t + \quad \alpha a_2 t^2 + \quad \alpha a_3 t^3 + \cdots = 0.
\end{aligned}$$

Durch Koeffizientenvergleich folgen daraus die Rekursionsformeln:

$$\begin{array}{ll}
2a_2 + \alpha a_0 = 0 & 6a_3 + (\alpha - 2) a_1 = 0 \\
12a_4 + (\alpha - 6) a_2 = 0 & 20a_5 + (\alpha - 12) a_3 = 0 \\
\text{usw.,} & \text{usw.,}
\end{array}$$

d.h. die geraden Koeffizienten a_2, a_4, a_6 sind über eine Kette zweigliedriger Rekursionen an a_0, die ungeraden an a_1 angeschlossen. Es entsteht

$$\begin{array}{ll}
a_2 = -\frac{\alpha}{2} a_0 = -\frac{\alpha}{2!} a_0 & a_3 = -\frac{\alpha - 2}{6} a_1 = -\frac{\alpha - 2}{3!} a_1 \\
a_4 = -\frac{\alpha - 6}{12} a_2 = \frac{(\alpha - 6)\alpha}{4!} a_0 & a_5 = -\frac{\alpha - 12}{20} a_3 = \frac{(\alpha - 12)(\alpha - 2)}{5!} a_1 \\
\text{usw.} & \text{usw.}
\end{array}$$

Die hierin vorkommenden in α linearen Ausdrücke lassen sich systematisch als

$$\alpha, \quad \alpha - 2 = \alpha - 1 \cdot 2, \quad \alpha - 6 = \alpha - 2 \cdot 3, \quad \alpha - 12 = \alpha - 3 \cdot 4$$

usw. schreiben. Damit erhalten wir die Lösung der Differentialgleichung in der Form

$$\begin{aligned}
v_0 = a_0 \Big\{ 1 - \alpha \frac{t^2}{2!} + \alpha(\alpha - 2 \cdot 3) \frac{t^4}{4!} - \alpha(\alpha - 2 \cdot 3)(\alpha - 4 \cdot 5) \frac{t^6}{6!} \pm \cdots + \\
+ (-1)^k \alpha(\alpha - 2 \cdot 3) \cdots [\alpha - (2k - 2)(2k - 1)] \frac{t^{2k}}{(2k)!} - \cdots \Big\} + \\
+ a_1 \Big\{ t - (\alpha - 1 \cdot 2) \frac{t^3}{3!} + (\alpha - 1 \cdot 2)(\alpha - 3 \cdot 4) \frac{t^5}{5!} \mp \cdots + \\
+ (-1)^k (\alpha - 1 \cdot 2) \cdots [\alpha - (2k - 1) 2k] \frac{t^{2k+1}}{(2k+1)!} - \cdots \Big\}.
\end{aligned}$$

Jede dieser beiden Reihen ist eine ganze Transzendente. Die Glieder streben für große k gegen

$$-\frac{t^{2k}}{(2k)!} \quad \text{bzw.} \quad -\frac{t^{2k+1}}{(2k+1)!},$$

sobald $2k \gg |\alpha|$ geworden ist; d.h., bis auf endliche Abweichungen verhalten sich die Reihen wie

$$t + \frac{t^3}{3} + \frac{t^5}{5} + \cdots = \frac{1}{2} \ln \frac{1+t}{1-t}.$$

Dies wird für $t=+1$ und $t=-1$ singulär. Um das Auftreten dieser Singularitäten zu verhindern, muß α so gewählt werden, daß die Reihen abbrechen und Polynome entstehen. Damit haben wir die gesuchte Eigenwertbedingung gefunden, die uns erst in Stand setzt, den Radialteil der Lösung weiter zu diskutieren. Wir erhalten

$$\alpha = l(l+1) \quad \text{mit} \quad l = 0, 1, 2, 3 \ldots . \tag{34}$$

Für gerades l bricht die erste Reihe ab, und wir müssen $a_1=0$ wählen, um die singuläre Transzendente auszuschließen; für ungerades l erhalten wir umgekehrt mit $a_0=0$ aus der zweiten Reihe die gewünschte Polynomlösung. Als Beispiele führen wir die ersten Polynome an:

$$\begin{aligned}
&\text{für } l=0: && v_0 = a_0 \cdot 1\\
&\text{für } l=1: && a_1 \cdot t\\
&\text{für } l=2: && a_0 \cdot (1-3t^2)\\
&\text{für } l=3: && a_1 \cdot (t - \tfrac{5}{3} t^3)\\
&\text{für } l=4: && a_0 \cdot (1 - 10t^2 + \tfrac{35}{3} t^4) \quad \text{usw.}
\end{aligned}$$

Die einfachsten Transzendenten sind:

$$\begin{aligned}
&\text{für } l=0: && v_0 = a_1 \cdot \left(t + \frac{t^3}{3} + \frac{t^5}{5} + \cdots\right) = \frac{1}{2} a_1 \ln \frac{1+t}{1-t},\\
&\text{für } l=1: && v_0 = a_0 \cdot \left(1 - t^2 - \frac{t^4}{3} - \frac{t^6}{5} \cdots\right) = a_0 \left(1 - \frac{t}{2} \ln \frac{1+t}{1-t}\right).
\end{aligned}$$

Die erhaltenen Polynome in $t=\cos\vartheta$, welche die Lösungen $\Theta(\vartheta)$ für den Fall $m=0$ sind, heißen *Legendresche Polynome* oder *zonale Kugelfunktionen*. Sie werden gewöhnlich so normiert, daß sie am Punkte $\vartheta=0$ („Nordpol") den Wert 1 annehmen. Als Symbol schreibt man dann

$$P_l(\cos\vartheta).$$

Mit

$$P_l(1) = 1 \tag{35}$$

erhält man also

$$\left.\begin{aligned}
P_0 = 1; \quad P_1 = \cos\vartheta; \quad P_2 = \tfrac{3}{2}\cos^2\vartheta - \tfrac{1}{2};\\
P_3 = \tfrac{5}{2}\cos^3\vartheta - \tfrac{3}{2}\cos\vartheta; \quad P_4 = \tfrac{35}{8}\cos^4\vartheta - \tfrac{30}{8}\cos^2\vartheta + \tfrac{3}{8}; \ldots
\end{aligned}\right\} \tag{36}$$

Die transzendenten Lösungen heißen Legendresche Funktionen zweiter Art Q_l. Wir wollen uns mit ihnen nicht weiter beschäftigen, da sie für das vorliegende physikalische Problem auszuschließen sind. Unter Verwendung des Symbols P_l können wir dann die Winkelabhängigkeit der Lösung von (15) vollständig

$$Y(\vartheta, \varphi) = \sin^m\vartheta \, \frac{d^m P_l(\cos\vartheta)}{(d\cos\vartheta)^m} \cdot e^{\pm i m \varphi} \tag{37}$$

schreiben. Eine solche Funktion heißt eine *tesserale Kugelfunktion.* Für den darin enthaltenen, nur von ϑ abhängigen Faktor schreibt man auch

$$P_l^m(\vartheta) = (-1)^m \sin^m \vartheta \frac{d^m P_l(\cos\vartheta)}{(d\cos\vartheta)^m} \tag{38}$$

und nennt dies eine *adjungierte Kugelfunktion.* Da P_l ein Polynom vom Grade l in $\cos\vartheta$ ist, kann es höchstens l-mal nach $\cos\vartheta$ differenziert werden. Daher ist $m \leqq l$. Insbesondere erhält man für $l=0$, 1, 2 die folgenden Lösungen:

$$
\begin{aligned}
l&=0; & m&=0: & Y_{0,0} &= 1\\
l&=1; & m&=0: & Y_{1,0} &= P_1 = \cos\vartheta\\
& & m&=1. & Y_{1,+1} &= \sin\vartheta \frac{dP_1}{d\cos\vartheta} e^{i\varphi} = \sin\vartheta\, e^{i\varphi}\\
& & & & Y_{1,-1} &= \sin\vartheta \frac{dP_1}{d\cos\vartheta} e^{-i\varphi} = \sin\vartheta\, e^{-i\varphi}\\
l&=2; & m&=0: & Y_{2,0} &= P_2 = \frac{3}{2}\cos^2\vartheta - \frac{1}{2}.\\
& & m&=1: & Y_{2,\pm 1} &= 3\sin\vartheta\cos\vartheta\, e^{\pm i\varphi}\\
& & m&=2: & Y_{2,\pm 2} &= 3\sin^2\vartheta\, e^{\pm 2i\varphi}.
\end{aligned}
$$

Zum Index l gehören also insgesamt $(2l+1)$ verschiedene Lösungen mit verschiedenen m-Werten. Statt der Faktoren $\cos m\varphi$ und $\sin m\varphi$ können wir wie im vorstehenden auch $e^{\pm im\varphi}$ schreiben; dies eröffnet die Möglichkeit für m auch negative Werte zuzulassen und statt (37) kürzer

$$Y_{l,m}(\vartheta,\varphi) = P_l^{|m|}(\vartheta)\, e^{im\varphi} \tag{39}$$

mit $m=-l, \dots +l$ zu schreiben. Man pflegt auch dann P_l^m statt $P_l^{|m|}$ zu schreiben.

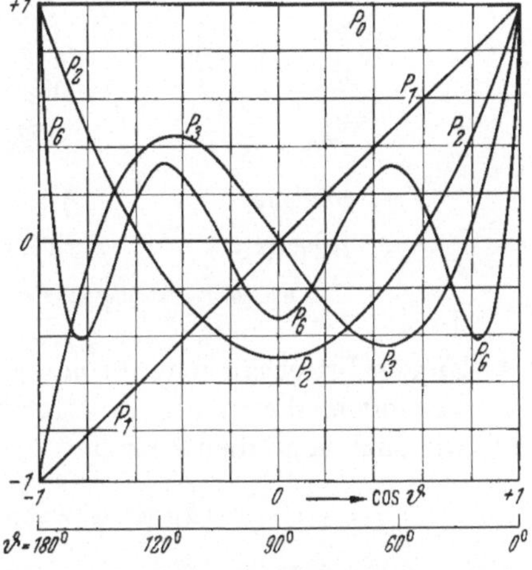

Fig. 34. Die zonalen Kugelfunktionen $P_0 = 1$, P_1, P_2, P_3 und P_6. Die Zahl der Schwingungen wächst mit steigendem Index an; die Funktionen sind abwechselnd gerade und ungerade

Man kann sich die Kugelfunktionen in verschiedener Weise veranschaulichen. Solange $m=0$ ist, also $Y_{l,0}$ nur von ϑ allein abhängt, zeichnet man sich am besten die Legendreschen Polynome über $\cos\vartheta$ als einziger Variabler auf, wie dies in Fig. 34 für die ersten Funktionen geschehen ist. Man erkennt deutlich den abwechselnd geraden und ungeraden Charakter der Kurven und die Lage der Nullstellen. Auf letzteren basierend können wir analog zu Fig. 31 für die Membran auch ein Knotenlinienbild auf der Kugeloberfläche zeichnen. P_0 hat keine Knotenlinien, P_1 den Äquator $\left(t=0 \text{ oder } \vartheta=\frac{\pi}{2}\right)$, P_2 verschwindet für $t=\pm\frac{1}{\sqrt{3}}$ oder $\vartheta=90°\pm 35°$, d.h. auf zwei Parallelkreisen symmetrisch

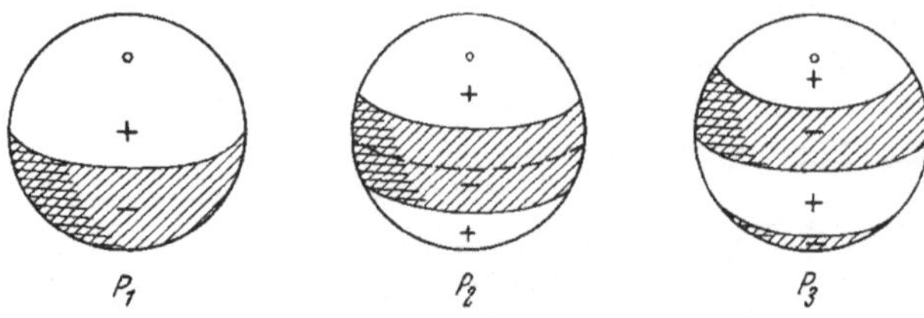

Fig. 35. Knotenlinienbilder der zonalen Kugelfunktionen

zum Äquator, P_3 wieder (wie alle ungeraden) auf dem Äquator, außerdem bei $t=\pm\sqrt{\frac{3}{5}}$ oder $\vartheta=90°\pm 51°$, usw. In Fig. 35 sind diese Bilder gezeichnet; die Knotenlinien teilen die Kugel in Zonen zwischen Parallelkreisen ein; eben daher bezeichnet man die Funktionen $P_l(\cos\vartheta)$ auch als *zonale Kugelfunktionen*.

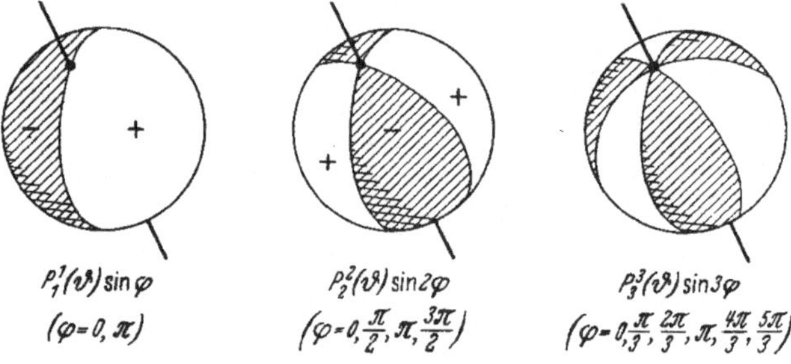

Fig. 36. Knotenlinienbilder der sektoriellen Kugelfunktionen

Umgekehrt erhält man für $m=l$ Funktionen, die nur auf Meridianen verschwinden, die in Fig. 36 dargestellten *sektoriellen Kugelfunktionen*, die wir auch schreiben können

$$Y_{l,l}(\vartheta,\varphi)=\sin^l\vartheta\cdot\begin{cases}\sin l\varphi\\ \cos l\varphi\end{cases}.$$

Die Kugelfunktionen mit $0<m<l$ schließlich haben sowohl Knotenlinien $\vartheta=\text{const}$ (Breitenkreise) als $\varphi=\text{const}$ (Meridiane). Sie zerlegen daher die Kugeloberfläche in Felder von Bogenrechtecken, nach denen sie *tesserale Kugelfunktionen* heißen.

Die Bedeutung der Kugelfunktionen rührt nicht nur von ihrem Auftreten bei den Lösungen unserer und vieler ähnlicher Differentialgleichungen her. Sie gestatten auch, jede beliebige (beschränkte) Funktion der Koordinaten ϑ und φ auf der Kugeloberfläche nach ihnen in einer den Fourier-Reihen nachgebildeten Weise in eine Reihe zu entwickeln. Diese Möglichkeit beruht auf der Eigenschaft, die wir als die *Orthogonalität der Kugelfunktionen* bezeichnen. Integrieren wir nämlich das Produkt zweier Kugelfunktionen über die ganze Kugeloberfläche, so wird das Integral gleich Null, sofern nicht l und m beide übereinstimmen:

$$\int d\Omega\, P_l^m(\vartheta)\, e^{i m \varphi} \cdot P_{l'}^{m'}(\vartheta)\, e^{-i m' \varphi} = C_{l,m}\, \delta_{l l'}\, \delta_{m m'}. \tag{40}$$

Die Formel ist nicht schwer zu beweisen. Zunächst ergibt die Integration über φ:

$$\int_0^{2\pi} d\varphi\, e^{i(m-m')\varphi} = 2\pi\, \delta_{m m'}.$$

Weiter betrachten wir nun

$$\int_{-1}^{+1} d\cos\vartheta\, P_l^m(\vartheta)\, P_{l'}^m(\vartheta).$$

Die Funktionen P_l^m und $P_{l'}^m$ genügen der Differentialgleichung (28) mit $\alpha = l(l+1)$, bzw. $\alpha = l'(l'+1)$:

$$\frac{d}{dt}\left[(1-t^2)\frac{dP_l^m}{dt}\right] + \left[l(l+1) - \frac{m^2}{1-t^2}\right] P_l^m = 0,$$

$$\frac{d}{dt}\left[(1-t^2)\frac{dP_{l'}^m}{dt}\right] + \left[l'(l'+1) - \frac{m^2}{1-t^2}\right] P_{l'}^m = 0.$$

Wir wenden nun eine Art Verallgemeinerung des Greenschen Satzes auf die beiden Gleichungen an, indem wir die erste mit $P_{l'}^m$ und die zweite mit P_l^m multiplizieren, dann die Differenz bilden (wobei das Glied mit m^2 herausfällt) und über das ganze Grundgebiet $-1 \leqq t \leqq +1$ integrieren:

$$\int_{-1}^{+1} dt \left\{P_{l'}^m \frac{d}{dt}\left[(1-t^2)\frac{dP_l^m}{dt}\right] - P_l^m \frac{d}{dt}\left[(1-t^2)\frac{dP_{l'}^m}{dt}\right]\right\}$$

$$= \bigl(l'(l'+1) - l(l+1)\bigr) \int_{-1}^{+1} dt\, P_l^m\, P_{l'}^m.$$

Links entsteht durch partielle Integration:

$$\left[P_{l'}^m (1-t^2)\frac{dP_l^m}{dt} - P_l^m(1-t^2)\frac{dP_{l'}^m}{dt}\right]_{-1}^{+1} -$$

$$- \int_{-1}^{+1} dt\,(1-t^2)\left\{\frac{dP_l^m}{dt}\frac{dP_{l'}^m}{dt} - \frac{dP_{l'}^m}{dt}\frac{dP_l^m}{dt}\right\}.$$

Die beiden Integrale heben sich also fort; der ausintegrierte Term verschwindet aber ebenfalls, da $1 - t^2 = 0$ für $t = \pm 1$. Mithin wird die linke Seite auf jeden Fall gleich Null. Rechts muß also entweder die

Klammer verschwinden ($l'=l$) oder im Falle $l' \neq l$ das Integral:

$$\int_{-1}^{+1} dt\, P_l^m P_{l'}^m = c_{lm}\, \delta_{ll'}. \tag{41}$$

Damit ist die oben behauptete Orthogonalität vollständig bewiesen.

d) Radialteil der Lösung. Wir kehren zu dem in Gl. (20) und (21) formulierten Problem der Eigenschwingungen des kugelförmigen Hohlraums zurück. Aus dem Studium der Kugelfunktionen wissen wir jetzt, daß

$$\alpha = l(l+1)$$

ist mit $l=0, 1, 2, 3 \ldots$, und daß zu jedem Wert von l insgesamt $(2l+1)$ verschiedene Funktionen von ϑ und φ gehören, d.h. daß jeder zu einem bestimmten α oder l gehörige Zustand $2l$-fach entartet ist. Nun wird

$$\pm\sqrt{\alpha+\tfrac{1}{4}} = \pm\left(l+\tfrac{1}{2}\right),$$

so daß wir erhalten:

$$F(r) = \frac{C}{\sqrt{r}} J_{l+\frac{1}{2}}(k\,r) + \frac{C'}{\sqrt{r}} J_{-(l+\frac{1}{2})}(k\,r). \tag{42}$$

Hierin muß $C'=0$ gesetzt werden, damit bei $r=0$ keine Singularität des Drucks auftritt; die Amplitude C bleibt frei und gibt ein Maß für die Intensität der Schwingung. Dagegen muß k aus der Randbedingung (21) bestimmt werden, d.h.

$$\frac{d}{dr}\left\{r^{-\frac{1}{2}} J_{l+\frac{1}{2}}(k\,r)\right\}_{r=R} = -\frac{1}{2R^{\frac{3}{2}}} J_{l+\frac{1}{2}}(k\,R) + \frac{k}{R^{\frac{1}{2}}} J'_{l+\frac{1}{2}}(k\,R) = 0.$$

Hierin bezeichnet der Strich die Differentiation der Bessel-Funktion nach ihrem Argument. Setzen wir

$$k\,R = z,$$

so lautet die Bedingung also

$$J'_{l+\frac{1}{2}}(z) - \frac{1}{2z} J_{l+\frac{1}{2}}(z) = 0. \tag{43}$$

Um diese Gleichung auszuwerten, verschärfen wir zunächst in angemessener Weise die Definition der Bessel-Funktionen und beweisen sodann zwei einfache Hilfssätze.

Die Definition von $J_m(z)$ mit Hilfe der Potenzreihe (54) von § 19 (S. 130) gilt auch für nicht ganzzahlige Indices p:

$$J_p(z) = \left(\frac{z}{2}\right)^p \sum_{n=0}^{\infty} \frac{(-1)^n}{n!\,(n+p)!} \left(\frac{z}{2}\right)^{2n}. \tag{44}$$

Diese Aussage erfordert nur eine Angabe darüber, was $(n+p)!$ bedeuten soll; für uns ist dabei am wichtigsten, daß

$$p! = p\,(p-1)! \tag{45}$$

auch für nicht ganzes p gilt. Diese Relation allein würde genügen, um die Beziehung (53) von §19 der Reihenkoeffizienten untereinander herzustellen und damit $J_p(z)$ stets zu einer Lösung der Differentialgleichung zu machen. Darüber hinaus können wir die Normierung von $J_p(z)$ zweckmäßig festlegen, wenn wir zur Definition von $p!$ das Eulersche Integral

$$p! = \int_0^\infty dt\, t^p\, e^{-t} \tag{46}$$

benutzen, das für ganzzahlige $p = m$ sofort zu der alten Definition

$$m! = 1 \cdot 2 \cdot 3 \ldots (m-1)\, m$$

zurückführt und allgemein der Rekursion (45) genügt, wovon man sich leicht durch partielle Integration überzeugt. Für $p = 0$ führt das Eulersche Integral auf $0! = 1$ (vgl. auch oben, S. 130). Für unsere Überlegungen interessieren die Argumente $p = \pm\frac{1}{2}$; es genügt, das Integral

$$\left(\frac{1}{2}\right)! = \int_0^\infty dt\, t^{\frac{1}{2}}\, e^{-t} = 2\int_0^\infty s\, ds \cdot s \cdot e^{-s^2} = 2\int_0^\infty ds\, s^2\, e^{-s^2} = \frac{\sqrt{\pi}}{2}$$

zu kennen (s. S. 181). Dann folgt aus (45) einerseits die aufsteigende Reihe

$$\left(\frac{3}{2}\right)! = \frac{3}{2}\cdot\left(\frac{1}{2}\right)! = \frac{3\sqrt{\pi}}{4}; \quad \left(\frac{5}{2}\right)! = \frac{5}{2}\cdot\left(\frac{3}{2}\right)! = \frac{15\sqrt{\pi}}{8} \quad \text{usw.},$$

andererseits die absteigende Reihe

$$\left(-\frac{1}{2}\right)! = \frac{(\frac{1}{2})!}{\frac{1}{2}} = \sqrt{\pi}; \quad \left(-\frac{3}{2}\right)! = \frac{(-\frac{1}{2})!}{-\frac{1}{2}} = -2\sqrt{\pi} \quad \text{usw.}$$

An der absteigenden Reihe sieht man auch, daß für ganzzahlige m $(-m)! \to \infty$ wird, während gebrochene negative Zahlen endliche Fakultätswerte besitzen. In der Funktionentheorie schreibt man übrigens meist

$$\Gamma(p+1) = p!$$

und nennt die stetige Funktion $\Gamma(p)$ die *Gammafunktion*.

In der gewählten Normierung der Bessel-Funktionen gelten nun die beiden Hilfssätze:

$$\frac{dJ_p}{dz} = \frac{1}{2}\left(J_{p-1} - J_{p+1}\right) \tag{47}$$

und

$$\frac{2p}{z} J_p = J_{p-1} + J_{p+1}. \tag{48}$$

Zum Beweis bilden wir zunächst aus Gl. (44)

$$J_{p-1} \pm J_{p+1} = \left(\frac{z}{2}\right)^{p-1} \sum_{n=0}^{\infty} \frac{(-1)^n}{n!} \left\{\frac{1}{(n+p-1)!}\left(\frac{z}{2}\right)^{2n} \pm \frac{1}{(n+p+1)!}\left(\frac{z}{2}\right)^{2n+2}\right\}$$

$$= \left(\frac{z}{2}\right)^{p-1} \sum_{n=0}^{\infty} \frac{(-1)^n}{n!} \left\{\frac{1}{(n+p-1)!} \mp \frac{n}{(n+p)!}\right\} \left(\frac{z}{2}\right)^{2n}.$$

Bei der letzten Umformung wurde in der zweiten Summe überall $n+1$ durch n ersetzt, also statt $n!$ im Nenner $(n-1)! = n!/n$ geschrieben. Die Summe in diesem Gliede beginnt jetzt eigentlich erst mit $n=1$, da aber der Faktor n für $n=0$ verschwindet, können wir dort ebenfalls von Null an summieren. Wir trennen nun die beiden Vorzeichen:

$$\left\{\frac{1}{(n+p-1)!} \mp \frac{n}{(n+p)!}\right\} = \frac{n+p\mp n}{(n+p)!} = \begin{cases} \dfrac{p}{(n+p)!} \\[2mm] \dfrac{2n+p}{(n+p)!} \end{cases}.$$

Daher wird für das obere Vorzeichen

$$J_{p-1} + J_{p+1} = \left(\frac{z}{2}\right)^{p-1} p \sum_{n=0}^{\infty} \frac{(-1)^n}{n!\,(n+p)!} \left(\frac{z}{2}\right)^{2n} = \frac{2p}{z} J_p(z),$$

entsprechend der Behauptung von Gl. (48). Für die andere Rekursionsformel bilden wir einerseits

$$\frac{1}{2}(J_{p-1} - J_{p+1}) = \frac{1}{2}\left(\frac{z}{2}\right)^{p-1} \sum_{n=0}^{\infty} \frac{(-1)^n}{n!\,(n+p)!} (2n+p) \left(\frac{z}{2}\right)^{2n},$$

andererseits

$$J_p' = \left(\frac{z}{2}\right)^{p-1} \cdot \frac{1}{2} \sum_{n=0}^{\infty} \frac{(-1)^n}{n!\,(n+p)!} (2n+p) \left(\frac{z}{2}\right)^{2n};$$

dabei ist

$$\frac{d}{dz}\left(\frac{z}{2}\right)^{2n+p} = (2n+p)\frac{z^{2n+p-1}}{2^{2n+p}} = \left(\frac{z}{2}\right)^{p-1} \cdot \frac{1}{2} \cdot (2n+p) \left(\frac{z}{2}\right)^{2n}$$

gerechnet worden. Es ist evident, daß die beiden Ausdrücke übereinstimmen, womit auch (47) bewiesen ist.

Wir können nunmehr die Ableitung der Bessel-Funktion aus der Randbedingung (43) eliminieren, aber zweckmäßig auch gleichzeitig mit Hilfe von (48) $\frac{1}{2z} J_{l+\frac{1}{2}}$ durch die beiden benachbarten Bessel-Funktionen ausdrücken, so daß aus (43) entsteht

$$J_{l-\frac{1}{2}} - J_{l+\frac{3}{2}} = \frac{1}{2l+1}\left(J_{l-\frac{1}{2}} + J_{l+\frac{3}{2}}\right)$$

oder

$$l\, J_{l-\frac{1}{2}}(z) = (l+1)\, J_{l+\frac{3}{2}}(z)\,. \tag{49}$$

Zur quantitativen Auswertung dieser Relation sehen wir nun noch die Bessel-Funktionen halbzahliger Indices etwas genauer an.

Die Funktionen $J_{\pm\frac{1}{2}}(z)$ genügen der Differentialgleichung

$$J''_{\pm\frac{1}{2}} + \frac{1}{z} J'_{\pm\frac{1}{2}} + \left(1 - \frac{1}{4z^2}\right) J_{\pm\frac{1}{2}} = 0.$$

Wir separieren den asymptotischen Amplitudenfaktor $z^{-\frac{1}{2}}$ ab, d.h. wir setzen

$$J_{\pm\frac{1}{2}}(z) = z^{-\frac{1}{2}} H_{\pm\frac{1}{2}}(z).$$

Dann ergibt sich für $H_{\pm\frac{1}{2}}$ die einfache Gleichung

$$H''_{\pm\frac{1}{2}} + H_{\pm\frac{1}{2}} = 0$$

mit den Lösungen $\sin z$ und $\cos z$. Da für $z \to 0$ $J_{\pm\frac{1}{2}}(z) \sim z^{\pm\frac{1}{2}}$ werden muß, folgt sofort

$$J_{\frac{1}{2}}(z) = A \frac{\sin z}{\sqrt{z}}, \qquad J_{-\frac{1}{2}}(z) = B \frac{\cos z}{\sqrt{z}},$$

und da die asymptotische Amplitude nach Gl. (66) von §19 $\sqrt{\frac{2}{\pi z}}$ sein soll, haben wir schließlich

$$J_{\frac{1}{2}}(z) = \sqrt{\frac{2}{\pi z}} \sin z; \qquad J_{-\frac{1}{2}}(z) = \sqrt{\frac{2}{\pi z}} \cos z. \tag{50}$$

Das gleiche hätten wir natürlich auch aus der Potenzreihe (44) für $p = \pm\frac{1}{2}$ entnehmen können. Mit Hilfe der Rekursionsformel (48) können wir daraus weitere Bessel-Funktionen von halbzahligem Index konstruieren, als nächsten Schritt nach oben etwa (mit $p = \frac{1}{2}$):

$$J_{\frac{3}{2}}(z) = \frac{2}{z} \cdot \frac{1}{2} J_{\frac{1}{2}}(z) - J_{-\frac{1}{2}}(z)$$

$$= \sqrt{\frac{2}{\pi z}} \left(\frac{\sin z}{z} - \cos z\right)$$

usw. Alle Bessel-Funktionen von halbzahligem Index lassen sich auf diese Weise durch elementare Funktionen ausdrücken.

Setzen wir die berechneten einfachsten halbzahligen Bessel-Funktionen in die Eigenwertbedingung (49) ein, so erhalten wir für $l = 0$ einfach

$$J_{\frac{3}{2}}(z) = 0, \qquad z = kR,$$

d.h. z muß eine Lösung der transzendenten Gleichung

$$\tan z_n = z_n \qquad (n = 1, 2, 3 \ldots)$$

sein. Die kleinste dieser Lösungen (außer der trivialen $z = 0$, die dem Ruhezustand entspricht) liegt kurz vór der Stelle $z = 3\pi/2$; asymptotisch wird

$$z_n \approx (2n + 1) \frac{\pi}{2}. \qquad (n = 1, 2, 3 \ldots).$$

Bei diesen Schwingungen hängt die Dichte in der Kugel nur von r, nicht von den Polarwinkeln ab. Da die Gesamtmasse des in der Kugel eingeschlossenen Gases sich während der Schwingung nicht ändern darf, muß eine Erhöhung der Dichte, d.h. $u(r) > 0$ in einem Teilgebiet durch eine entsprechende Erniedrigung, d.h. $u(r) < 0$ in anderen Teilgebieten so kompensiert werden, daß das Integral über das ganze Volumen der Kugel

$$\int u\, d\tau = 0 \tag{51}$$

wird. Da für $l = 0$

$$u_0 = \frac{C}{\sqrt{r}} J_{\frac{1}{2}}(k r) \cdot e^{i\omega t} \sim \frac{\sin k r}{r}$$

ist, muß also das Integral

$$\int_0^R d r\, r^2 \frac{\sin k r}{r} = 0$$

werden. Ausrechnung ergibt:

$$\int_0^R d r\, r^2 \frac{\sin k r}{r} = \frac{1}{k^2} \int_0^{kR} dx\, x \sin x = \frac{1}{k^2} (\sin k R - k R \cos k R),$$

und dieser Ausdruck verschwindet in der Tat, sofern $\tan kR = kR$ ist. Das war aber gerade die obige Eigenwertbedingung. Natürlich zeigt dies Ergebnis nebenbei, daß es in diesem Schwingungszustande mindestens eine Knotenfläche $r = r_1 < R$ innerhalb der Kugel gibt, auf welcher $u(r_1) = 0$ wird; in der Tat wird $J_{\frac{1}{2}}(k r_1) = 0$ für $k r_1 = \pi$, d.h. wegen $z_1 \approx \frac{3\pi}{2}$: $r_1 \approx \frac{2}{3} R$.

Für die Schwingungszustände mit $l > 0$ ist die Forderung (51) automatisch immer erfüllt, da dann

$$u_{l,m}(r, \vartheta, \varphi, t) = \frac{C}{\sqrt{r}} J_{l+\frac{1}{2}}(k r)\, P_l^m(\vartheta)\, e^{i m \varphi}\, e^{i\omega t} \tag{52}$$

stets einen Kugelfunktionsfaktor enthält, der bei Integration über die Polarwinkel Null ergibt. Dies folgt aus der Orthogonalität der Kugelfunktionen mit $P_0(\cos\vartheta) = 1$:

$$\int d\Omega\, P_0(\cos\vartheta) \cdot Y_{l,m}(\vartheta, \varphi) = 0 \quad \text{für} \quad l \neq 0.$$

Die Eigenwertbedingungen werden jetzt komplizierter als im Falle $l = 0$; sie sind aber stets von der Form

$$\tan z = \text{rationale Funktion von } z.$$

Im Falle $l = 1$ erhält man z.B. aus (49):

$$J_{\frac{1}{2}}(z) = 2 J_{\frac{3}{2}}(z)$$

oder

$$\sin z = 2\left\{-\frac{3}{z}\cos z + \left(\frac{3}{z^2} - 1\right)\sin z\right\},$$

mithin

$$\tan z = \frac{2z}{2 - z^2}.$$

Diese transzendente Gleichung hat wieder unendlich viele Lösungen z_n, deren tiefste $z_1 = 2{,}085$ ist. Sie liegt also tiefer als die tiefste Lösung für $l = 0$.

Die Eigenfrequenzen der Schwingungen des Gases in der Kugel ergeben sich allgemein zu

$$\nu = \frac{\omega}{2\pi} = \frac{k\,c}{2\pi} = z \cdot \frac{c}{2\pi R};$$

die Eigenfrequenz der tiefsten Schwingung des Hohlraumes mit $l = 1$ liegt also bei

$$\nu_1 = \frac{2{,}085}{2\pi}\,\frac{c}{R} = 0{,}333\,\frac{c}{R}.$$

Entsprechend, wenn auch mit wachsendem l immer komplizierter, erhält man auch die höheren Eigenfrequenzen.

II. Ausgleichsvorgänge

Bis hierher haben wir in diesen Vorlesungen nur über Schwingungen gesprochen, d. h. über zeitlich periodische Vorgänge. In allen Differentialgleichungen trat dabei die zweite Ableitung nach t auf. Die Vorgänge waren umkehrbar, da die Differentialgleichungen gegen die Transformation $t \to -t$ invariant waren. Man sieht, daß diese Invarianz eine notwendige Folge davon ist, daß t nur in $\partial^2 u/\partial t^2$ auftritt.

Bei den Vorgängen, mit denen wir uns nun befassen wollen, ist diese Umkehrbarkeit nicht mehr erfüllt. Herrschen in einer Salzlösung Konzentrationsunterschiede, so wird das Salz stets von den Gebieten höherer zu denen tieferer Konzentration wandern, nicht umgekehrt. Temperaturunterschiede werden stets Wärmeströmungen von heißeren zu kälteren Orten zur Folge haben, nicht umgekehrt. Die vorhandenen Unterschiede der Konzentration oder der Temperatur werden also zur späteren Zeit geringer sein als zu einer früheren Zeit. Solche Vorgänge bezeichnen wir sinngemäß als Ausgleichsvorgänge.

Mathematisch müssen solche nicht umkehrbare Prozesse notwendig ungerade Zeitableitungen enthalten. Wir werden in der Tat sehen, daß das Auftreten der ersten Ableitung $\partial u/\partial t$ in der Differentialgleichung charakteristisch ist.

Die einfachsten Ausgleichsvorgänge, die wir hier als Beispiel heranziehen werden, sind die Diffusion, d.h. der Ausgleich von Materie, und die Wärmeleitung, d.h. der Ausgleich von Wärme. Diesen beiden Gruppen von Erscheinungen wollen wir uns im folgenden zuwenden.

§ 21. Diffusion

Diffusion kann in Gasen und Flüssigkeiten auftreten. Ihre Beobachtung wird dort aber oft durch Konvektionsströme sehr erschwert. Deshalb hat trotz ihres viel langsameren Ablaufes die Diffusion in festen Körpern zunehmend an Interesse gewonnen. Ein sehr bekanntes Beispiel ist die äußerst starke Diffusion, durch welche Wasserstoff in Palladium verschwinden kann. Hier diffundieren die Atomionen, d.h. Protonen, welche infolge ihrer Kleinheit im Innern des Palladiums recht große freie Weglängen besitzen. Besonderes Interesse hat die Selbstdiffusion gefunden: Sind die Gitterbausteine in einem festen Körper fest eingebaut, oder besteht eine Chance ein markiertes Atom nach einiger Zeit an anderer Stelle des Gitters anzutreffen? Die experimentelle Schwierigkeit lag ursprünglich im Markieren. Zunächst war man auf den sehr unvollkommenen Notbehelf eines ähnlichen Atoms eines anderen chemischen Elements angewiesen. Erst die Entwicklung der Isotopenphysik ermöglichte die Markierung durch Verwendung verschiedener Isotope des gleichen Elements; bei Benutzung radioaktiver Isotope erreicht man besonders empfindliche Meßverfahren, muß aber darauf achten, daß der radioaktive Zerfall nicht schneller eintritt als der Ablauf des Diffusionsprozesses. — Ein weiteres Beispiel für Diffusionsprozesse ist das Herausdiffundieren radioaktiver Gase aus festen Präparaten. In den Frühzeiten der radioaktiven Forschung hat dies „Emanieren" viel Kummer bereitet, weil die radioaktiven Folgeprodukte der entweichenden Emanation an allen Wänden und Gegenständen der Laboratoriumsräume hafteten (radioaktive Verseuchung). Später erkannte man, daß Messungen über die Diffusion aus festen Präparaten Aufschluß über deren Struktureigenschaften geben konnten; auf diese Weise entstand geradezu eine „Emaniermethode" als Untersuchungsverfahren. — Als letztes Beispiel für Diffusionsvorgänge sei die Diffusion langsamer Neutronen durch Materieschichten, besonders solche, die reich an Wasserstoff sind, genannt. Diese Diffusionsprozesse beherrschen einen großen Teil der Reaktorphysik.

a) Ableitung der Diffusionsgleichung. Die quantitative Behandlung von Diffusionsprozessen kann von verschiedenen Ausgangspunkten her erfolgen, und wir wollen zur besseren Deutlichkeit zwei verschiedene Wege beschreiten.

Betrachten wir etwa die Ionen einer Salzlösung, so lassen sich diese bei nicht zu hoher Konzentration nach einem Satz von ARRHENIUS wie ein ideales Gas behandeln. Jedes einzelne Ion vollführt also eine Brownsche Bewegung um seinen mittleren Ort; die quadratische Abweichung hiervon wächst linear mit der Zeit an (EINSTEIN):

$$\frac{d}{dt}\overline{r^2} = 2D. \tag{1}$$

Die Konstante haben wir willkürlich $2D$ genannt. Je größer D ist, um so leichter treten Ortsänderungen auf; daher ist D ein Maß für den schnelleren oder langsameren Ablauf des Diffusionsvorganges. D heißt daher die Diffusionskonstante; nach Gl. (1) hat es die Dimension [cm²/sec].

Um aus (1) die Differentialgleichung der Diffusion abzuleiten, wollen wir uns auf eine einzige Koordinate x beschränken. Es sei $x_n(t)$ die Koordinate des n-ten Teilchens zur Zeit t; dann kann man Gl. (1) auch umschreiben in

$$\frac{d}{dt}\overline{[x_n(t) - x_n(0)]^2} = 2D. \tag{2}$$

Hierin ist der Mittelwert definiert durch

$$\overline{[x_n(t) - x_n(0)]^2} = \frac{1}{N}\sum_{n=1}^{N}[x_n(t) - x_n(0)]^2, \tag{3}$$

worin die Summe über alle Teilchen läuft, deren Gesamtzahl gleich N ist. Wir zerlegen diese Summe zur Berechnung in

$$\sum_{n=1}^{N}\{x_n^2(t) + x_n^2(0) - 2x_n(t)\,x_n(0)\}.$$

Dann führen wir im ersten Gliede die Summe in zwei Schritten aus: Zuerst summieren wir über alle Teilchen, die sich zur Zeit t zwischen x und $x + dx$ befinden. Für sie ist $x_n^2(t) = x^2$ stets das gleiche. Ihre Anzahl sei $\varrho(x, t)\,dx$; dann bedeutet $\varrho(x, t)$ die Teilchendichte zur Zeit t an der Stelle x. Als zweiten Schritt bei der Summation zählen wir dann alle Intervalle dx von $x = -\infty$ bis $x = +\infty$ in Form eines Integrals zusammen:

$$\sum_{n=1}^{N} x_n^2(t) = \int_{-\infty}^{+\infty} dx\,\varrho(x, t)\,x^2.$$

Genauso summieren wir im zweiten Gliede zunächst über alle zur Zeit $t = 0$ zwischen x und $x + dx$ befindlichen Teilchen, und erst dann wieder über alle Schichten dx:

$$\sum_{n=1}^{N} x_n^2(0) = \int_{-\infty}^{+\infty} dx\,\varrho(x, 0)\,x^2.$$

Das dritte Glied ist etwas komplizierter. Wir setzen darin zunächst

$$x_n(t) = x_n(0) + \xi_n(t);$$

dann wird

$$\sum_{n=1}^{N} x_n(t)\, x_n(0) = \sum_{n=1}^{N} x_n^2(0) + \sum_{n=1}^{N} x_n(0)\, \xi_n(t).$$

Die zweite Summe hierin verschwindet, da man zu jedem Teilchen, das sich aus seiner ursprünglichen Lage bei $x_n(0)$ zur Zeit t um ξ_n nach rechts bewegt hat, ein solches finden kann, das sich um den gleichen Betrag von dort nach links bewegt hat. Die erste Summe haben wir bereits auf ein Integral umgeschrieben. Daher entsteht nun aus Gl. (2):

$$\frac{d}{dt}\left\{\frac{1}{N}\int_{-\infty}^{+\infty} dx\, x^2 \left(\varrho(x,t) - \varrho(x,0)\right)\right\} = 2D. \tag{4}$$

Hierin ist die Gesamtzahl aller Teilchen

$$N = \int_{-\infty}^{+\infty} dx\, \varrho(x,t) = \int_{-\infty}^{+\infty} dx\, \varrho(x,0) \tag{5}$$

eine zeitunabhängige Konstante, so daß sich bei Ausführung der Differentiation nach t ergibt:

$$\int_{-\infty}^{+\infty} dx\, x^2 \frac{\partial \varrho(x,t)}{\partial t} = 2DN, \tag{6}$$

oder bei Verwendung von (5):

$$\int_{-\infty}^{+\infty} dx \left\{x^2 \frac{\partial \varrho}{\partial t} - 2D\varrho\right\} = 0. \tag{7}$$

Hierin formen wir den zweiten Term mit Hilfe der Identität

$$2\int_{-\infty}^{+\infty} dx\, \varrho = \int_{-\infty}^{+\infty} dx\, x^2 \frac{\partial^2 \varrho}{\partial x^2} \tag{8}$$

um. Diese Identität folgt leicht durch zweimalige partielle Integration der rechten Seite:

$$\int_{-\infty}^{+\infty} dx\, x^2 \frac{\partial^2 \varrho}{\partial x^2} = \left[x^2 \frac{\partial \varrho}{\partial x} - 2x\varrho\right]_{-\infty}^{+\infty} + 2\int_{-\infty}^{+\infty} dx\, \varrho;$$

die ausintegrierten Glieder verschwinden an beiden Grenzen, da die Existenz des Integrals (5) für die Teilchenzahl voraussetzt, daß für $|x| \to \infty$ mindestens $\varrho \sim |x|^{-1-\varepsilon}$ mit beliebig kleinem $\varepsilon > 0$. Dann wird nämlich $|x\varrho| \sim |x|^{-\varepsilon}$ und $x^2 \left|\frac{\partial \varrho}{\partial x}\right| \sim |x|^{-\varepsilon} \to 0$. Also ist Gl. (8) bewiesen und kann in (7) eingeführt werden:

$$\int_{-\infty}^{+\infty} dx\, x^2 \left\{\frac{\partial \varrho}{\partial t} - D\frac{\partial^2 \varrho}{\partial x^2}\right\} = 0. \tag{9}$$

Als letzter Schritt unserer Ableitung folgt nun der Schluß vom Verschwinden des Integrals (9) auf das Verschwinden des Integranden:

$$\frac{\partial \varrho}{\partial t} = D\frac{\partial^2 \varrho}{\partial x^2}. \tag{10}$$

Dieser Schluß ist natürlich keineswegs eindeutig; mehr noch: Hätten wir am Integral (7) so geschlossen, so wären wir zu einem falschen Resultat gelangt. Eindeutig ist in Strenge nur der umgekehrte Schluß von der Differentialgleichung (10) auf das Verschwinden des Integrals (9); die Differentialgleichung erscheint als die weitergehende Aussage als das zu (9) führende Einsteinsche Gesetz.

Allerdings kann man einsehen, daß der Schluß von Gl. (7) aus einem anderen Prinzip widerspricht. Die Differentialgleichung (10) ist invariant gegen eine Verschiebung des Koordinatennullpunktes, also gegen eine Transformation $x \to x + a$. Bei dem Integranden von Gl. (7) ist das nicht der Fall; hier würde die nur zufällig durch die Koordinatenwahl festgelegte Stelle $x = 0$ auch physikalisch ausgezeichnet sein.

Schließlich kann man noch, von (9) ausgehend, die Gültigkeit der Differentialgleichung (10) sehr plausibel machen: Der Diffusionsprozeß ist ein Ausgleichsvorgang, d. h. daß konkave Stellen ($\partial^2 \varrho/\partial x^2 > 0$) der Dichteverteilung aufgefüllt werden ($\partial \varrho/\partial t > 0$) und umgekehrt. Die beiden Terme im Integranden haben also im Gegensatz zu denjenigen von Gl. (7) durchweg das gleiche Vorzeichen, so daß ihre von (10) postulierte Gleichheit verständlich wird.

Wir geben wegen der Unvollkommenheit der vorstehenden stochastischen Ableitung noch eine zweite, halbempirische, aufbauend auf dem Fickschen Gesetz, das wir zunächst ebenfalls eindimensional formulieren: Wo ein Konzentrationsgefälle $\partial \varrho/\partial x$ besteht, bildet sich ein ihm entgegengerichteter Diffusionsstrom

$$s = -D\frac{\partial \varrho}{\partial x}. \tag{11}$$

Betrachten wir einen Abschnitt dx zwischen x und $x + dx$, so strömt an der Stelle x von links her in ihn ein:

$$s(x) = -D\frac{\partial \varrho(x)}{\partial x};$$

am anderen Ende strömt

$$s(x + dx) = -D\frac{\partial \varrho(x + dx)}{\partial x} = -D\left(\frac{\partial \varrho(x)}{\partial x} + dx\frac{\partial^2 \varrho(x)}{\partial x^2}\right)$$

wieder aus. Die Differenz

$$s(x) - s(x + dx) = D\,dx\,\frac{\partial^2 \varrho}{\partial x^2}$$

ist das, was in der Zeiteinheit mehr ein- als ausgetreten ist, muß also gleich der Zunahme der Teilchenzahl im Abschnitt dx sein:

$$D\,dx\,\frac{\partial^2 \varrho}{\partial x^2} = \frac{\partial}{\partial t}(\varrho\,dx),$$

woraus wieder die Differentialgleichung (10) hervorgeht.

Um die vorstehende eindimensionale Ableitung dreidimensional zu erweitern, müssen wir einige Begriffe aus der Vektoranalysis verwenden, die wir im folgenden in aller Kürze herleiten wollen. Der Diffusionsstrom $\mathfrak{s}$ ist offenbar ein jedem Punkt x, y, z zuzuordnender Vektor, der in Richtung des stärksten Konzentrationsgefälles weist und diesem proportional ist. Denken wir uns Flächen

$$\varrho(x, y, z) = \text{const} \tag{12}$$

gezeichnet, so muß dieser Vektor jedenfalls überall auf diesen Flächen senkrecht stehen. Durch Differenzieren von (12) folgt nun

$$\frac{\partial \varrho}{\partial x}\,dx + \frac{\partial \varrho}{\partial y}\,dy + \frac{\partial \varrho}{\partial z}\,dz = 0, \tag{13}$$

d.h. schreiten wir von einem Punkt mit dem Ortsvektor $\mathfrak{r} = (x, y, z)$, der in der Fläche (12) liegt, um einen differentiellen Vektor $d\mathfrak{r} = (dx, dy, dz)$, zu einem Punkt $\mathfrak{r} + d\mathfrak{r}$, der ebenfalls in der Fläche (12) liegt, fort, so kann Gl. (13) als skalares Produkt von $d\mathfrak{r}$ mit einem Vektor[1] „Gradient":

$$\operatorname{grad} \varrho = \left(\frac{\partial \varrho}{\partial x}, \frac{\partial \varrho}{\partial y}, \frac{\partial \varrho}{\partial z}\right) \tag{14}$$

aufgefaßt werden:

$$\operatorname{grad} \varrho \cdot d\mathfrak{r} = 0. \tag{15}$$

Wenn aber das skalare Produkt verschwindet, so stehen die beiden Faktoren des Produktes aufeinander senkrecht, d.h. grad ϱ steht senkrecht auf jedem $d\mathfrak{r}$ in der Fläche $\varrho = \text{const}$, weist also in die Richtung des maximalen Gefälles.

Vergleichen wir nun mehrere Flächen $\varrho = \varrho_1$, $\varrho = \varrho_2$, usw. miteinander, so ergibt sich statt Gl. (13) oder (15):

$$\operatorname{grad} \varrho \cdot d\mathfrak{r} = d\varrho, \tag{16}$$

[1] Der Gradient wurde bereits in § 10 (S. 61) eingeführt. Die Betrachtung dringt an dieser Stelle wesentlich tiefer ein, auch ist der Gesichtspunkt so verschieden, daß einige geringfügige Wiederholungen zweckmäßig schienen.

wenn nämlich $d\mathfrak{r}$ von einer dieser Flächen (ϱ_1) zu einer Nachbarfläche $(\varrho_2 = \varrho_1 + d\varrho)$ weist. Wählen wir den Vektor $d\mathfrak{r}$ in Richtung von grad ϱ, so können wir auch schreiben

$$|\operatorname{grad} \varrho| \cdot |d\mathfrak{r}| = d\varrho$$

oder

$$|\operatorname{grad} \varrho| = \frac{d\varrho}{|d\mathfrak{r}|},$$

d.h. der Betrag von grad ϱ ist ein Maß für das Gefälle von Fläche zu Fläche.

Wir notieren noch das symbolische Integral von Gl. (16) zwischen zwei Punkten 1 und 2 auf den Flächen $\varrho = \varrho_1$ und $\varrho = \varrho_2$:

$$\varrho_2 - \varrho_1 = \int_{(1)}^{(2)} (\operatorname{grad} \varrho \cdot d\mathfrak{r});$$

da der Wert dieses Integrals die feste Zahl $\varrho_2 - \varrho_1$ ergibt, ist er offenbar unabhängig vom Integrationsweg zwischen den beiden Punkten ebenso wie von deren Lage innerhalb der beiden Flächen.

Das Ficksche Gesetz, Gl. (11), können wir nunmehr in dreidimensionaler Erweiterung schreiben

$$\mathfrak{s} = -D \operatorname{grad} \varrho; \tag{17}$$

der Vektor gibt die Stromdichte an, d.h. wenn ϱ die Anzahl von Teilchen/cm³ bedeutet, die durch einen cm² in der sec senkrecht hindurchtretende Teilchenzahl, und wenn ϱ die Dichte [g/cm³] bedeutet, die durch denselben cm² pro sec hindurchströmende Masse [g/cm², sec].

Die Strömung [g/sec] durch ein gegebenes Flächenstück df [cm²] erhält man durch Zerlegung des Vektors $\mathfrak{s}$ am Ort von df in eine Normalkomponente s_n und eine Tangentialkomponente s_t zu df. Nur die Normalkomponente trägt dann zum Transport durch df hindurch bei, welcher $s_n\, df$ [g/sec] ergibt. Begrenzen wir ein Volumen V durch eine geschlossene Fläche, so ergibt die Summe aller dieser Beträge $s_n\, df$ mit s_n in Richtung der äußeren Normalen, also ist der Ausdruck

$$\oint s_n\, df$$

die in der Zeiteinheit aus V mehr hinaus- als hereintretende Masse (oder Teilchenzahl). Diese muß offenbar gleich der während derselben Zeit erfolgenden Abnahme der in V enthaltenen Masse sein; d.h.

$$\oint s_n\, df = -\frac{d}{dt}\int_V \varrho\, d\tau. \tag{18}$$

Diese Beziehung enthält offenbar nur eine einzige physikalische Aussage, den Erhaltungssatz der Masse oder der Teilchen, welche beim

Diffusionsvorgang lediglich ihren Ort ändern, aber weder erzeugt noch vernichtet werden.

Wählen wir als Integrationsvolumen in Gl. (18) einen Quader[1], so können wir auf Gl. (8) von S. 140 zurückgreifen und schreiben

$$\oint s_n\, df = \int d\tau \left(\frac{\partial s_x}{\partial x} + \frac{\partial s_y}{\partial y} + \frac{\partial s_z}{\partial z}\right). \tag{19}$$

Ferner können wir für ein festes Integrationsgebiet $\frac{d}{dt}\int \varrho\, d\tau = \int \frac{\partial \varrho}{\partial t}\, d\tau$ schreiben. Damit geht Gl. (18) über in

$$\int d\tau \left(\frac{\partial s_x}{\partial x} + \frac{\partial s_y}{\partial y} + \frac{\partial s_z}{\partial z} + \frac{\partial \varrho}{\partial t}\right) = 0.$$

Da dies Ergebnis unabhängig von Größe und Lage des Quaders gelten muß, so muß der Integrand selbst überall verschwinden, so daß sich die Differentialgleichung

$$\frac{\partial s_x}{\partial x} + \frac{\partial s_y}{\partial y} + \frac{\partial s_z}{\partial z} + \frac{\partial \varrho}{\partial t} = 0 \tag{20}$$

ergibt. Sie heißt die *Kontinuitätsgleichung* und gehört zu den wichtigsten Differentialgleichungen der gesamten Physik[2], da sie für jede kontinuierlich im Raume verteilte Größe gelten muß, für die ein Erhaltungssatz besteht (Masse, Teilchenzahl, Energie, Ladung usw.).

Führen wir nun speziell für den Diffusionsprozeß das Ficksche Gesetz (17) ein, das in Komponentenzerlegung

$$s_x = -D\frac{\partial \varrho}{\partial x}, \qquad s_y = -D\frac{\partial \varrho}{\partial y}, \qquad s_z = -D\frac{\partial \varrho}{\partial z}$$

lautet, so geht (20) über in

$$\frac{\partial}{\partial x}\left(D\frac{\partial \varrho}{\partial x}\right) + \frac{\partial}{\partial y}\left(D\frac{\partial \varrho}{\partial y}\right) + \frac{\partial}{\partial z}\left(D\frac{\partial \varrho}{\partial z}\right) = \frac{\partial \varrho}{\partial t}$$

oder, wenn D nicht von Ort zu Ort verschieden ist,

$$D\Delta\varrho = \frac{\partial \varrho}{\partial t}. \tag{21}$$

Dies ist die dreidimensionale Diffusionsgleichung; da wir bereits wissen, daß der Laplace-Operator unabhängig von der Koordinatenwahl ist, ist sie in dieser Form auch zur Behandlung in beliebigen Koordinaten geeignet.

---

[1] Diese Einschränkung ist an sich überflüssig, da der hier benutzte Gaußsche Satz für jedes beliebig geformte endliche Volumen richtig bleibt. Da wir ihn aber nur für den Quader oder aus Quadern zusammengesetzte Gebiete bewiesen haben (S. 140), machen wir hier nur in dieser speziellen Form von ihm Gebrauch.

[2] Die Kontinuitätsgleichung begegnete uns bereits in §20a.

Zum besseren Verständnis ist es nützlich, noch an ein paar Begriffe aus der Vektorrechnung kurz zu erinnern. Den in Gl. (19) und (20) auftretenden Ausdruck bezeichnen wir als die Divergenz[1] des Vektors $\mathfrak{s}$:

$$\operatorname{div} \mathfrak{s} = \frac{\partial s_x}{\partial x} + \frac{\partial s_y}{\partial y} + \frac{\partial s_z}{\partial z}. \tag{22}$$

Die Größe ist ein Skalar, d.h. sie hat einen von der Koordinatenwahl unabhängigen Zahlenwert an jeder Raumstelle. So wie die Gradientenbildung zur Konstruktion eines Vektorfeldes aus einem Skalarfeld durch Differentiation dient, kann man durch Divergenzbildung umgekehrt aus einem Vektorfeld ein Skalarfeld machen. Beide Operationen können daher nacheinander angewandt werden; grad div $\mathfrak{s}$ ist ein Vektor, und

$$\operatorname{div} \operatorname{grad} \varrho = \Delta \varrho \tag{23}$$

ein Skalar.

b) Erweiterungen der Diffusionsgleichung. In der vorstehend gegebenen Herleitung der Differentialgleichung (21) sind im wesentlichen zwei physikalische Voraussetzungen enthalten: Das Ficksche Gesetz und der Erhaltungssatz der Materie (Kontinuitätsgleichung). Beide Gesetze brauchen nicht immer zu gelten; so kann z.B. bei hohen Konzentrationen D von ϱ abhängig werden; es kann auch, wie bei der Diffusion der Neutronen, überhaupt eine kompliziertere Gesetzmäßigkeit gelten, die sich nicht mehr mit Hilfe des Fickschen Gesetzes darstellen läßt[2]. Andererseits kann aber auch der Erhaltungssatz verletzt sein. So diffundieren Neutronen nicht nur von Ort zu Ort, sondern können auch von den Atomkernen der Bremssubstanz eingefangen werden, wodurch sie aus der Bilanz verschwinden, und werden andererseits von der Neutronenquelle dauernd erzeugt. Auch die früher erwähnte Diffusion radioaktiver Substanzen unterliegt der Konkurrenz von Diffusion und Zerfall, zu denen unter Umständen noch Nachlieferung hinzutritt. Wir wollen die hierbei auftretenden typischen Zusatzglieder zur Diffusionsgleichung (21) an einem Beispiel behandeln.

Aus einer Ba-Ra-Mischlösung werde das Karbonat ausgefällt. Das entstandene $BaCO_3$-Pulver ist dann gleichmäßig mit Radium durchsetzt. Dies eingebaute Radium zerfällt nun nach dem Schema

$$\underset{(N)}{\mathrm{Ra}} \xrightarrow{\Lambda} \underset{(n)}{\mathrm{Rn}} \xrightarrow{\lambda} \mathrm{RaA} \ldots, \tag{24}$$

[1] Auch die Divergenz begegnete uns bereits in §20a.

[2] Der Bremsprozeß der Neutronen führt zu einer „Alterung", d.h. die Diffusionskonstante hängt davon ab, wie lange sich das Neutron schon in der Bremssubstanz befindet.

d.h. N Ra-Atome je Volumeinheit zerfallen mit der Zerfallswahrscheinlichkeit Λ [$\sec^{-1}$] zu Radon. Von diesem Edelgas existiere auf diese Weise eine Konzentration von n Atomen in der Volumeinheit, die ihrerseits mit der Zerfallswahrscheinlichkeit λ weiterzerfallen. Nun ist das Radon als Edelgas im Gitter des $BaCO_3$ viel leichter beweglich als die fest ins Gitter eingebauten Ra^{++}-Ionen. Daher ist die Diffusion des Radons im Gitter ziemlich leicht beobachtbar, und wir wollen sie hier näher betrachten.

Die Radon-Konzentration n hängt von Ort und Zeit ab. An einer vorgegebenen Stelle innerhalb des Gitters setzt sich ihre zeitliche Änderung aus drei Teilen zusammen:

1. der Änderung infolge des Diffusionsstromes, $D\Delta n$,
2. der Abnahme durch Zerfall, $-\lambda n$,
3. der Zunahme durch Nachbildung, $+\Lambda N$.

Daher muß die Radon-Konzentration n der *Differentialgleichung*

$$\frac{\partial n}{\partial t} = D\Delta n - \lambda n + \Lambda N \tag{25}$$

genügen.

Wir wollen diese Differentialgleichung unter einer vereinfachenden Annahme lösen: Das $BaCO_3$-Pulver möge aus kugelförmigen Körnern vom Radius R bestehen. Ist ein Radon-Atom einmal durch Diffusion an die Oberfläche eines Korns gelangt, so kann es nahezu ungehindert aus dem Präparat entweichen. Wir beschränken uns daher im folgenden auf die Untersuchung eines einzelnen Kornes. Dann ist n eine Funktion nur von r und t und genügt den *Randbedingungen*

$$n(r, t) = \left\{\begin{matrix} \text{regulär} & \text{bei} & r = 0 \\ 0 & \text{bei} & r = R \end{matrix}\right\} \text{ für alle } t, \tag{26}$$

wovon die zweite Randbedingung unter der Voraussetzung zutrifft, daß das Gas ständig abgepumpt wird, um es einem Zählgerät zuzuleiten, in dem laufend verfolgt wird, welche Radonmenge die Körner durch Diffusion verläßt. Ferner genügt $n(r, t)$ der *Anfangsbedingung*

$$n(r, 0) = 0, \tag{27}$$

denn im Augenblick der Entstehung des Präparats ($t = 0$) ist nur Radium vorhanden, dessen Folgeprodukt Radon erst nach und nach entsteht.

Schließlich können wir an der Differentialgleichung (25) noch eine Vereinfachung vornehmen: Das eingebaute Radium ist sehr langlebig (Halbwertszeit 1590 Jahre), so daß sich N während der Versuchsdauer nicht merklich verringert. Wegen der gleichmäßigen Verteilung des Radiums im Korn kann daher N als eine von Ort und Zeit unabhängige Konstante eingeführt werden.

Wir sind nun in der Lage, die Differentialgleichung (25) in Verbindung mit den Randbedingungen (26) und der Anfangsbedingung (27) zu lösen. Dabei beschränken wir uns auf die Untersuchung des stationären Zustandes

$$\frac{\partial n}{\partial t} = 0, \tag{28}$$

der sich asymptotisch als Gleichgewicht aus Nachbildung (Λ) und Verlust durch Diffusion (D) und Zerfall (λ) einstellt. In diesem Spezialfall tritt (28) anstelle der Anfangsbedingung (27), und n hängt nur noch von einer Variablen r ab. Es befolgt die inhomogene Differentialgleichung

$$D\left(\frac{d^2n}{dr^2} + \frac{2}{r}\frac{dn}{dr}\right) - \lambda n + \Lambda N = 0. \tag{29}$$

Bekanntlich läßt sich die vollständige Lösung einer inhomogenen Gleichung durch Superposition einer speziellen Lösung mit der vollständigen Lösung der homogenen Gleichung aufbauen. Eine spezielle Lösung der inhomogenen Gleichung ist die Konstante

$$n = \frac{\Lambda}{\lambda} N;$$

es muß also

$$n(r) = \frac{\Lambda}{\lambda} N + u(r) \tag{30}$$

sein, wobei $u(r)$ die vollständige Lösung der homogenen Gleichung

$$D\left(\frac{d^2u}{dr^2} + \frac{2}{r}\frac{du}{dr}\right) - \lambda u = 0 \tag{31}$$

ist. Mit der Abkürzung

$$k = \sqrt{\frac{\lambda}{D}} \tag{32}$$

und dem Ansatz

$$u(r) = \frac{1}{r}\chi(r), \tag{33}$$

d.h.

$$u'' + \frac{2}{r}u' = \frac{1}{r}\chi'',$$

geht (31) über in

$$\chi'' - k^2\chi = 0$$

mit der vollständigen Lösung

$$\chi = C_1 e^{kr} + C_2 e^{-kr}. \tag{34}$$

Wegen des Faktors $1/r$ in (33) ist diese Lösung im allgemeinen singulär bei $r=0$, in Widerspruch zur ersten Randbedingung (26), außer für $C_2 = -C_1$, wo sich

$$u = \frac{1}{r} C_1 (e^{kr} - e^{-kr}) = \frac{2C_1}{r} \mathfrak{Sin}\, k r$$

ergibt. Mit $2C_1 = C$ schreiben wir also die Lösung

$$n(r) = \frac{\Lambda}{\lambda} N + \frac{C}{r} \operatorname{Sin} kr.$$

Die zweite Randbedingung, $n(R) = 0$, gestattet die Bestimmung von C:

$$C = -\frac{\Lambda}{\lambda} N \frac{R}{\operatorname{Sin} kR};$$

somit entsteht schließlich die stationäre Lösung

$$n(r) = \frac{\Lambda}{\lambda} N \left(1 - \frac{R}{r} \frac{\operatorname{Sin} kr}{\operatorname{Sin} kR}\right). \tag{35}$$

Damit ist das mathematische Problem gelöst.

Wir fügen noch einige Bemerkungen an, welche den Zusammenhang mit der experimentellen Ausführung herstellen. Es wird ja nicht die Verteilung der Radon-Atome innerhalb eines Kornes, also $n(r)$, beobachtet, sondern der aus den Körnern insgesamt entweichende Diffusionsstrom. Nach dem Fickschen Gesetz tritt insgesamt aus der Oberfläche eines Korns die Anzahl

$$Q = -4\pi R^2 \cdot D \left(\frac{dn}{dr}\right)_{r=R} \tag{36}$$

von Radon-Atomen in der Zeiteinheit aus. Aus der Lösung (35) folgt

$$\frac{dn}{dr} = -\frac{\Lambda}{\lambda} N \frac{R}{\operatorname{Sin} kR} \left(\frac{k \operatorname{Cof} kr}{r} - \frac{\operatorname{Sin} kr}{r^2}\right),$$

also

$$\left(\frac{dn}{dr}\right)_{r=R} = -\frac{\Lambda}{\lambda} N \left(k \operatorname{Cot} kR - \frac{1}{R}\right).$$

Daher wird

$$Q = 4\pi R^2 D \frac{\Lambda}{\lambda} N k \left(\operatorname{Cot} kR - \frac{1}{kR}\right).$$

Mit Hilfe der Definition (32) können wir

$$\frac{Dk}{\lambda} = \frac{1}{k}$$

setzen, d.h. es wird

$$Q = 4\pi R^2 \Lambda N \frac{1}{k} \left(\operatorname{Cot} kR - \frac{1}{kR}\right). \tag{37}$$

Diese Größe, welche proportional der zufällig in das Präparat eingebauten Radium-Menge ist, ist noch nicht sehr charakteristisch für die Konkurrenz von Diffusions- und Zerfallsprozeß, über die wir aus einem derartigen Versuch Aufschluß suchen. Nun ist es leichter, die Anfangsaktivität, d.h. die in der Zeiteinheit zerfallende Menge eingebauter Ra-Atome

$$A = \Lambda \cdot \frac{4\pi}{3} R^3 \cdot N \tag{38}$$

zu messen als die vorhandene Menge. Dividieren wir (37) zur Normierung durch (38), so erhalten wir das sog. Emaniervermögen des Präparats:

$$\varepsilon = \frac{Q}{A} = \frac{3}{kR}\left(\mathfrak{Cot}\, kR - \frac{1}{kR}\right). \qquad (39)$$

Diese dimensionslose Größe ($0 < \varepsilon < 1$) ist also meßbar. Sie hängt lediglich von einem Parameter kR ab, der eindeutig aus ihr entnommen werden kann. Damit kennt man auch $(kR)^2$, d.h. $\lambda R^2/D$. Da das Emaniervermögen den Radon-Bruchteil angibt, der durch Diffusion in der Zeit $1/\lambda$ (Zerfallszeit) entweicht, ist dies anschaulich klar: Wegen $\overline{r^2} \sim Dt$ ist die Entweichzeit $T_D \sim R^2/D$, also ist

$$\frac{\lambda R^2}{D} = \frac{T_D}{T_Z},$$

wenn $T_Z \sim 1/\lambda$ die Zerfallszeit bedeutet.

§ 22. Wärmeleitung

a) Herleitung der Differentialgleichung. Die Theorie der Wärmeleitung baut auf dem Begriff der Wärmemenge in der gleichen Weise auf wie die Theorie der Diffusion auf der Substanzmenge, nur wird die Wärmemenge dabei nicht direkt gemessen, sondern erst auf dem Umweg über die Temperatur erschlossen.

Die Frage, die in früheren Epochen der Physik eine Rolle spielte, ob nämlich Wärme eine Substanz sei oder lediglich eine Eigenschaft, ist für die hier vorliegende Fragestellung gegenstandslos; wichtig ist allein, daß es einen der Erhaltung der Materie genau analogen *Erhaltungssatz der Wärmemenge* gibt. Deshalb ist es auch möglich, das Problem der Wärmeleitung zwanglos aus der Thermodynamik herauszulösen und schon hier zu behandeln. Natürlich wissen wir heute aus der Thermodynamik, daß Wärme keine Substanz sondern eine besondere Energieform ist, und daß der Erhaltungssatz der Wärmemenge unter den Energiesatz als Spezialfall zu subsumieren ist, solange wir uns nur mit physikalischen Vorgängen befassen, bei denen keine Umwandlung von Wärmeenergie in andere Energieformen wie mechanische Arbeit oder umgekehrt stattfindet. Diese Voraussetzung grenzt die Probleme der Wärmeleitung gegen diejenigen der eigentlichen Thermodynamik ab.

Wir führen nun die Begriffe der *Wärmedichte* w [cal/cm^3] und der *Wärmestromdichte* $\mathfrak{s}$ [cal/cm^2, sec] ein; dann lautet der Erhaltungssatz der Wärme

$$\frac{\partial w}{\partial t} = -\operatorname{div} \mathfrak{s}, \qquad (1)$$

ist also eine Kontinuitätsgleichung. Keine der beiden durch Gl. (1) miteinander verknüpften Größen w und $\mathfrak{s}$ beobachtet man direkt;

beide werden vielmehr mit Hilfe der Temperatur T gemessen, mit der sie verknüpft sind. Zunächst gilt, daß eine Erhöhung von w um δw sich in einer Temperaturerhöhung um δT auswirkt:

$$\delta w = C \cdot \delta T; \tag{2}$$

der beide Änderungen verbindende Faktor C heißt die spezifische Wärme pro Volumeinheit [cal/cm³, Grad]. Gewöhnlich gibt man statt dessen die spezifische Wärme pro Masseneinheit $c = C/\varrho$ [cal/g, Grad] an, die eine charakteristischere Materialkonstante ist. Sie kann bestimmt werden durch Messung der Temperaturerhöhung bei Zufuhr einer aus der Jouleschen Wärme bekannten Wärmemenge. Wir setzen c und ϱ im folgenden als bekannte Materialkonstanten voraus unter Vernachlässigung ihrer geringfügigen Temperaturabhängigkeit[1].

Ein Wärmestrom fließt, solange an verschiedenen Orten verschiedene Temperatur herrscht. Die Erfahrung lehrt, daß der Wärmestrom dem Temperaturgefälle proportional ist:

$$\mathfrak{s} = -\varkappa \operatorname{grad} T; \tag{3}$$

dabei heißt die Materialkonstante $\varkappa$ die *Wärmeleitfähigkeit.* Ihre Dimension ist $\frac{\text{cal}}{\text{cm sec Grad}}$. Sie kann streng genommen auch ein wenig von der Temperatur abhängen, was wir wieder vernachlässigen wollen. Trägt man die Beziehungen (1), (2) und (3) zusammen, so wird

$$c\,\varrho \frac{\partial T}{\partial t} = \operatorname{div}(\varkappa \operatorname{grad} T). \tag{4}$$

Da hier nur Ableitungen von T auftreten, können wir die absolute Temperatur T auch durch jede dagegen verschobene Temperaturskala ϑ mit einem willkürlich bei T_0 gewählten Nullpunkt ersetzen:

$$T = T_0 + \vartheta,$$

also z.B. mit $T_0 = 273°$ unter ϑ die Celsiustemperatur verstehen. Diese Willkür in der Wahl des Nullpunktes vereinfacht oft die Formulierung der Randbedingungen in Wärmeleitungsproblemen.

Gl. (4) bliebe auch dann noch richtig, wenn c, ϱ, $\varkappa$ als temperaturabhängig und als ortsabhängig behandelt würden. Betrachten wir sie als Konstanten, so können wir mit der Abkürzung

$$k = \frac{\varkappa}{c\,\varrho} \left[\frac{\text{cm}^2}{\text{sec}}\right] \tag{5}$$

---

[1] Die Unterscheidung von c_p und c_v ist hier ebenfalls vernachlässigt. Für feste Körper ist das wegen der geringen thermischen Ausdehnung möglich; in fast allen praktisch vorkommenden Fällen ist dort übrigens c_p gemeint. Die Wärmeleitung in Gasen und Flüssigkeiten schließen wir hier aus, da sie von Konvektionsströmungen überlagert ist, die ihre Untersuchung sehr erschweren.

die Differentialgleichung (4) schreiben:

$$\frac{\partial \vartheta}{\partial t} = k \Delta \vartheta . \tag{6}$$

Dies ist die Differentialgleichung der Wärmeleitung, mit deren Integration wir uns in den folgenden Abschnitten noch eingehend beschäftigen werden. Sie hat die gleiche mathematische Form wie die Diffusionsgleichung; wie diese enthält sie eine Reihe vereinfachender Voraussetzungen, die nicht immer erfüllt sind. Weder muß der zugrundeliegende Erhaltungssatz der Wärmeenergie immer gelten, da Energie auch in andere Formen, z.B. in Bewegung umgewandelt werden kann, noch muß der Wärmestrom, wie es Gl. (3) vorschreibt, immer durch eine einfache Gradientenbeziehung mit der Temperatur zusammenhängen. Insbesondere gilt Gl. (3) sicher nur im Innern eines homogenen und isotropen Körpers; die Lösungen in verschiedenen solchen Körpern sind an deren Begrenzungsflächen unter Wahrung geeigneter Randbedingungen aneinander zu fügen, die auf der Stetigkeit der Normalkomponente des Wärmestromes $\mathfrak{S}$ aufbauen. Wir kommen später darauf zurück, wenn wir zeigen werden, wie der Wärmeverlust an freien Oberflächen zu berücksichtigen ist (sog. äußere Wärmeleitung).

Solange die Differentialgleichung (6) gilt, erweist sich k als die charakteristische Konstante, die in Analogie zur Diffusionskonstanten erkennen läßt, über welche Entfernungen sich in vorgegebener Zeit Temperaturdifferenzen ausgleichen können.

b) Lösung durch Separation der Variablen. Wir wollen die Gl. (6) durch den Produktansatz

$$\vartheta(x, y, z, t) = f(x, y, z)\, g(t) \tag{7}$$

lösen. Beim Einsetzen in (6) erhalten wir nach Division durch $f \cdot g$:

$$\frac{\dot{g}}{g} = k \frac{\Delta f}{f},$$

und da die linke Seite dieser Gleichung nicht vom Ort, die rechte nicht von der Zeit abhängt, müssen beide konstant ($=\alpha$) werden:

$$\dot{g} = \alpha g; \qquad \Delta f - \frac{\alpha}{k} f = 0. \tag{8}$$

Für den Zeitfaktor erhält man daher eindeutig

$$g = e^{\alpha t}, \tag{9}$$

wobei sich je nach der Wahl von α verschiedene Lösungstypen ergeben. Die Differentialgleichung für f ist im Prinzip von demselben Typ, den wir früher schon eingehend diskutiert haben, so daß uns ihre mathematische Struktur nicht allzuviel Neues mehr zu bieten hat.

Wir wenden uns daher sofort einem Beispiel zu, das die physikalische Fragestellung vor der mathematischen in den Vordergrund rückt. Wir wollen untersuchen, wie die periodischen Temperaturschwankungen infolge der zwischen Tag und Nacht, zwischen Sommer und Winter in regelmäßigem Rhythmus veränderten Sonnenstrahlung in die Erde eindringen.

In diesem Falle können wir die Funktion f leicht angeben, da sie nur von einer Koordinate x, der Eindringtiefe unter die Erdoberfläche abhängt, nicht aber von den Koordinaten y und z, welche den Ort auf der Erdoberfläche bestimmen. Das gilt natürlich nur in ebenem Gelände. Die Separationslösung (7), (8) nimmt dann die Form an:

$$\vartheta(x, t) = C_\alpha \cdot e^{\alpha t \pm \sqrt{\alpha/k}\, x}. \tag{10}$$

Setzen wir die Temperatur an der Erdoberfläche $x = 0$ unter Idealisierung der Witterungsverhältnisse als einfachste periodische Funktion an:

$$\vartheta = \bar{\vartheta} + \vartheta_0 \cos \omega t, \tag{11}$$

die mit der Amplitude ϑ_0 um den Mittelwert $\bar{\vartheta}$ schwankt, so besteht die Aufgabe darin, durch Superposition von Lösungen der Form (10) bei $x = 0$ eine in t periodische Funktion zu erzeugen:

$$\begin{aligned} \vartheta(0, t) &= \sum_\alpha C_\alpha e^{\alpha t} = \bar{\vartheta} + \vartheta_0 \cos \omega t \\ &= \bar{\vartheta} + \tfrac{1}{2} \vartheta_0 (e^{i\omega t} + e^{-i\omega t}). \end{aligned}$$

Die Summe über α enthält also drei Glieder mit $\alpha = 0,\ i\omega,\ -i\omega$. Daher wird beim Einsetzen in (10)

$$\vartheta(x, t) = \bar{\vartheta} + \tfrac{1}{2} \vartheta_0 \{ e^{i\omega t \pm \sqrt{i\omega/k}\, x} + e^{-i\omega t \pm \sqrt{-i\omega/k}\, x} \}.$$

Wegen

$$\sqrt{\pm i} = e^{\pm \frac{i\pi}{4}} = \frac{1}{\sqrt{2}} (1 \pm i)$$

können wir dafür auch schreiben:

$$\vartheta(x, t) = \bar{\vartheta} + \tfrac{1}{2} \vartheta_0 \{ e^{i\omega t \pm \gamma(1+i)x} + e^{-i\omega t \pm \gamma(1-i)x} \} \tag{12}$$

mit der Abkürzung

$$\gamma = \sqrt{\frac{\omega}{2k}}. \tag{13}$$

Nun besagt die zweite Randbedingung, daß in großen Tiefen, d. h. für $x \to \infty$ die Amplitude der Wärmewellen abnehmen muß. Der Realteil des Exponenten muß daher in beiden e-Funktionen der Gl. (12) $-\gamma x$ werden:

$$\vartheta(x, t) = \bar{\vartheta} + \vartheta_0 e^{-\gamma x} \cos(\omega t - \gamma x). \tag{14}$$

Wegen der Linearität der Differentialgleichung lassen sich derartige Lösungen zu verschiedenen ϑ_0 und ω (und daher auch mit verschiedenen γ) superponieren, d.h. anstelle der harmonischen Temperaturschwingung (11) kann man sowohl die tägliche als die jährliche Periode durch Fourier-Reihen darstellen. Dies ist mathematisch elementar und für eine qualitative physikalische Diskussion entbehrlich; wir sehen deshalb davon ab und begnügen uns mit dem idealisierenden Ansatz (11).

Die Lösung (14) ist eine gedämpfte, fortschreitende Welle mit der Dämpfungskonstanten γ [cm^{-1}] und der Fortpflanzungsgeschwindigkeit

$$v = \frac{\omega}{\gamma} = \sqrt{2k\omega}. \tag{15}$$

Die Eindringtiefe $1/\gamma$ ist nach (14) mit der Wellenlänge durch die Relation

$$\frac{1}{\gamma} = \frac{\lambda}{2\pi}$$

verknüpft, also beträchtlich kürzer als eine Wellenlänge. Der Wellencharakter tritt daher keineswegs mehr deutlich meßbar in Erscheinung: Die Einflüsse des vorhergehenden Jahres (Tages) sind kaum noch zu beobachten.

Die Tageswelle mit ihrem relativ großen ω dringt nach (15) schneller in den Erdboden ein als die Jahreswelle, ihre Dämpfung γ ist nach (13) aber größer, so daß sie nicht so tief eindringt wie die Jahreswelle.

Ein guter Mittelwert für k in festem Erdreich ist $k = 0{,}08$ [m^2/d]. Das ergibt für die Tageswelle mit $\omega = 2\pi$ [d^{-1}] die Fortpflanzungsgeschwindigkeit

$$v_{\text{tägl.}} = \sqrt{2 \times 0{,}08 \times 2\pi}\left[\frac{\text{m}}{\text{d}}\right] \approx 1\left[\frac{\text{m}}{\text{d}}\right]$$

und die Eindringtiefe:

$$\frac{1}{\gamma_{\text{tägl.}}} = \sqrt{\frac{2 \times 0{,}08}{2\pi}}\,[\text{m}] \approx 16\,[\text{cm}].$$

Für die Jahreswelle mit $\omega = \frac{2\pi}{365}$ [d^{-1}] erhält man dagegen in entsprechender Weise

$$v_{\text{jährl.}} \approx 0{,}05\left[\frac{\text{m}}{\text{d}}\right], \qquad \frac{1}{\gamma_{\text{jährl.}}} \approx 3\,[\text{m}].$$

Nachtfröste können daher nur einige Zentimeter, langdauernde Winterfröste im schlimmsten Fall aber einige Meter tief in den Boden eindringen.

c) Quellenmäßige Darstellung der Lösung. Wir wollen die Frage untersuchen: Wie sieht die Temperaturverteilung zur Zeit t aus, wenn zur Zeit $t = 0$ eine Temperatursingularität im Koordinatennullpunkt bestand, d.h. wenn dort auf engstem Raum eine endliche Wärmemenge konzentriert war? Das unmittelbare physikalische Interesse an dieser Frage ist nicht allzu groß; ihre Behandlung wird uns aber als Baustein zur allgemeinen Lösung des Anfangswertproblems dienen.

Wir behandeln zunächst den *eindimensionalen Fall* der Temperatursingularität in der Ebene $x=0$; dann hängt ϑ nur von x und t, nicht von y und z ab, und es besteht die Differentialgleichung

$$\frac{\partial\vartheta}{\partial t} = k\frac{\partial^2\vartheta}{\partial x^2}. \tag{16}$$

Diese Gleichung beschreibt einen Ausbreitungsvorgang, bei dem die für $t=0$ scharfe Singularität bei $x=0$ zur Zeit t breiter und flacher geworden ist. Da die Breite durch $\overline{x^2}\approx kt$ gegeben ist, liegt es nahe, x^2/kt als Variable anstelle von x, und daneben als zweite Variable nach wie vor t für die Bemessung der allmählich abnehmenden Höhe des Maximums zu verwenden. Wir setzen daher an

$$\vartheta = \varphi(v)\cdot\psi(u) \tag{17}$$

mit

$$u=\frac{x}{\sqrt{kt}}, \qquad v=t \tag{18}$$

als natürlichen Variablen des Problems. Dann wird

$$\left(\frac{\partial\vartheta}{\partial t}\right)_x = \left(\frac{\partial\vartheta}{\partial u}\right)_v\left(\frac{\partial u}{\partial t}\right)_x + \left(\frac{\partial\vartheta}{\partial v}\right)_u\left(\frac{\partial v}{\partial t}\right)_x, \tag{19}$$

$$\left(\frac{\partial\vartheta}{\partial x}\right)_t = \left(\frac{\partial\vartheta}{\partial u}\right)_v\left(\frac{\partial u}{\partial x}\right)_t + \left(\frac{\partial\vartheta}{\partial v}\right)_u\left(\frac{\partial v}{\partial x}\right)_t, \tag{20}$$

$$\left(\frac{\partial^2\vartheta}{\partial x^2}\right)_t = \left\{\left(\frac{\partial u}{\partial x}\right)_t\left(\frac{\partial}{\partial u}\right)_v + \left(\frac{\partial v}{\partial x}\right)_t\left(\frac{\partial}{\partial v}\right)_u\right\}^2\vartheta. \tag{21}$$

Für die Transformationsformeln (18) ergibt sich, wenn wir die Indices an den partiellen Differentialquotienten, welche dic konstant gehaltene Komplementärvariable markieren, jetzt wieder weglassen:

$$\left.\begin{aligned}\frac{\partial u}{\partial x} &= \frac{1}{\sqrt{kv}}, & \frac{\partial u}{\partial t} &= -\frac{u}{2v}\\ \frac{\partial v}{\partial x} &= 0, & \frac{\partial v}{\partial t} &= 1.\end{aligned}\right\} \tag{22}$$

Somit entsteht beim Einsetzen von (19) und (21) in die Differentialgleichung (16):

$$-\frac{u}{2v}\frac{\partial\vartheta}{\partial u} + \frac{\partial\vartheta}{\partial v} = \frac{1}{v}\frac{\partial^2\vartheta}{\partial u^2}. \tag{23}$$

Wir lösen nun diese Gleichung durch den Separationsansatz (17) und erhalten bei Multiplikation mit v/ϑ und den Abkürzungen $\varphi'=\partial\varphi/\partial v$, $\psi'=\partial\psi/\partial u$:

$$-\frac{u}{2}\frac{\psi'}{\psi} + v\frac{\varphi'}{\varphi} = \frac{\psi''}{\psi}$$

oder bei Trennung mit dem Separationsparameter λ:

$$v\,\varphi' = \lambda\,\varphi, \tag{24}$$

$$\psi'' + \frac{u}{2}\psi' - \lambda\psi = 0. \tag{25}$$

Gl. (24) wird durch

$$\varphi \sim v^{\lambda} \tag{26}$$

gelöst. Gl. (25) ist schwieriger zu behandeln. Wir können sie aber mit Hilfe einer einfachen physikalischen Überlegung sofort entscheidend vereinfachen. Es ist doch

$$Q = c\,\varrho \iiint dx\,dy\,dz\,\vartheta(x, y, z)$$

die insgesamt im System enthaltene Wärmemenge. In unserem eindimensionalen Falle hängt ϑ nicht von y und z ab, wir können daher die Fläche $\iint dy\,dz = F$ abspalten und haben

$$Q = c\,\varrho\,F \int_{-\infty}^{+\infty} \vartheta(x)\,dx. \tag{27}$$

Der Erhaltungssatz der Wärmemenge besagt, daß dies Integral nicht von der Zeit $(v \equiv t)$ abhängen darf. Aus (17) und (26) folgt nun aber

$$\int_{-\infty}^{+\infty} \vartheta(x)\,dx = t^{\lambda} \int_{-\infty}^{+\infty} \psi(u)\,dx = t^{\lambda} \cdot \sqrt{k\,t} \int_{-\infty}^{+\infty} \psi(u)\,du,$$

d. h. ein Ausdruck, der proportional zu $t^{\lambda+\frac{1}{2}}$ ist. Nur wenn

$$\lambda = -\tfrac{1}{2} \tag{28}$$

ist, gilt daher der Erhaltungssatz. Die nunmehr aus (25) entstehende Gleichung

$$\psi'' + \frac{u}{2}\psi' + \frac{1}{2}\psi = 0$$

lösen wir durch den Ansatz

$$\psi = e^{-\frac{u^2}{2}}\,\chi(u), \tag{29}$$

der für $\chi(u)$ auf die einfache Gleichung führt[1]

$$\chi'' - \frac{u}{2}\chi' = 0,$$

[1] Die entsprechende Behandlung von (25) mit dem Ansatz (29) hätte auf $\chi'' - \frac{1}{2}u\chi' - (\lambda + \frac{1}{2})\,\chi = 0$ geführt, die ziemlich komplizierte, mit den Funktionen von Hermite verwandte Lösungen besitzt.

die sofort elementar über

$$\frac{\chi''}{\chi'} \equiv \frac{d \log \chi'}{du} = \frac{u}{2}$$

zu

$$\chi' = C_2 e^{\frac{u^2}{4}}; \quad \chi = C_2 \int_0^u e^{\frac{w^2}{4}} dw + C_1$$

integriert werden kann. Mithin ergibt sich

$$\vartheta(x, t) = \frac{1}{\sqrt{t}} e^{-\frac{u^2}{4}} \left\{ C_1 + C_2 \int_0^u e^{\frac{w^2}{4}} dw \right\}.$$

Das letzte Integral würde zu keinem endlichen Wert für

$$\int_{-\infty}^{+\infty} \vartheta(x, t)\, dx$$

führen, daher ist $C_2 = 0$ zu setzen, und die fertige Lösung lautet

$$\vartheta(x, t) = \frac{C}{\sqrt{t}} e^{-\frac{x^2}{4kt}}. \tag{30}$$

Die Konstante C können wir dabei mit Hilfe von (27) durch die gesamte Wärmemenge Q ausdrücken:

$$Q = c \varrho F \cdot \frac{C}{\sqrt{t}} \int_{-\infty}^{+\infty} dx\, e^{-\frac{x^2}{4kt}}$$

$$= c \varrho F \cdot \frac{C}{\sqrt{t}} \cdot \sqrt{4kt} \int_{-\infty}^{+\infty} d\zeta\, e^{-\zeta^2};$$

das letzte Integral ist aber $= \sqrt{\pi}$ (vgl. unten, S. 181), folglich

$$C = \frac{Q}{2\sqrt{\pi k}\, c \varrho F}. \tag{31}$$

Damit haben wir beschrieben, wie eine bei $x = 0$ befindliche Flächensingularität der Temperatur im Laufe der Zeit „breitfließt". Da die Differentialgleichung gegen eine Ersetzung von x durch $x - \xi$ invariant ist, muß ebenso wie (30) auch

$$\vartheta = \frac{C}{\sqrt{t}} e^{-\frac{(x-\xi)^2}{4kt}} \tag{32}$$

eine Lösung sein. Physikalisch ist das evident; der Ausdruck (32) bedeutet einfach den Ausgleich einer für $t = 0$ in der Ebene $x = \xi$ vorhandenen Singularität.

Denkt man verschiedenen Ebenen $x = \xi_1, \xi_2 \ldots$ verschiedene Wärmemengen zur Zeit $t = 0$ zugeführt, so wird $\vartheta(x, t)$ durch eine Summe von Ausdrücken der Art (32) mit verschiedenen $C_n(\xi_n)$ beschrieben. Denkt man sich schließlich die Anfangsverteilung der Wärmequellen kontinuierlich über die x-Achse verteilt, so entsteht ein Integral:

$$\vartheta(x, t) = \frac{1}{\sqrt{t}} \int_{-\infty}^{+\infty} d\xi\, C(\xi)\, \mathrm{e}^{-\frac{(x-\xi)^2}{4kt}}, \tag{33}$$

welches die Temperaturverteilung, wie man sagt, *quellenmäßig* beschreibt. Für $t = 0$ ergibt sich aus (33) die Anfangsverteilung der Temperatur. Um in diesem Grenzfall das Integral (33) auszurechnen, müssen wir allerdings eine Variablentransformation vornehmen: Wir führen statt ξ die Hilfsgröße

$$s = \frac{\xi - x}{2\sqrt{k t}}$$

ein, d.h. wir setzen

$$\xi = 2\sqrt{kt}\, s + x; \qquad d\xi = 2\sqrt{kt}\, ds$$

und finden

$$\vartheta(x, t) = 2\sqrt{k} \int_{-\infty}^{+\infty} ds\, C(x + 2\sqrt{kt}\, s)\, \mathrm{e}^{-s^2},$$

d.h. im Limes für $t \to 0$:

$$\vartheta(x, 0) = 2\sqrt{k}\, C(x) \int_{-\infty}^{+\infty} ds\, \mathrm{e}^{-s^2} = 2\sqrt{\pi k}\, C(x).$$

Die Funktion $C(x)$ gibt also bis auf den konstanten Faktor $2\sqrt{\pi k}$ die Anfangsverteilung

$$\vartheta(x, 0) = \vartheta_0(x) \tag{34}$$

der Temperatur wieder. Daher erhalten wir aus dem Integral (33) unmittelbar die Lösung des *Anfangswertproblems:*

$$\vartheta(x, t) = \frac{1}{2\sqrt{\pi k t}} \int_{-\infty}^{+\infty} d\xi\, \vartheta_0(\xi)\, \mathrm{e}^{-\frac{(x-\xi)^2}{4kt}}. \tag{35}$$

Anschaulich bedeutet diese quellenmäßige Schreibweise, daß die an jeder Stelle ξ ursprünglich „gesetzte" Wärmemenge, die der Anfangstemperatur an dieser Stelle proportional ist, im Laufe der Zeit unabhängig von allen an anderen Stellen gesetzten Wärmemengen breitfließt. Diese Unabhängigkeit ist natürlich eine mathematische Folge der Linearität der Differentialgleichung (16) und Ausdruck des daraus folgenden Superpositionsprinzips.

Anschließend betrachten wir die dreidimensionale Erweiterung des Problems. Wir beginnen jetzt mit einer Punktquelle im Koordinatenursprung, von der sich die Wärme allseitig in einem isotropen Medium gleichmäßig ausbreitet, so daß der Abstand r von diesem Punkt die einzige Koordinate wird, von welcher $\vartheta(r, t)$ abhängt. Dann nimmt die Differentialgleichung (6) die Form an

$$\frac{\partial\vartheta}{\partial t} = k\left(\frac{\partial^2\vartheta}{\partial r^2} + \frac{2}{r}\frac{\partial\vartheta}{\partial r}\right). \tag{36}$$

Führen wir

$$u = \frac{r}{\sqrt{k\,t}}, \qquad v = t \tag{37}$$

als neue Variable ein, so wird analog zu den Formeln (18) bis (21):

$$\frac{\partial\vartheta}{\partial t} = -\frac{u}{2v}\frac{\partial\vartheta}{\partial u} + \frac{\partial\vartheta}{\partial v},$$

$$\frac{\partial\vartheta}{\partial r} = \frac{1}{\sqrt{k v}}\frac{\partial\vartheta}{\partial u}, \qquad \frac{\partial^2\vartheta}{\partial r^2} = \frac{1}{k v}\frac{\partial^2\vartheta}{\partial u^2}.$$

Daher geht die Differentialgleichung (36) über in

$$-\frac{u}{2v}\frac{\partial\vartheta}{\partial u} + \frac{\partial\vartheta}{\partial v} = \frac{1}{v}\left[\frac{\partial^2\vartheta}{\partial u^2} + \frac{2}{u}\frac{\partial\vartheta}{\partial u}\right],$$

woraus bei Separation gemäß

$$\vartheta = \varphi(v)\,\psi(u)$$

die Gleichungen

$$v\frac{\varphi'}{\varphi} = \lambda,$$

$$\psi'' + \left(\frac{2}{u} + \frac{u}{2}\right)\psi' - \lambda\psi = 0$$

hervorgehen. Wieder wird $\varphi = v^\lambda$; die Gleichung für $\psi(u)$ enthält jetzt aber ein zusätzliches Glied. Man überzeugt sich leicht, daß die Erhaltung der Energie jetzt $\lambda = -\frac{3}{2}$ liefert; es soll nämlich das Volumintegral

$$Q = c\varrho\int d\tau\,\vartheta(r) = 4\pi c\varrho t^\lambda\int_0^\infty dr\,r^2\psi(u)$$

$$= 4\pi c\varrho t^\lambda (kt)^{\frac{3}{2}}\int_0^\infty du\,u^2\psi(u)$$

nicht von t abhängen. Auf diese Weise erhält man eine Differentialgleichung für $\psi(u)$, die wieder von $\psi \sim e^{-u^2/4}$ erfüllt wird, wie man sich durch direktes Ausrechnen leicht überzeugen kann. Damit nimmt die quellenmäßige Lösung jetzt die Form an:

$$\vartheta(x, y, z, t) = t^{-\frac{3}{2}}\int_{-\infty}^{+\infty} d\xi\int_{-\infty}^{+\infty} d\eta\int_{-\infty}^{+\infty} d\zeta\, C(\xi, \eta, \zeta)\, e^{-\frac{(x-\xi)^2+(y-\eta)^2+(z-\zeta)^2}{4kt}}$$

Führt man hier drei neue Hilfsvariable

$$s_1 = \frac{x-\xi}{2\sqrt{k\,t}}; \qquad s_2 = \frac{y-\eta}{2\sqrt{k\,t}}; \qquad s_3 = \frac{z-\zeta}{2\sqrt{k\,t}}$$

ein, so ergibt sich nach dem gleichen Verfahren wie zuvor im eindimensionalen Falle:

$$\begin{aligned}\vartheta(x, y, z, 0) &= t^{-\frac{3}{2}} \left[2\sqrt{kt}\right]^3 C(x, y, z) \int_{-\infty}^{+\infty} d s_1 \int_{-\infty}^{+\infty} d s_2 \int_{-\infty}^{+\infty} d s_3\, e^{-(s_1^2+s_2^2+s_3^2)} \\ &= \left[2\sqrt{\pi k}\right]^3 C(x, y, z).\end{aligned}$$

Damit erhalten wir die dreidimensionale Schlußformel

$$\vartheta(x, y, z, t) = \frac{1}{\left[2\sqrt{\pi k t}\right]^3} \int_{-\infty}^{+\infty} d\xi \int_{-\infty}^{+\infty} d\eta \int_{-\infty}^{+\infty} d\zeta\, \vartheta_0(\xi, \eta, \zeta)\, e^{-\frac{(x-\xi)^2+(y-\eta)^2+(z-\zeta)^2}{4kt}}$$

oder in leicht verständlicher abgekürzter Schreibweise unter Verwendung der Vektoren $\mathfrak{r} = (x, y, z)$ und $\mathfrak{r}' = (\xi, \eta, \zeta)$:

$$\vartheta(\mathfrak{r}, t) = \frac{1}{\left[2\sqrt{\pi k t}\right]^3} \int d\tau'\, \vartheta_0(\mathfrak{r}')\, e^{-\frac{(\mathfrak{r}-\mathfrak{r}')^2}{4kt}}. \tag{38}$$

Damit ist auch für das dreidimensionale Anfangswertproblem die quellenmäßige Lösung gefunden.

d) Lösungen in einer einzigen Variablen. Die einfachste Lösung der Wärmeleitungsgleichung ergibt sich für den eindimensionalen stationären Fall. Dann wird $\partial\vartheta/\partial t = 0$ und daher $\partial^2\vartheta/\partial x^2 = 0$, die Temperatur also eine lineare Funktion der Koordinate x. Solche Lösungen können oft in begrenzten Raumteilen von Nutzen sein; z.B. ergibt sich diese Lösung für das Temperaturgefälle in einer Fensterscheibe, die ein geheiztes Zimmer von der kalten Außenluft abtrennt.

Interessanter ist die Frage, ob es Lösungen gibt, welche von der typischen Variablen

$$u = \frac{x}{\sqrt{k\,t}} \tag{39}$$

allein abhängen und physikalisch wichtige Fälle darstellen. Offenbar brauchen wir für das Studium solcher Lösungen nur in Gl. (23) die Ableitung $\partial\vartheta/\partial v = 0$ zu setzen; dann läßt sich der Faktor v im Nenner herauskürzen, und es bleibt die Differentialgleichung

$$-\frac{u}{2}\frac{d\vartheta}{d u} = \frac{d^2\vartheta}{d u^2} \tag{40}$$

stehen. Mit $d\vartheta/du = \vartheta'$ ergibt das

$$\frac{d\vartheta'}{\vartheta'} = -\frac{1}{2} u\, d u$$

oder integriert

$$\vartheta' = C_1 e^{-\frac{u^2}{4}};$$

abermalige Quadratur führt zu der vollständigen Lösung

$$\vartheta(u) = C_1 \int\limits_0^u e^{-\frac{w^2}{4}} dw + \vartheta_1.$$

Es ist zweckmäßig durch eine Maßstabstransformation die Variable

$$z = \frac{u}{2} = \frac{x}{2\sqrt{kt}} \tag{41}$$

einzuführen; dann haben wir schließlich

$$\vartheta = C \int\limits_0^z e^{-\zeta^2} d\zeta + \vartheta_1. \tag{42}$$

In dieser Lösung steckt eine Funktion, die in verschiedenen Normierungen gebräuchlich ist und die wir zunächst etwas genauer untersuchen müssen. In der deutschen Literatur bezeichnet man gern

$$\Phi(z) = \frac{2}{\sqrt{\pi}} \int\limits_0^z e^{-\zeta^2} d\zeta \tag{43}$$

als das Gaußsche Fehlerintegral[1], in der angelsächsischen Literatur wird als Fehlerfunktion[2] entweder

$$\mathrm{Erfc}(z) = \int\limits_z^\infty e^{-\zeta^2} d\zeta \tag{44a}$$

oder

$$\mathrm{Erf}(z) = \int\limits_0^z e^{-\zeta^2} d\zeta = \frac{\sqrt{\pi}}{2} - \mathrm{Erfc}(z) \tag{44b}$$

benutzt. Im folgenden wird vorwiegend die Schreibweise $\Phi(z)$ verwendet.

Die Funktion $\Phi(z)$ ist eine ungerade Funktion; daher ist

$$\Phi(-z) = -\Phi(z); \qquad \Phi(0) = 0. \tag{45}$$

[1] Zum Beispiel bei JAHNKE-EMDE (Funktionstafeln) und bei W. MAGNUS u. F. OBERHETTINGER, Formeln und Sätze für die speziellen Funktionen der mathematischen Physik, 2. Aufl. 1948.

[2] „Error function". Vgl. E. T. WHITTAKER und G. N. WATSON, Modern Analysis, 4th edition, Cambridge 1952, S. 341.

Deshalb genügt im folgenden Beschränkung auf positives Argument. Ferner beweist man leicht

$$\Phi(\infty) = 1 \quad \text{oder} \quad \operatorname{Erf}(\infty) = \frac{\sqrt{\pi}}{2}, \tag{46}$$

eine Relation, von der wir schon bei der asymptotischen Darstellung der Bessel-Funktionen (S. 136) und bei den Quellintegralen des vorigen Abschnitts (S. 176 und 179) Gebrauch gemacht haben. Das Quadrat dieses Integrals wird nämlich

$$[2\operatorname{Erf}(\infty)]^2 = \int_{-\infty}^{+\infty} d\eta \int_{-\infty}^{+\infty} d\zeta\, e^{-(\eta^2+\zeta^2)};$$

faßt man hierin η und ζ als cartesische Koordinaten in einer η, ζ-Ebene auf und geht über $\eta = \varrho \cos\chi$, $\zeta = \varrho \sin\chi$ in dieser Ebene zu Polarkoordinaten über, so kann man, da das Integral über die ganze η, ζ-Ebene zu erstrecken ist, schreiben:

$$[2\operatorname{Erf}(\infty)]^2 = \int_0^\infty d\varrho\, \varrho \int_0^{2\pi} d\chi\, e^{-\varrho^2} = 2\pi \cdot \tfrac{1}{2} \int_0^\infty d(\varrho^2)\, e^{-\varrho^2} = \pi,$$

woraus Gl. (46) unmittelbar folgt.

Bei kleinen z erhält man eine gut konvergente Potenzreihe für $\Phi(z)$, indem man den Integranden entwickelt:

$$\Phi(z) = \frac{2}{\sqrt{\pi}} \int_0^z d\zeta \left(1 - \zeta^2 + \frac{1}{2!}\zeta^4 - \frac{1}{3!}\zeta^6 \pm \cdots\right);$$

das ergibt

$$\Phi(z) = \frac{2}{\sqrt{\pi}} \left(z - \frac{1}{3} z^3 + \frac{1}{10} z^5 - \frac{1}{42} z^7 \pm \cdots\right). \tag{47}$$

Etwas schwieriger ist die Ableitung einer (semikonvergenten) asymptotischen Formel. Wir gehen von (44a) aus und führen darin die Hilfsvariable

$$\tau = \zeta^2 - z^2, \qquad d\zeta = \frac{d\tau}{2\zeta} = \frac{d\tau}{2z\sqrt{1 + \frac{\tau}{z^2}}}$$

ein; der oberen Grenze $\zeta = \infty$ entspricht dann auch $\tau = \infty$, während statt $\zeta = z$ an der unteren Grenze $\tau = 0$ wird. Man findet auf diese Weise:

$$\operatorname{Erfc}(z) = \int_0^\infty e^{-z^2-\tau} \cdot \frac{d\tau}{2z\sqrt{1 + \frac{\tau}{z^2}}} = \frac{e^{-z^2}}{2z} \int_0^\infty \frac{d\tau\, e^{-\tau}}{\left(1 + \frac{\tau}{z^2}\right)^{\frac{1}{2}}}.$$

Die semikonvergente Entwicklung für große z ergibt sich nun durch Reihenentwicklung des Nenners:

$$\left(1+\frac{\tau}{z^2}\right)^{-\frac{1}{2}} = 1 - \frac{1}{2}\frac{\tau}{z^2} + \frac{3}{8}\frac{\tau^2}{z^4} \mp \cdots.$$

Da τ im Integrationsgebiet unendlich groß wird, ist diese Entwicklung in Strenge nicht gestattet; wegen des Faktors $e^{-\tau}$ im Integranden tragen große τ aber nur wenig bei, so daß für große z der Entwicklungsparameter τ/z^2 praktisch als kleine Größe behandelt werden darf. Die gliedweise Integration führt dann auf Eulersche Integrale (vgl. S. 153)

$$\int_0^\infty d\tau\, e^{-\tau}\,\tau^n = n!,$$

und man erhält

$$\mathrm{Erfc}(z) \to \frac{e^{-z^2}}{2z}\left\{1 - \frac{1}{2z^2} + \frac{3}{4z^4} \mp \cdots\right\}. \tag{48}$$

Damit übersehen wir den Verlauf der Lösung (42) der Wärmeleitungsgleichung, die wir in folgender Normierung anschreiben wollen:

$$\vartheta(x,t) = \frac{\vartheta_1 - \vartheta_2}{2}\,\Phi\left(\frac{x}{2\sqrt{kt}}\right) + \frac{\vartheta_1 + \vartheta_2}{2}. \tag{49}$$

Dann hat die Temperatur zu allen Zeiten $t > 0$ einen stetigen Verlauf von dem Wert ϑ_1 bei $x = +\infty$ zu ϑ_2 bei $x = -\infty$. Nur für $t = 0$ erreicht Φ bereits für beliebig kleine $|x|$ die Grenzwerte ± 1, so daß die Temperatur unstetig längs der Grenzfläche $x = 0$ von ϑ_1 auf ϑ_2 springt. Gl. (49) beschreibt also den Temperaturausgleich zweier sich in der Ebene $x = 0$ zur Zeit $t = 0$ berührender Blöcke verschiedener Anfangstemperatur aus dem gleichen Material. Die Blöcke sind dabei als unendlich ausgedehnt behandelt, so daß in großer Entfernung von der Berührungsebene praktisch die Anfangstemperaturen bestehen bleiben.

Es gibt eine sehr nützliche geophysikalische Anwendung dieser Lösung, welche auf Lord KELVIN zurückgeht. Nehmen wir an, daß die Erde bei ihrer Entstehung ($t = 0$) eine einheitliche Temperatur $\vartheta_0 \approx 4000°$ hatte, und setzen wir ferner ganz roh für die Temperatur des Weltenraumes außerhalb der Erde Null[1], so ergibt sich in der Tiefe x unter der Erdoberfläche zur Zeit t aus Gl. (49):

$$\vartheta(x,t) = \vartheta_0\,\Phi\left(\frac{x}{2\sqrt{kt}}\right). \tag{50}$$

---

[1] Dem Weltraum überhaupt eine Temperatur zuzuschreiben, ist natürlich höchst problematisch. Die hier in dieser kurzen Form ausgedrückte Erfahrung ist lediglich, daß der Wärmeabstrahlung der Erde keine vergleichbare Wärmezufuhr gegenübersteht, abgesehen von der in der Sonne scharf lokalisierten.

Da man die Temperatur nur wenige Kilometer tief messen kann, können wir nach (47) in guter Näherung $\Phi(z) \approx \frac{2}{\sqrt{\pi}} z$ setzen und schreiben

$$\vartheta(x, t) = \frac{2\vartheta_0}{\sqrt{\pi}} \cdot \frac{x}{2\sqrt{k t}},$$

oder aber das Temperaturgefälle („geothermische Tiefenstufe") unter der Erdoberfläche wird

$$\frac{d\vartheta}{dx} = \frac{\vartheta_0}{\sqrt{\pi k t}}.$$

Da dies Gefälle bekannt ist (etwa $\frac{1}{30}$ Grad/m) kann man daraus das Alter der Erde

$$t = \frac{1}{\pi k}\left(\frac{\vartheta_0}{d\vartheta/dx}\right)^2$$

ausrechnen: mit $k = 0{,}08\ \mathrm{m^2/d}$ (vgl. S. 173) ergibt das etwa $6 \cdot 10^{10}$ Tage oder 200 Millionen Jahre. Das ist ein Mindestalter, da jede zusätzliche Wärmequelle (Sonneneinstrahlung, Radioaktivität des Bodens) den Abkühlungsvorgang verzögert. In der Tat wissen wir heute, daß das wirkliche Alter rund zehnmal größer ist; als Lord KELVIN diese Überlegung anstellte, bedeutete sie die erste physikalische Bestätigung der langen Zeiträume, welche die Geologen und Paläontologen notwendig fanden, um die Entwicklung der Gebirge und des Lebens auf der Erde zu verstehen.

e) Äußere Wärmeleitung. Die Oberflächentemperatur eines begrenzten Körpers, $\bar{\vartheta}$, braucht nicht mit derjenigen seiner Umgebung, ϑ_0, übereinzustimmen: Ein Ofen ist viel heißer als die ihn umgebende Luft. Der von der Oberfläche ausgehende Wärmestrom [cal/cm², sec] kann der Temperaturdifferenz $(\bar{\vartheta} - \vartheta_0)$ proportional gesetzt werden, sofern diese Differenz nicht zu groß wird. Als Beispiel für ein solches Problem behandeln wir eine Anordnung, die DESPRETZ (1822) und WIEDEMANN und FRANZ (1853) zur Messung von Wärmeleitvermögen benutzt haben, und deren theoretische Analyse im wesentlichen auf FRANZ NEUMANN zurückgeht.

Diese Anordnung besteht aus einem Stab, der vom einen Ende her geheizt wird und frei in die Luft ragt. Im Innern des Stabes gilt dann überall

$$\frac{\partial\vartheta}{\partial t} = k\,\Delta\vartheta.$$

Ist x die Längsrichtung, so ergibt sich hieraus bei Integration über den Querschnitt q:

$$q\frac{\partial\vartheta}{\partial t} = k q \frac{\partial^2\vartheta}{\partial x^2} + k \iint dy\,dz\left(\frac{\partial^2\vartheta}{\partial y^2} + \frac{\partial^2\vartheta}{\partial z^2}\right). \tag{51}$$

Hierbei ist benutzt, daß ϑ zwar stark von x und t, aber nur sehr schwach von y und z abhängt, so daß in den beiden ausintegrierten Gliedern ϑ an beliebiger Stelle des Querschnitts genommen werden kann. Im letzten Gliede können wir jedoch nicht so einfach verfahren. Bezeichnen wir mit $y=0$, $z=0$ die Achse des Stabes, so können wir ϑ bei festem x entwickeln:

$$\vartheta(y, z) = \vartheta(0, 0) + \frac{1}{2} y^2 \frac{\partial^2 \vartheta(0, 0)}{\partial y^2} + \frac{1}{2} z^2 \frac{\partial^2 \vartheta}{\partial z^2} + y z \frac{\partial^2 \vartheta}{\partial y \, \partial z} \cdots .$$

Ungefähre Konstanz von ϑ über den Querschnitt, d.h. $\vartheta(y, z) \approx \vartheta(0, 0)$ beruht daher auf der Kleinheit von y und z, nicht etwa auf der Kleinheit der zweiten Ableitungen. Da der Integrand in (51) aber als zweidimensionaler Laplace-Operator aufgefaßt werden kann, können wir den zweidimensionalen Gaußschen Satz in der y, z-Ebene darauf anwenden:

$$\iint dy \, dz \operatorname{div} \operatorname{grad} \vartheta = \oint ds \operatorname{grad}_n \vartheta = \oint ds \frac{\partial \vartheta}{\partial n}, \tag{52}$$

wobei ds das Linienelement des Umfangs und n die Richtung der äußeren Normalen des Stabes ist. In dieser Richtung fließt nun aber im Innern des Stabes ein Wärmestrom $-\varkappa \, \partial\vartheta/\partial n$ zur Oberfläche hin; außen beobachten wir, wie oben dargelegt wurde, den Strom $h \cdot (\bar{\vartheta} - \vartheta_0)$, worin h eine Materialkonstante ist. Normieren wir die Temperaturskala so, daß $\vartheta_0 = 0$ wird, so folgt daher unmittelbar

$$-\varkappa \overline{\left(\frac{\partial \vartheta}{\partial n}\right)} = h \bar{\vartheta}, \tag{53}$$

damit an der Oberfläche keine Stauung des Wärmestromes eintritt. Daher wird das letzte Glied in (51):

$$k \oint ds \frac{\partial \vartheta}{\partial n} = -\frac{k h}{\varkappa} \oint ds \, \bar{\vartheta} \approx -\frac{k h s}{\varkappa} \vartheta(0, 0).$$

Damit geht Gl. (51) über in

$$\frac{\partial \vartheta}{\partial t} = k \frac{\partial^2 \vartheta}{\partial x^2} - p \vartheta \tag{54}$$

mit den Konstanten

$$k = \frac{\varkappa}{c \varrho} \quad \text{und} \quad p = \frac{k h s}{\varkappa q} = \frac{h s}{c \varrho q}, \tag{55}$$

wobei q den Querschnitt und s den Umfang bedeutet. Insbesondere wird für einen zylindrischen Stab vom Radius r_0 der Querschnitt $q = \pi r_0^2$ und der Umfang $s = 2\pi r_0$, also

$$p = \frac{2h}{c \varrho r_0}.$$

Gl. (54) geht in dieser Form auf FRANZ NEUMANN zurück. Sie zeigt eine enge mathematische Verwandtschaft mit der Diffusionsgleichung einer radioaktiv zerfallenden Substanz; hier spielt der durch h bzw. p gemessene äußere Wärmeverlust eine analoge Rolle, wie dort der spontane Zerfall (vgl. §21b, S. 166).

Man stellt nun zur Messung von k und p nacheinander zwei Versuche an:

1. Der Stab wird von $x=0$ her geheizt. Man wartet bis sich ein stationäres, also nicht mehr mit der Zeit veränderndes Temperaturgefälle längs des Stabes eingestellt hat. Dann ist $\partial\vartheta/\partial t=0$ und

$$\vartheta'' - \frac{p}{k}\vartheta = 0.$$

Diese Differentialgleichung wird gelöst durch

$$\vartheta = \vartheta_1 e^{\alpha x} + \vartheta_2 e^{-\alpha x}$$

mit

$$\alpha = \sqrt{\frac{p}{k}} = \sqrt{\frac{h s}{\varkappa q}} = \sqrt{\frac{2h}{\varkappa r_0}}.$$

Hieraus kann man durch Ausmessen von $\vartheta(x)$ die Größe α und somit das Verhältnis $h/\varkappa$ bestimmen.

2. Der Stab wird auf die einheitliche Temperatur ϑ_0 erwärmt und in ein Wärmebad der Temperatur Null getaucht. Dann ist in Gl. (54) $\partial^2\vartheta/\partial x^2=0$, und der Stab kühlt sich gemäß

$$\frac{d\vartheta}{dt} = -p\vartheta; \qquad \vartheta(t) = \vartheta_0 e^{-pt}$$

gleichmäßig ab (Abkühlungsgesetz von NEWTON). Aus der Zeitdauer der Abkühlung entnimmt man $p = \frac{2h}{c\varrho r_0}$ und berechnet daraus h. Mit der vorhergehenden Messung von α zusammen ermöglicht dies die getrennte Angabe von $\varkappa$, womit die beiden Konstanten h und $\varkappa$ bestimmt sind.

III. Einiges aus der Potentialtheorie

§ 23. Die Gravitation

a) Anwendung des Gravitationsgesetzes auf ausgedehnte Körper. Bereits im ersten Teil dieser Vorlesungen haben wir das Gravitationsgesetz kennengelernt, welches besagt, daß zwischen zwei Punktmassen m_1 und m_2 im Abstande r_{12} voneinander die gegenseitige Anziehungskraft

$$K_{12} = \Gamma \frac{m_1 m_2}{r_{12}^2} \tag{1}$$

längs der Verbindungslinie wirkt. Wenden wir diese Erkenntnis auf die Kraft an, welche von einem Volumelement $d\tau'$ am Orte $\mathfrak{r}'$, welches die Masse $\varrho(\mathfrak{r}')\, d\tau'$ enthält, auf eine punktförmige Probemasse m am Orte $\mathfrak{r}$ ausgeübt wird, so erhalten wir für diese infinitesimale Kraft (Fig. 37):

$$d\mathfrak{K} = -\Gamma \frac{m\,\varrho(\mathfrak{r}')\, d\tau'}{|\mathfrak{r}-\mathfrak{r}'|^2} \cdot \frac{\mathfrak{r}-\mathfrak{r}'}{|\mathfrak{r}-\mathfrak{r}'|}, \tag{2}$$

wobei die vektorielle Schreibweise ausdrückt, daß die Kraft auf m dem Einheitsvektor $(\mathfrak{r}-\mathfrak{r}')/|\mathfrak{r}-\mathfrak{r}'|$ entgegengerichtet ist. Die Probemasse m erfährt also von der ganzen Massenverteilung die resultierende Kraft

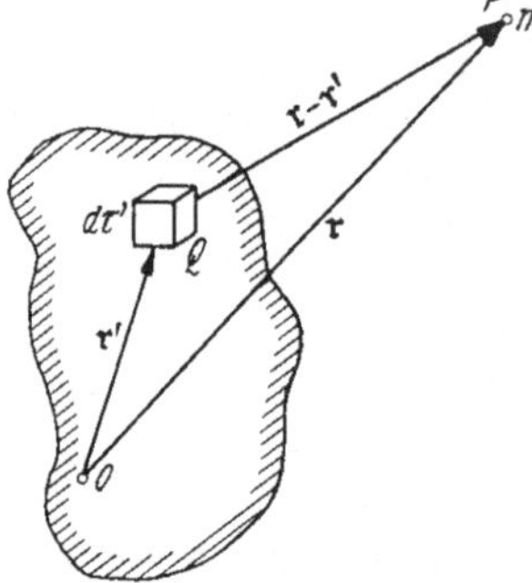

Fig. 37. Zum Gravitationspotential. Die Integration erfolgt über alle *Quellpunkte* Q der Massenverteilung; die Masse m, auf welche die Anziehungskraft wirkt, befindet sich im *Aufpunkt* P

$$\mathfrak{K} = -\Gamma m \int \frac{d\tau'\,\varrho(\mathfrak{r}')\,(\mathfrak{r}-\mathfrak{r}')}{|\mathfrak{r}-\mathfrak{r}'|^3}. \tag{3}$$

Ist die Massenverteilung $\varrho(\mathfrak{r}')$ gegeben, so kann man das Integral im Prinzip auswerten.

Die Form des Integrals (3) legt eine Aufspaltung der Kraft in zwei Faktoren nahe:

$$\mathfrak{K}(\mathfrak{r}) = m\,\mathfrak{g}(\mathfrak{r}). \tag{4}$$

Dabei beschreibt der erste Faktor die Probemasse hinsichtlich ihrer Gravitationseigenschaften; der zweite, vektorielle Faktor $\mathfrak{g}(\mathfrak{r})$ ordnet jedem Punkt $\mathfrak{r}$ im Raume einen Vektor $\mathfrak{g}$ zu, der nach Größe und Richtung durch die Massenverteilung allein gegeben ist. Es ist daher zweckmäßig, eine etwas geänderte Begriffsbildung einzuführen: Jede Massenverteilung der Dichte $\varrho(\mathfrak{r})$ erzeugt im ganzen Raume ein *Gravitationsfeld oder Schwerefeld der Feldstärke* $\mathfrak{g}(\mathfrak{r})$. Die Kraft, welche eine in dies Feld eingebrachte Punktmasse erfährt, ist dieser Feldstärke an ihrem Ort proportional; die Punktmasse selbst geht mit einem für sie charakteristischen Faktor m in die Kraft ein, den wir kurz ihre *Masse* nennen, den wir aber auch als Kopplungskonstante für das Schwerefeld oder als Gravitationsladung bezeichnen könnten (vgl. auch §7a).

Das Kraftfeld $\mathfrak{K}$, Gl. (4), läßt sich als Gradient schreiben, d.h. es existiert ein skalares Feld $V(\mathfrak{r})$ derart, daß

$$\mathfrak{K} = -\operatorname{grad} V(\mathfrak{r}), \tag{5}$$

welches wir als *potentielle Energie* der Punktmasse m im Schwerefeld bezeichnen. Die Funktion V lautet

$$V(\mathfrak{r}) = -\Gamma m \int \frac{d\tau'\,\varrho(\mathfrak{r}')}{|\mathfrak{r}-\mathfrak{r}'|}; \tag{6}$$

man beweist das leicht durch Ausführen der Differentiationen (5) nach den ungestrichenen Koordinaten. Diese Differentiationen lassen sich unter dem Integral ausführen, so daß man z.B.

$$\frac{\partial}{\partial x}\frac{1}{|\mathfrak{r}-\mathfrak{r}'|} = -\frac{x-x'}{|\mathfrak{r}-\mathfrak{r}'|^3}$$

erhält, d.h.

$$K_x = -\frac{\partial V}{\partial x} = -\Gamma m \int \frac{d\tau'\,\varrho(\mathfrak{r}')\,(x-x')}{|\mathfrak{r}-\mathfrak{r}'|^3},$$

in Übereinstimmung mit Gl. (3).

Da die potentielle Schwereenergie $V(\mathfrak{r})$ die gleiche Aufspaltung wie die Kraft zuläßt:

$$V(\mathfrak{r}) = m\,\varphi(\mathfrak{r}), \tag{7}$$

wollen wir die Funktion

$$\varphi(\mathfrak{r}) = -\Gamma \int \frac{d\tau'\,\varrho(\mathfrak{r}')}{|\mathfrak{r}-\mathfrak{r}'|} \tag{8}$$

einführen, die wir als das *Potential* der Massenverteilung ϱ bezeichnen. Aus dem Potential erhält man, analog zu Gl. (5), die Feldstärke

$$\mathfrak{g} = -\operatorname{grad}\varphi. \tag{9}$$

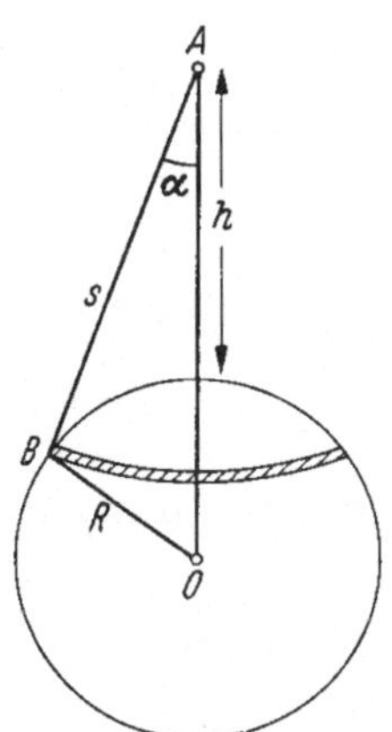

Fig. 38. Zoneneinteilung einer Kugel zur Berechnung von deren Gravitationspotential im Aufpunkt A. Diese Zoneneinteilung ist nur bei konstanter Dichte anwendbar

Von diesen allgemeinen Begriffsbildungen wollen wir nun sofort eine einfache, aber wichtige Anwendung vornehmen. Im ersten Teil dieses Buches hatten wir auf S. 36 den Newtonschen Gedankengang besprochen, bei dem das Schwerefeld an der Erdoberfläche mit demjenigen in Verbindung gesetzt wurde, welches die Erde am Ort des Mondes erzeugt. Dabei haben wir die Erde wie einen Massenpunkt behandelt; wir wollen jetzt zeigen, daß diese Vereinfachung statthaft ist.

In Fig. 38 ist die Erdkugel vom Radius R dargestellt. Wir wollen das Gravitationspotential berechnen, welches sie in einem Aufpunkt A erzeugt, der in der Höhe h über der Erdoberfläche liegt. Dabei führen wir als einzige Vereinfachung an dieser Stelle die Hypothese ein, daß die Dichte ϱ im Erdinnern konstant sei. Dies hat den Vorteil, daß eine bequeme Aufteilung der Erde in Volumelemente nicht zu Schwierigkeiten bei der Dichtefunktion führt: Wir schlagen um den Aufpunkt Kugeln von verschiedenen Radien; die Schale zwischen zwei Kugeln der Radien s und $s+ds$ schneidet dann aus der Erdkugel das in Fig. 38 schraffierte Volumelement

$$d\tau' = 2\pi\,(1-\cos\alpha)\,s^2\,ds$$

heraus; denn die Oberfläche von $d\tau'$ ist

$$s^2\int_0^\alpha \sin\alpha\,d\alpha\cdot 2\pi = 2\pi\,(1-\cos\alpha)\,s^2,$$

und seine Dicke ist ds. Wendet man nun im Dreieck ABO den Cosinussatz auf den Winkel α an, so erhält man

$$R^2 = s^2 + (h+R)^2 - 2(h+R)\, s \cos\alpha .$$

Schreiben wir für den Abstand AO kurz

$$h + R = r,$$

und lösen nach $\cos\alpha$ auf, so wird

$$d\tau' = 2\pi s^2 ds \left(1 - \frac{s^2 + r^2 - R^2}{2sr}\right) = \frac{\pi s\, ds}{r} (2sr - s^2 - r^2 + R^2).$$

Daher wird das Potential in A nach Gl. (8)

$$\varphi(\mathfrak{r}) = -\Gamma\varrho \int \frac{d\tau'}{s} = -\frac{\pi\Gamma\varrho}{r} \int\limits_{r-R}^{r+R} ds\,(2sr - s^2 - r^2 + R^2).$$

Dabei entsprechen die Integrationsgrenzen dem kleinsten und größten Radius s einer Kugel, welche die Erde schneidet. Das Integral kann elementar ausgerechnet werden:

$$\int\limits_{r-R}^{r+R} ds\,(2sr - s^2 - r^2 + R^2) = \tfrac{4}{3} R^3;$$

also wird bei Einführung der Erdmasse

$$M = \frac{4\pi}{3} \varrho R^3$$

das Potential im Aufpunkt A:

$$\varphi = -\frac{\Gamma M}{r}, \tag{10}$$

und das ist genau der im ersten Teil verwendete Ausdruck, der sich auch ergeben hätte, wenn die Masse M im Erdmittelpunkt O vereinigt gewesen wäre. Damit ist NEWTONs Hypothese nachträglich gerechtfertigt (vgl. aber S. 193).

b) Zum inneren Aufbau der Erde. Die Voraussetzung der vorstehenden Rechnung, daß die Dichte im Erdinnern konstant sei, ist nun freilich keineswegs erfüllt, wie wir ebenfalls im ersten Teil dieses Buches (S. 48) schon angedeutet haben. Wir wollen uns, ehe wir in der allgemeinen Theorie weitergehen, im folgenden kurz über den Aufbau der Erde Rechenschaft geben.

Die Kenntnis der Erdmasse M (§ 7c, S. 48) liefert uns unter der Voraussetzung kugelsymmetrischen Aufbaus den Wert des Integrals

$$M = 4\pi \int\limits_0^R dr\, r^2 \varrho(r). \tag{11}$$

Die Kreiselbewegung des Erdkörpers, die aus astronomischen Daten bekannt ist, gestattet die Bestimmung des Trägheitsmomentes

$$J = \frac{8\pi}{3} \int_0^R dr\, r^4 \varrho(r). \qquad (12)$$

Rechnet man diese beiden Integrale bei konstanter Dichte aus, so erhält man

$$M = \frac{4\pi}{3} \varrho R^3; \qquad J = \frac{8\pi}{15} \varrho R^5,$$

mithin also

$$J = \tfrac{2}{5} M R^2. \qquad (13)$$

Diese Relation enthält nur bekannte Größen:

$$\left.\begin{aligned} J &= 81 \cdot 10^{43}\,\mathrm{g\,cm^2}; \\ M &= 5{,}98 \cdot 10^{27}\,\mathrm{g}; \\ R &= 6{,}37 \cdot 10^{8}\,\mathrm{cm}. \end{aligned}\right\} \qquad (14)$$

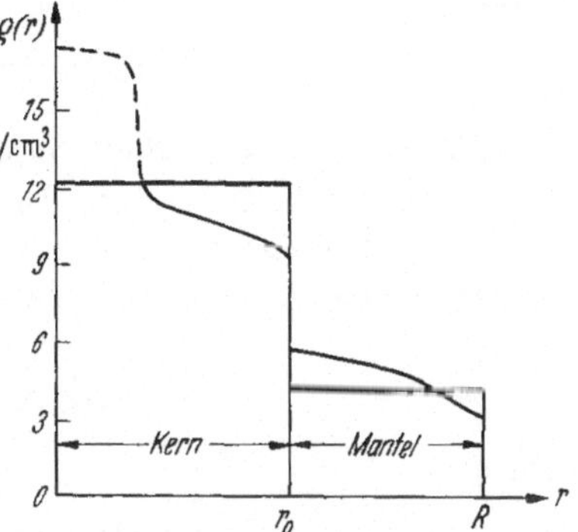

Fig. 39. Die Dichte im Erdinnern. Kern und Mantel sind unterschieden; die beiden horizontalen Linien entsprechen unserem stark vereinfachten Modell. Die eingezeichnete Kurve gibt den wirklichen Verlauf nach den heutigen Ergebnissen der Erdbebenforschung wieder. (Nach JACOBS, a. a. O.)

Daraus folgt für die Erde

$$J = 0{,}334\, M R^2,$$

d.h. das Trägheitsmoment ist kleiner als der für konstante Dichte erwartete Wert (13), was einer Massenkonzentration zur Mitte der Erde hin entspricht.

Diese Massenkonzentration hat zwei verschiedene Ursachen. Eine *grobe Dichtestruktur* deutet das Studium der Erdbebenwellen an, das zu einer Einteilung der Erdmaterie in einen *Kern* und einen *Mantel* geführt hat, die durch eine scharfe Diskontinuität beim Radius $r_0 = 3{,}47 \cdot 10^8$ cm voneinander getrennt sind. Der Mantel ist eine feste Substanz, in der sowohl longitudinale als transversale Wellen auftreten; der Kern ist eine Flüssigkeit, in der es nur longitudinale Wellen gibt. Bei dieser Beschreibung haben wir die *Kruste* vernachlässigt, die nur 33 km tief ist. Eine *feinere Dichtestruktur* überlagert sich dieser groben Zweiteilung infolge der Kompressibilität der Erdmaterie, die nach dem oben in §20a angedeuteten Verfahren aus der Geschwindigkeit der Erdbebenwellen entnommen werden kann.

Wir behandeln im folgenden zur Erläuterung der Methode nur die grobe Dichtestruktur nach dem in Fig. 39 skizzierten Modell konstanter Dichte ϱ_1 im Kern $(0 < r < r_0)$ und konstanter Dichte ϱ_2 im Mantel

($r_0 < r < R$) bei Vernachlässigung der Kruste. Dann ergibt sich aus den Gln. (11) und (12)

$$\left.\begin{aligned} M &= \frac{4\pi}{3} R^3 \left[\varrho_2 + (\varrho_1 - \varrho_2) \frac{r_0^3}{R^3} \right], \\ J &= \frac{8\pi}{15} R^5 \left[\varrho_2 + (\varrho_1 - \varrho_2) \frac{r_0^5}{R^5} \right]. \end{aligned}\right\} \tag{15}$$

Da M, J, R und r_0 bekannt sind, kann man aus diesen beiden Gleichungen ϱ_1 und ϱ_2 berechnen:

$$\varrho_1 = 12{,}3 \text{ g/cm}^3; \qquad \varrho_2 = 4{,}2 \text{ g/cm}^3. \tag{16}$$

Will man dies Modell verfeinern, so muß man die Kompression der Materie infolge des im Erdinnern herrschenden Druckes berücksichtigen. Der Druck p ist die Schwerkraft der über einem cm² einer Fläche $r = \text{const}$ lastenden Materie; er nimmt daher mit der Tiefe zu gemäß

$$dp = -\Gamma \frac{M_r \cdot \varrho \, dr}{r^2}, \tag{17}$$

worin

$$M_r = 4\pi \int_0^r dr' \, r'^2 \varrho(r') \tag{18}$$

die innerhalb einer Kugel vom Radius r befindliche Teilmasse bedeutet. Ferner definieren wir die Kompressibilität der Materie durch

$$\varkappa = \frac{1}{\varrho} \frac{d\varrho}{dp}. \tag{19}$$

Da wir in § 20a (S. 142) gesehen haben, daß die Geschwindigkeit longitudinaler Wellen

$$c = \sqrt{\gamma \frac{p}{\varrho}}$$

ist, wobei γ aus der Gleichung eines adiabatischen Vorganges

$$\frac{dp}{p} = \gamma \frac{d\varrho}{\varrho}$$

definiert ist, so folgt

$$\frac{1}{c^2} = \frac{\varrho}{\gamma p} = \frac{d\varrho}{dp} = \varkappa \varrho,$$

oder

$$\varkappa = \frac{1}{\varrho c^2}. \tag{20}$$

Aus Dichte und Wellengeschwindigkeit läßt sich daher die Kompressibilität zum mindesten in dem flüssigen Kern nach Gl. (20) bestimmen. In dem festen Mantel, in dem verschiedene Fortpflanzungsgeschwindigkeiten c_l für longitudinale und c_t für transversale Wellen bestehen, tritt statt dessen[1]

$$\frac{1}{\varkappa} = \varrho\left(c_l^2 - \frac{4}{3}c_t^2\right). \tag{20'}$$

Aus den Gln. (17) und (19) erhält man durch Kombination

$$\frac{d\varrho}{dr} = \varkappa\,\varrho\,\frac{dp}{dr} = -\Gamma\varkappa\,\frac{\varrho^2 M_r}{r^2}. \tag{21}$$

Das ist die Adams-Williamsonsche Gleichung, die 1923 zuerst aufgestellt wurde und allen Berechnungen über die Dichte im Erdinnern zugrundeliegt.

Die Lösung dieser Gleichung ist etwas mühsam. Wir wollen darauf verzichten und beschränken uns darauf, im Rahmen des Modells von Fig. 39 den Druck im Erdinnern mit Hilfe von Gl. (17) auszurechnen:

$$p(r) = \Gamma\int\limits_r^R \frac{M_{r'}\,\varrho(r')}{r'^2}\,dr'. \tag{22}$$

Hierin ist nach (18) für unser Modell

$$M_{r'} = \begin{cases} \dfrac{4\pi}{3}\varrho_1 r'^3 & \text{für} \quad r' < r_0, \\ \dfrac{4\pi}{3} r_0^3\left\{(\varrho_1 - \varrho_2) + \varrho_2\dfrac{r'^3}{r_0^3}\right\} & \text{für} \quad r' > r_0. \end{cases}$$

Danach läßt sich das Integral (22) elementar auswerten. Insbesondere ergibt sich für den Druck im Erdmittelpunkt:

$$\begin{aligned} p_0 &= \Gamma\int\limits_0^R \frac{M_{r'}\,\varrho(r')}{r'^2}\,dr' \\ &= \frac{4\pi}{3}\Gamma\left\{\varrho_1^2\frac{r_0^2}{2} + \varrho_2 r_0^3\left[(\varrho_1 - \varrho_2)\left(\frac{1}{r_0} - \frac{1}{R}\right) + \frac{\varrho_2}{2r_0^3}(R^2 - r_0^2)\right]\right\}. \end{aligned}$$

Mit den Abkürzungen

$$\varrho_2/\varrho_1 = q; \qquad r_0/R = \xi$$

ergibt sich daraus nach einfachen Umformungen

$$p_0 = \frac{4\pi}{3}\Gamma R^2\varrho_1^2\left\{\left(\frac{1}{2} + q - \frac{3}{2}q^2\right)\xi^2 + \frac{1}{2}q^2 - (q - q^2)\,\xi^3\right\}.$$

[1] Vgl. hierzu und für genaueres Zahlenmaterial J. A. Jacobs: The Earth's Interior. In: Handbuch der Physik, Band 47. Insbesondere S. 370–375. — Da die Materie im Erdinnern kein Gas ist, hat die Konstante γ eine etwas andere Bedeutung als in § 20a; die Form der differentiellen Adiabatengleichung $dp/p = \gamma\,d\varrho/\varrho$ bleibt aber bestehen und damit die hier allein wesentlichen Beziehungen (20) und (21).

Mit den Werten $q = 0{,}341$ gemäß (16) und $\xi = 0{,}540$ nimmt die Klammer den Wert 0,217 an, und es entsteht schließlich

$$p_0 = 3{,}75 \cdot 10^{12}\ \mathrm{dyn/cm^2} \tag{23}$$

für den Druck im Erdmittelpunkt, d. h. nahezu 4 Millionen Atmosphären. Dieser aus unserem rohen Modell erhaltene Wert steht in bemerkenswerter Übereinstimmung mit dem derzeit korrektesten Wert verfeinerter Modelle von $3{,}64 \cdot 10^{12}$ dyn/cm².

c) Das Potential einer Kugel variabler Dichte $\rho(r)$. Wir wenden uns nun wieder dem Schwerepotential der Erde zu, wobei jetzt freilich die Zoneneinteilung von Fig. 38 (S. 187) nicht mehr möglich ist, da ϱ von r abhängt. Benutzen wir räumliche Polarkoordinaten um den Erdmittelpunkt, so gilt

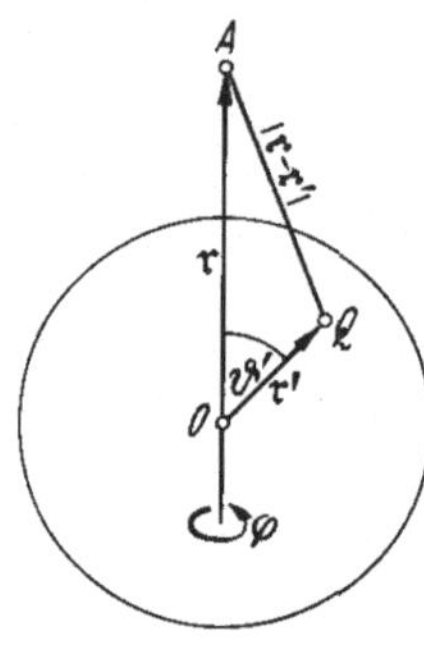

Fig. 40. Koordinatenwahl bei Berechnung des Potentials einer Kugel, deren Dichte nicht konstant ist

$$\varphi(r) = -\Gamma \oint d\Omega' \int_0^R dr'\, r'^2 \varrho(r') \frac{1}{|\mathfrak{r} - \mathfrak{r}'|}, \tag{24}$$

wobei $d\Omega'$ das Raumwinkelelement bedeutet. Hierbei sei ϑ' der Winkel zwischen den beiden vom Erdmittelpunkt O zum *Aufpunkt* A mit dem Ortsvektor $\mathfrak{r}$ und zum *Quellpunkt* Q mit dem Ortsvektor $\mathfrak{r}'$ weisenden Strahlen (Fig. 40); dann ist

$$|\mathfrak{r} - \mathfrak{r}'| = \sqrt{r^2 + r'^2 - 2 r r' \cos\vartheta'}; \tag{25}$$

die Integration nach φ' ist also trivial und gibt den Faktor 2π:

$$\varphi(r) = -2\pi\Gamma \int_{-1}^{+1} dt \int_0^R \frac{dr'\, r'^2 \varrho(r')}{\sqrt{r^2 + r'^2 - 2 r r' t}}; \tag{26}$$

dabei ist

$$\cos\vartheta' = t \tag{27}$$

gesetzt. Nun ist es sicher zweckmäßig, die vom Verlauf der Funktion $\varrho(r')$ unabhängige Integration nach t zuerst auszuführen.

Wir beginnen wie in §23a mit einem außerhalb der Erdkugel gelegenen Aufpunkt A. Dann ist $r > r'$, und wir führen den Parameter

$$p = r'/r; \qquad 0 \leqq p < 1$$

ein. Damit wird

$$\frac{1}{|\mathfrak{r} - \mathfrak{r}'|} = \frac{1}{r}(1 - 2pt + p^2)^{-\frac{1}{2}}.$$

Diese reziproke Wurzel können wir nach dem binomischen Satz gemäß

$$(1+\varepsilon)^{-\frac{1}{2}} = \sum_{n=0}^{\infty} \binom{-\frac{1}{2}}{n} \varepsilon^n = 1 - \frac{1}{2}\varepsilon + \frac{3}{8}\varepsilon^2 - \frac{5}{16}\varepsilon^3 + \frac{35}{128}\varepsilon^4 \ldots$$

in eine Potenzreihe entwickeln, die für $|\varepsilon| < 1$ konvergiert:

$$\frac{r}{|\mathfrak{r}-\mathfrak{r}'|} = 1 - \frac{1}{2}(-2pt+p^2) + \frac{3}{8}(4p^2t^2 - 4p^3t + p^4) -$$
$$- \frac{5}{16}(-8p^3t^3 + 12p^4t^2 - 6p^5t + p^6) +$$
$$+ \frac{35}{128}(16p^4t^4 - 32p^5t^3 + 24p^6t^2 - 8p^7t + p^8) \cdots .$$

Ordnet man nach Potenzen des Parameters p, so entsteht:

$$\frac{r}{|\mathfrak{r}-\mathfrak{r}'|} = 1 + tp + \left(\frac{3}{2}t^2 - \frac{1}{2}\right)p^2 + \left(\frac{5}{2}t^3 - \frac{3}{2}t\right)p^3 +$$
$$+ \left(\frac{35}{8}t^4 - \frac{15}{4}t^2 + \frac{3}{8}\right)p^4 + \cdots .$$

Ein Vergleich mit Gl. (36) von §20c (S. 148) zeigt, daß als Koeffizient von p^n jeweils das Legendresche Polynom $P_n(t)$ auftritt:

$$\frac{1}{|\mathfrak{r}-\mathfrak{r}'|} = \frac{1}{r}\sum_{n=0}^{\infty} P_n(t)\left(\frac{r'}{r}\right)^n \quad \text{für} \quad r' < r. \tag{28}$$

Setzen wir diese Reihenentwicklung in Gl. (26) ein, so wird

$$\int_{-1}^{+1} dt \frac{1}{|\mathfrak{r}-\mathfrak{r}'|} = \frac{1}{r}\sum_{n=0}^{\infty}\left(\frac{r'}{r}\right)^n \int_{-1}^{+1} dt\, P_n(t).$$

Das letzte Integral läßt sich aber wegen $P_0 \equiv 1$ auch schreiben

$$\int_{-1}^{+1} dt\, P_n(t)\, P_0(t)$$

und verschwindet infolge der in §20c, Gl. (41) auf S. 152 bewiesenen Orthogonalitätseigenschaft der Kugelfunktionen außer für $n=0$, wo es den Wert 2 annimmt. Daher erhalten wir

$$\int_{-1}^{+1} dt \frac{1}{|\mathfrak{r}-\mathfrak{r}'|} = \frac{2}{r} \tag{29}$$

und aus Gl. (26)

$$\varphi(r) = -2\pi\Gamma \int_0^R dr'\, r'^2 \varrho(r') \frac{2}{r} = -\frac{\Gamma M}{r}.$$

Auch in diesem Falle bleibt Gl. (10) also richtig. Erst damit ist der einfache Ansatz NEWTONs, der die Brücke zwischen terrestrischen und Himmelserscheinungen schlug, voll gerechtfertigt.

Nun ist unser Beweis, für die entscheidende Entwicklungsformel (28) noch sehr unvollkommen, da wir lediglich für $n \leqq 4$ durch direktes

Ausrechnen das Auftreten der Legendreschen Polynome gezeigt haben. Um den Beweis für die Identität

$$F(p, t) = \frac{1}{\sqrt{1 - 2pt + p^2}} = \sum_{n=0}^{\infty} P_n(t)\, p^n \quad \text{für} \quad 0 \leqq p < 1 \tag{30}$$

allgemein zu führen, greifen wir auf die in Gl. (32) und (34) von §20c auf S. 146 u. 148 angegebene Differentialgleichung der Legendreschen Funktionen

$$(1 - t^2)\, P_n'' - 2t\, P_n' + n(n+1)\, P_n = 0 \tag{31}$$

zurück. Ist die Reihenentwicklung (30) richtig, so folgt aus der trivialen Identität

$$\sum_n p^n \{(1 - t^2)\, P_n'' - 2t\, P_n' + n(n+1)\, P_n\} = 0$$

durch Reduktion auf die Funktion F:

$$(1 - t^2)\frac{\partial^2 F}{\partial t^2} - 2t\frac{\partial F}{\partial t} + p\frac{\partial^2}{\partial p^2}(pF) = 0. \tag{32}$$

Wir müssen also nur beweisen, daß Gl. (32) identisch erfüllt ist, wenn

$$F = R^{-\frac{1}{2}} \quad \text{mit} \quad R = 1 - 2pt + p^2.$$

In der Tat erhält man aus

$$\frac{\partial F}{\partial t} = R^{-\frac{3}{2}}\, p; \qquad \frac{\partial^2 F}{\partial t^2} = 3p^2 R^{-\frac{5}{2}};$$

$$\frac{\partial F}{\partial p} = R^{-\frac{3}{2}}(t - p); \qquad \frac{\partial^2 F}{\partial p^2} = 3R^{-\frac{5}{2}}(t - p)^2 - R^{-\frac{3}{2}};$$

$$p\frac{\partial^2}{\partial p^2}(pF) = p^2\frac{\partial^2 F}{\partial p^2} + 2p\frac{\partial F}{\partial p} = 3p^2(t-p)^2 R^{-\frac{5}{2}} + (2pt - 3p^2)\, R^{-\frac{3}{2}}$$

durch Zusammenfügen der Differentialquotienten die Identität (32). Der Beweis von Gl. (30) wäre damit abgeschlossen, wenn P_n die einzige Lösung der Differentialgleichung (31) wäre. Das ist natürlich keineswegs der Fall; wohl aber ist P_n die einzige Lösung, welche die Randbedingungen

$$P_n(+1) = +1; \qquad P_n(-1) = (-1)^n \tag{33}$$

befriedigt. Für $t = \pm 1$ erhält man nun aber die geometrischen Reihen

$$F(p, +1) = \frac{1}{1-p} = 1 + p + p^2 + \cdots;$$

$$F(p, -1) = \frac{1}{1+p} = 1 - p + p^2 - \cdots,$$

d.h. die Koeffizienten $P_n(t)$ der Entwicklung (30) nehmen gerade die Werte (33) an. Damit ist der Beweis von Gl. (30) vollständig erbracht.

Daß die Entwicklung konvergiert, entnimmt man aus der Konvergenz der beiden geometrischen Reihen und dem Faktum, daß die Werte der Kugelfunktionen für andere Werte von t stets dem Betrage nach kleiner als 1 sind, so daß die geometrische Reihe $1+p+p^2+\cdots$ zur Majorisierung dienen kann.

Bei der benutzten Entwicklung (28) haben wir $r>r'$ vorausgesetzt. Das gilt nicht überall, wenn der Aufpunkt im Innern der Materiekugel liegt. Es ist aber nunmehr leicht, auch für $r<r'$ die Entwicklung anzugeben; wir schreiben jetzt

$$\frac{1}{|\mathfrak{r}-\mathfrak{r}'|}=\frac{1}{\sqrt{r^2+r'^2-2rr't}}=\frac{1}{r'}\left(1-2\frac{r}{r'}t+\frac{r^2}{r'^2}\right)^{-\frac{1}{2}},$$

benutzen also jetzt den Parameter r/r' genauso wie zuvor r'/r. Anstelle von (28) tritt also

$$\frac{1}{|\mathfrak{r}-\mathfrak{r}'|}=\frac{1}{r'}\sum_{n=0}^{\infty}P_n(t)\left(\frac{r}{r'}\right)^n \quad \text{für} \quad r<r'. \tag{34}$$

Damit ergibt die Integration über t in Gl. (26) also:

$$G(r,r')=\frac{1}{2}\int_{-1}^{+1}\frac{dt}{|\mathfrak{r}-\mathfrak{r}'|}=\begin{Bmatrix}1/r & \text{für} & r'<r, \\ 1/r' & \text{für} & r'>r.\end{Bmatrix} \tag{35}$$

Das Potential $\varphi(r)$ berechnet man dann aus

$$\varphi(r)=-4\pi\Gamma\int_0^R dr'\,r'^2\varrho(r')\,G(r,r'), \tag{36}$$

worin nach (35) $G(r,r')$ für $r'<r$ und $r'>r$ durch einen verschiedenen analytischen Ausdruck wiedergegeben wird:

$$\varphi(r)=-4\pi\Gamma\left\{\frac{1}{r}\int_0^r dr'\,r'^2\varrho(r')+\int_r^R dr'\,r'\varrho(r')\right\} \tag{37}$$

oder

$$\varphi(r)=-\Gamma\left\{\frac{M}{r}-4\pi\int_r^R dr'\,r'^2\varrho(r')\left(\frac{1}{r}-\frac{1}{r'}\right)\right\}. \tag{38}$$

Im Innern ergibt sich also eine Abweichung des Gravitationspotentials von der Newtonschen Formel (10), und zwar gilt dies auch schon für *konstante Dichte.*

Im letzteren Falle wollen wir die Integrale (37) ausrechnen:

$$\varphi(r)=-4\pi\Gamma\varrho\left\{\frac{1}{r}\frac{r^3}{3}+\frac{1}{2}(R^2-r^2)\right\}$$

oder kürzer

$$\varphi(r)=-\frac{\Gamma M}{R}\left(\frac{3}{2}-\frac{1}{2}\frac{r^2}{R^2}\right) \quad \text{für} \quad r<R. \tag{39a}$$

Dies Potential geht für $r=R$ stetig in den Ausdruck (10)

$$\varphi(r) = -\frac{\Gamma M}{r} \quad \text{für} \quad r > R \tag{39b}$$

über. Durch Differenzieren erhält man nach Gl. (9) die Schwerefeldstärke, die nur eine Radialkomponente besitzt:

$$g_r = -\frac{\partial \varphi}{\partial r} = \begin{cases} -\frac{\Gamma M}{R^3} r & \text{für} \quad r < R; \\ -\frac{\Gamma M}{r^2} & \text{für} \quad r > R. \end{cases} \tag{40}$$

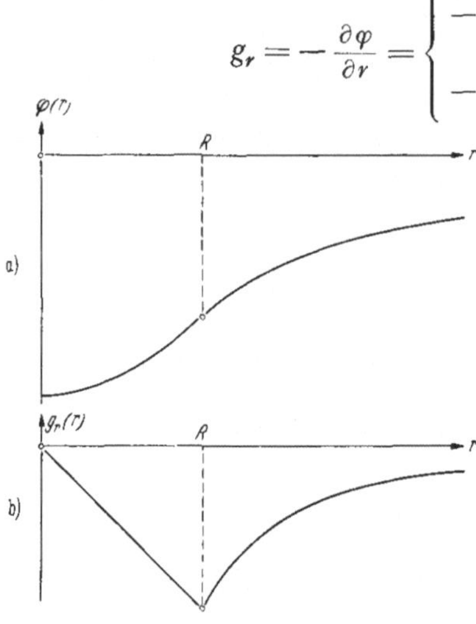

Fig. 41 a u. b. Homogene Kugel. a Potential. b Feldstärke

Auch g_r ist an der Kugeloberfläche $r=R$ stetig. Der Ausdruck für g_r im Innern läßt sich übrigens auch schreiben

$$g_r = -\frac{\Gamma M_r}{r^2} \quad \text{für} \quad r < R, \tag{41}$$

und diese Formel bleibt auch noch richtig, wenn ϱ nicht konstant ist, wie man durch Differenzieren von Gl. (37) nach r sofort nachweist. Gl. (41) hat eine einfache anschauliche Bedeutung: Ein Massenpunkt im Innern der Kugel im Abstande r vom Mittelpunkt erfährt Anziehungskräfte sowohl von den Massen der äußeren Schalen $(r' > r)$ als von dem Kerngebiet $(r' < r)$. Da der Ausdruck (41) genau gleich der Anziehung durch das Kerngebiet allein ist, so folgt, daß die Einflüsse der äußeren Schalen sich vollständig aufheben. Nähme man das Kerngebiet heraus, so bliebe daher im Innern einer Hohlkugel (mit beliebig dicker Wand) ein kräftefreies Gebiet übrig.

Die durch Gl. (39) und (40) beschriebenen Ausdrücke sind in Fig. 41 maßstäblich gezeichnet.

d) Differentialgleichungen von Poisson und Laplace. Als Ausgangspunkt der Potentialtheorie haben wir bisher Gl. (8) auf S. 187 benutzt, in der das Potential einer Massenverteilung der Dichte $\varrho(\mathfrak{r}')$ als Integral über diese Verteilung aufgebaut ist:

$$\varphi(\mathfrak{r}) = -\Gamma \int \frac{d\tau' \, \varrho(\mathfrak{r}')}{|\mathfrak{r} - \mathfrak{r}'|}. \tag{42}$$

Der einfachste Fall ist das von einer Punktsingularität, d.h. von einem Massenpunkt im Koordinatenursprung

$$\varrho(\mathfrak{r}') = M\,\delta(\mathfrak{r}') \tag{43}$$

erzeugte Feld:

$$\varphi(\mathfrak{r}) = -\frac{\Gamma M}{r}. \tag{44}$$

Diese Funktion genügt der Laplaceschen Differentialgleichung

$$\Delta\varphi = 0, \tag{45}$$

wie man durch Differenzieren von (44) sofort nachrechnet, sofern nicht $r=0$ ist. In der Umgebung dieser singulären Stelle divergieren φ und seine Differentialquotienten, so daß zunächst in der Grenze $r\to 0$ überhaupt keine Aussage mehr möglich scheint. Die Diskussion wird aber sehr erleichtert, wenn wir den Massenpunkt durch die physikalisch vernünftigere Näherung einer kleinen Kugel konstanter Dichte $\varrho = \frac{3M}{4\pi\varepsilon^3}$ vom Radius ε ersetzen; dann gelten die Formeln (39a, b) in der Gestalt

$$\varphi(\mathfrak{r}) = \begin{cases} -\dfrac{\Gamma M}{r} & \text{für} \quad r > \varepsilon, \\ -\dfrac{\Gamma M}{\varepsilon}\left(\dfrac{3}{2} - \dfrac{1}{2}\dfrac{r^2}{\varepsilon^2}\right) & \text{für} \quad r < \varepsilon. \end{cases}$$

Nun bestehen aber keine Schwierigkeiten mehr, auch im Innern der Kugel $r<\varepsilon$

$$\Delta\varphi = \frac{d^2\varphi}{dr^2} + \frac{2}{r}\frac{d\varphi}{dr}$$

auszurechnen; das Ergebnis ist

$$\Delta\varphi = \frac{\Gamma M}{2\varepsilon^3}\Delta(r^2) = \frac{3\Gamma M}{\varepsilon^3} = 4\pi\Gamma\varrho; \tag{46}$$

d.h. im Innern der Materieverteilung verschwindet $\Delta\varphi$ nicht mehr, sondern es besitzt einen endlichen Wert, der proportional der Dichte ϱ wird.

Die beiden Resultate (45) und (46) lassen sich ganz allgemein beweisen. In eine einzige Behauptung zusammengezogen, lauten sie: *Das Gravitationspotential einer Massenverteilung $\varrho(\mathfrak{r})$ genügt der Poissonschen Differentialgleichung*

$$\Delta\varphi = 4\pi\Gamma\varrho. \tag{47}$$

In solchen Gebieten, in denen sich keine Materie befindet ($\varrho=0$), folgt dann automatisch die Laplacesche Gleichung.

Zum Beweis von (47) zeigen wir zunächst, daß die Funktion (42) eine Lösung dieser Differentialgleichung ist, sodann daß es die einzige ist, welche dem physikalischen Problem entspricht. Bilden wir $\Delta\varphi$ mit der Funktion (42), so können wir Differentiation und Integration vertauschen und

$$\Delta\varphi = -\Gamma\int d\tau'\,\varrho(\mathfrak{r}')\,\Delta\frac{1}{|\mathfrak{r}-\mathfrak{r}'|}$$

schreiben; sodann können wir statt nach den Koordinaten des Aufpunktes ($\mathfrak{r}$) nach denen des Quellpunktes ($\mathfrak{r}'$) differenzieren, da

$$\Delta\frac{1}{|\mathfrak{r}-\mathfrak{r}'|} = \Delta'\frac{1}{|\mathfrak{r}-\mathfrak{r}'|}$$

ist. Diese Differentiation ergibt Null außer in einer infinitesimalen Umgebung der Stelle $\mathfrak{r}' = \mathfrak{r}$, auf welche wir daher die Integration beschränken können. In dieser Umgebung ist $\varrho(\mathfrak{r}')$ konstant $(= \varrho(\mathfrak{r}))$ und kann vor das Integral gezogen werden:

$$\Delta\varphi = -\Gamma\,\varrho(\mathfrak{r}) \int\limits_{\mathfrak{r}'\approx\mathfrak{r}} d\tau'\,\Delta' \frac{1}{|\mathfrak{r}'-\mathfrak{r}|};$$

das Integral in der letzten Gleichung berechnet man am bequemsten in Polarkoordinaten um den Punkt $\mathfrak{r}$ als Zentrum: Mit $\mathfrak{r}' - \mathfrak{r} = \mathfrak{r}''$ wird dann

$$\int\limits_{\mathfrak{r}'\approx\mathfrak{r}} d\tau'\,\Delta' \frac{1}{|\mathfrak{r}'-\mathfrak{r}|} = \int d\tau''\,\Delta'' \frac{1}{r''}$$

eine universelle Konstante, die wir mit Hilfe des Gaußschen Satzes für eine kleine Kugel $r'' \leqq \varepsilon$ berechnen:

$$\int\limits_{(\varepsilon)} d\tau''\,\Delta'' \frac{1}{r''} = \int\limits_{(\varepsilon)} df'' \frac{\partial}{\partial r''}\left(\frac{1}{r''}\right) = -\int\limits_{(\varepsilon)} df'' \frac{1}{r''^2} = -4\pi\,\varepsilon^2 \cdot \frac{1}{\varepsilon^2} = -4\pi.$$

Damit ergibt sich also die Poissonsche Differentialgleichung (47); die Funktion (42) ist daher eine spezielle Lösung dieser Differentialgleichung. Da (47) eine inhomogene Differentialgleichung ist, erhalten wir die vollständige Lösung durch Hinzufügen der vollständigen Lösung der homogenen Laplaceschen Gleichung zu unserer speziellen Lösung (42). Die allgemeinste Lösung dieser homogenen Gleichung, die wir brauchen können, ist aber eine Konstante, da jede andere Lösung entweder vom Typ (44) ist, d.h. Singularitäten im Endlichen besitzt, die die Gültigkeit der homogenen Gleichung unterbrechen, oder aber im Unendlichen unbegrenzt wächst[1], was für eine abgeschlossene Massenverteilung sinnlos ist. Die einzige Verallgemeinerung der Lösung (42), die physikalisch sinnvoll ist, besteht also in der Hinzufügung einer willkürlichen Konstanten, die genau wie die Energiekonstante (vgl. §10) so normiert werden möge, daß φ im Unendlichen gegen Null strebt, wenn die gesamte Massenverteilung im Endlichen liegt.

Wir können die Differentialgleichung (47) benutzen, um für einfache Verteilungen ϱ durch Integration die Lösung bequemer zu erhalten als nach der allgemeinen Lösungsformel (42). So haben wir für die oben

[1] Diese Aussagen über die Lösungen der Laplaceschen Gleichung sind nicht trivial; den Beweis übergehen wir hier aber. Er kann mit Hilfe der sog. Poissonschen Integralformel für die Lösung des Randwertproblems: „φ auf der Oberfläche einer Kugel gegeben" erfolgen, wenn man den Radius der Kugel gegen Unendlich gehen läßt.

behandelte kugelsymmetrische Massenverteilung $\varrho(r)$ offenbar nur eine einzige Variable, so daß die gewöhnliche Differentialgleichung

$$\frac{d^2\varphi}{dr^2} + \frac{2}{r}\frac{d\varphi}{dr} = 4\pi\Gamma\varrho(r) \tag{48}$$

entsteht, die man auch schreiben kann

$$\frac{1}{r^2}\frac{d}{dr}\left(r^2\frac{d\varphi}{dr}\right) = 4\pi\Gamma\varrho(r).$$

Daraus folgt durch Quadratur zunächst

$$r^2\frac{d\varphi}{dr} = 4\pi\Gamma\int_0^r \varrho(r')\,r'^2\,dr',$$

wobei die untere Integrationsgrenze der Gl. (41) entspricht: Für $r=0$ müssen linke und rechte Seite gleichzeitig verschwinden. Abermalige Quadratur führt dann auf

$$\varphi(r) = 4\pi\Gamma\int_\infty^r \frac{dr''}{r''^2}\int_0^{r''} dr'\,r'^2\varrho(r'), \tag{49}$$

wobei die untere Integrationsgrenze so gewählt ist, daß φ im Unendlichen verschwindet. Die Auswertung des Doppelintegrals (49) für eine Kugel konstanter Dichte ϱ vom Radius R führt wieder auf die Formeln (39a, b) zurück.

Der allgemeine Identitätsbeweis der Formeln (37) und (49) ist nicht ganz einfach; wir geben ihn im folgenden unter der Voraussetzung, daß die endliche Gesamtmasse gänzlich innerhalb einer Kugel von zwar beliebig großem, aber endlichem Radius R liegt. Dann schreiben wir in Gl. (37)

$$\varphi(r) = -4\pi\Gamma\left\{\frac{1}{r}\int_0^r dy\,y^2\varrho(y) + \int_r^\infty dy\,y\,\varrho(y)\right\}$$

für den Faktor $1/r$ vor dem ersten Integral

$$\frac{1}{r} = \int_r^\infty \frac{dx}{x^2}$$

und erhalten mit der Identität

$$\frac{1}{r}\int_0^r dy\,y^2\varrho(y) = \int_r^\infty \frac{dx}{x^2}\int_0^x dy\,y^2\varrho(y) - \int_r^\infty \frac{dx}{x^2}\int_r^x dy\,y^2\varrho(y)$$

als ersten Term in $\varphi(r)$ gerade den Ausdruck (49) in der Schreibweise

$$\varphi(r) = -4\pi\Gamma\int_r^\infty \frac{dx}{x^2}\int_0^x dy\,y^2\varrho(y).$$

Die beiden Formeln für $\varphi(r)$ stimmen also überein, wenn

$$F(r) = -\int_r^\infty \frac{dx}{x^2}\int_r^x dy\, y^2\,\varrho(y) + \int_r^\infty dy\, y\,\varrho(y) = 0$$

wird. Dieser Ausdruck ist nun gewiß für $r > R$ gleich Null; denn in allen Integralen wird dann nur noch über Bereiche integriert, in denen $\varrho(y) = 0$ ist. Weiterhin läßt sich aber leicht einsehen, daß $F(r)$ eine Konstante sein muß, da

$$\frac{dF(r)}{dr} = \frac{1}{r^2}\int_r^r dy\, y^2\,\varrho(y) + \int_r^\infty \frac{dx}{x^2}\, r^2\,\varrho(r) - r\,\varrho(r) \equiv 0$$

ist; also muß F überall verschwinden, womit der Äquivalenzbeweis der Ausdrücke (37) und (49) geführt ist.

e) Eine Anwendung auf den Aufbau der Fixsterne. Die Poissonsche Differentialgleichung

$$\Delta\varphi = 4\pi\Gamma\varrho \tag{50}$$

verknüpft die beiden Funktionen φ und ϱ miteinander; wollen wir den inneren Aufbau eines Sterns kennenlernen, so sind beide Funktionen als unbekannt einzuführen; wir brauchen daher zwei Bestimmungsgleichungen. Nun haben wir schon in §23b (S. 190) beim Aufbau der Erde den Zusammenhang von ϱ mit dem Druck

$$\frac{dp}{dr} = -\frac{\Gamma M_r\,\varrho}{r^2} \tag{51}$$

kennengelernt, den wir bei Berücksichtigung von (40), (41) mit

$$\frac{d\varphi}{dr} = \frac{\Gamma M_r}{r^2} \tag{52}$$

auch

$$dp = -\varrho\, d\varphi \tag{53}$$

schreiben können. Damit wird uns zwar eine neue Gleichung, aber auch eine neue Unbekannte p geliefert. Um ein abgeschlossenes Gleichungssystem zu erhalten, brauchen wir noch eine Beziehung zwischen p und ϱ. Streng genommen besteht kein eindeutiger Zusammenhang dieser Art, vielmehr liefert die Zustandsgleichung der Sternmaterie $p = p(\varrho, T)$ wieder eine neue unbekannte Funktion, die Temperatur T hinzu, zu deren Festlegung es eines sehr schwierigen Studiums der Energieerzeugung und des Energietransportes im Sterninnern bedarf. Diesen schwierigen Untersuchungen können wir in einer zur Orientierung brauchbaren Näherung entgehen, wenn wir das sog. *polytrope Modell* verwenden, das durch die vereinfachte Zustandsgleichung

$$p = f \cdot \varrho^{1+\frac{1}{n}} \tag{54}$$

definiert ist, wobei f und der *Polytropenindex* n konstant sind. Dies Modell enthält den einfachen Grenzfall $p \sim \varrho^{\gamma}$ mit $\gamma = \frac{5}{3}$ oder $n = \frac{3}{2}$ für adiabatisches Verhalten der hochionisierten, einatomigen Gase. Dieser Grenzfall würde bei turbulenter Durchmischung eintreten; $n > \frac{3}{2}$ bedeutet unvollkommene Durchmischung. Es läßt sich zeigen, daß bereits für $n > 3$ eine instabile Schichtung aufträte, so daß der Polytropenindex in jedem Teil des Sternes auf das Intervall $\frac{3}{2} \leqq n \leqq 3$, der Exponent in Gl. (54) also auf $\frac{4}{3} \leqq 1 + \frac{1}{n} \leqq \frac{5}{3}$ beschränkt ist. Dies ist in der Tat kein allzuweiter Spielraum, so daß das polytrope Modell des Sternaufbaus einen recht brauchbaren Anhalt gibt.

Aus Gl. (54) folgt nun

$$dp = f \cdot \left(1 + \frac{1}{n}\right) \varrho^{\frac{1}{n}} \, d\varrho$$

und in Kombination mit Gl. (53)

$$d\varphi = -\frac{dp}{\varrho} = -f \cdot \left(1 + \frac{1}{n}\right) \varrho^{\frac{1}{n}-1} \, d\varrho .$$

Daraus erhält man durch Integration mit der Randbedingung $\varphi = 0$ für $\varrho = 0$ (weit außerhalb des Sterns):

$$\varphi = -f \frac{1 + \frac{1}{n}}{\frac{1}{n}} \varrho^{\frac{1}{n}} \quad \text{oder} \quad \varrho = \frac{(-\varphi)^n}{f^n (n+1)^n} . \tag{55}$$

Diesen Ausdruck für ϱ können wir schließlich auf der rechten Seite der Poissonschen Gleichung (50) einsetzen und erhalten

$$\Delta \varphi = \frac{4\pi \Gamma}{f^n (n+1)^n} (-\varphi)^n , \tag{56}$$

d. h. also eine Differentialgleichung für eine einzige unbekannte Funktion, das Potential $\varphi(r)$.

Zur Diskussion dieser Grundgleichung des Sternaufbaus sind einige einfache Veränderungen zweckmäßig. Da φ, wie wir aus den vorhergehenden Abschnitten schon wissen, überall negativ ist, führen wir die positive Größe $-\varphi$ als Unbekannte ein, womit wir die lästigen gebrochenen Potenzen von -1 auf der rechten Seite von (56) beseitigen. Außerdem messen wir φ in Einheiten des Wertes $\varphi(0) = \varphi_0$ im Sternmittelpunkt, d. h. wir führen die neue Funktion

$$u(r) = -\frac{\varphi(r)}{\varphi_0} \tag{57}$$

ein. Dann muß u im Mittelpunkt $r=0$ den Randbedingungen

$$u(0)=1; \qquad u'(0)=0 \tag{58}$$

genügen. Weiterhin wollen wir noch die konstanten Faktoren auf der rechten Seite von (56) durch Wahl eines geeigneten Längenmaßstabes beseitigen; wir benutzen

$$r_1=\sqrt{\frac{f^n(n+1)^n}{4\pi\Gamma\varphi_0^{n-1}}} \tag{59}$$

als Längeneinheit, wählen also statt r die dimensionslose Variable

$$\frac{r}{r_1}=z. \tag{60}$$

Dann geht die Grundgleichung (56) schließlich über in die Differentialgleichung

$$\frac{d^2u}{dz^2}+\frac{2}{z}\frac{du}{dz}+u^n=0. \tag{61}$$

Das ist die wichtige *Polytropengleichung* von EMDEN (1907), die keine Maßstabskoeffizienten mehr enthält. Hat man für den gewählten Polytropenindex n einmal ihre Lösung zu den Randbedingungen (58) bestimmt, so kann man elementar alle gewünschten Daten für den Stern daraus ablesen.

Die Lösung fällt von $u(0)=1$ mit wachsendem z monoton ab und erreicht bei einem Wert Z eine Nullstelle $u(Z)=0$. Dieser Punkt entspricht daher dem Sternradius,

$$R=Z\,r_1. \tag{62}$$

Weiterhin ist an dieser Stelle $u'(Z)$ bekannt, woraus

$$\frac{\Gamma M}{R^2}=\left(\frac{d\varphi}{dr}\right)_R=-\frac{\varphi_0}{r_1}u'(Z)$$

zu entnehmen ist, d.h. wir erhalten

$$M=\frac{\varphi_0 r_1}{\Gamma}Z^2|u'(Z)|. \tag{63}$$

Umgekehrt entnimmt man bei vorgegebener Masse M und vorgegebenem Radius R aus (62) und (63) die passenden Werte von r_1 und φ_0:

$$r_1=\frac{R}{Z}; \qquad \varphi_0=\frac{\Gamma M}{R}\,\frac{1}{Z\,|u'(Z)|}. \tag{64}$$

Aus Gl. (59) kann man dann die Konstante f bestimmen:

$$f=\frac{\Gamma M}{(n+1)R}\sqrt[n]{\frac{R^3}{M}\,\frac{4\pi}{Z^{n+1}|u'(Z)|^{n-1}}}. \tag{65}$$

Mit Hilfe der Gln. (54) und (55) kann man schließlich die Funktionen $\varrho(r)$ und $p(r)$ durch $u(r)$ ausdrücken:

$$\varrho(r) = \frac{M}{R^3} \frac{Z}{4\pi |u'(Z)|} u^n; \tag{66}$$

$$p(r) = \frac{\Gamma M^2}{4\pi R^4} \frac{1}{(n+1)|u'(Z)|^2} u^{n+1}. \tag{67}$$

Die Mittelpunktswerte ϱ_0 und p_0 von Dichte und Druck erhält man hieraus, wenn man $u = 1$ setzt.

Zur vollständigen Diskussion brauchen wir nur noch die numerische Lösung von (61) mit den Randbedingungen (58) zu berechnen. Man kann dazu etwa mit einer Potenzreihe für u, die nur gerade Potenzen von z enthält, d.h.

$$u(z) = 1 + a_1 z^2 + a_2 z^4 + \cdots$$

in (61) eingehen; die Anwendung des binomischen Satzes auf u^n löst dann diese gebrochene Potenz ebenfalls in eine Reihe gerader Potenzen auf, und man findet durch Koeffizientenvergleich schließlich

$$u(z) = 1 - \frac{1}{6} z^2 + \frac{n}{120} z^4 - \frac{8n^2 - 5n}{42 \cdot 360} z^6 + \frac{122n^3 - 183n^2 + 70n}{72 \cdot 35 \cdot 1296} z^8 - \cdots. \tag{68}$$

Insbesondere erhält man daraus für die Adiabate $n = \frac{3}{2}$:

$$u(z) = 1 - \frac{1}{6} z^2 + \frac{1}{80} z^4 - \frac{1}{1440} z^6 + \frac{1}{31104} z^8 \cdots. \tag{69}$$

Die Konvergenz dieser Reihe kann man beurteilen, wenn man z.B. für $z = 1$ und $z = 2$ die einzelnen Glieder ausrechnet:

$$u(1) = 1 - 0{,}16667 + 0{,}01250 - 0{,}00070 + 0{,}00003 \ldots = 0{,}84517;$$

$$u(2) = 1 - 0{,}6667 + 0{,}2000 - 0{,}0445 + 0{,}0082 \ldots = 0{,}4970;$$

dabei ist für $u(1)$ der Fehler kleiner als eine Einheit der fünften Stelle, bei $u(2)$ beträgt er bereits eine Einheit der dritten Stelle nach dem Komma (exakte Werte: 0,8451698 und 0,49594). Darüber hinaus ist diese Reihe kaum noch zu benutzen. Für größeren Polytropenindex wird die Konvergenz noch etwas weniger gut, wie der Bau der Koeffizienten in Gl. (68) zeigt. Da wir die Lösung bis zur ersten Nullstelle brauchen, ist also numerische Integration unvermeidbar. Wir notieren hier die Ergebnisse, die wir im folgenden benutzen können: Für $n = \frac{3}{2}$ wird

$$Z = 3{,}65; \qquad |u'(Z)| = 0{,}206 \tag{70a}$$

und für $n = 3$ wird

$$Z = 6{,}901; \qquad |u'(Z)| = 0{,}0423. \tag{70b}$$

Damit berechnet man z.B. für die Sonne ($R=6{,}95\cdot 10^{10}$ cm; $M=1{,}985\cdot 10^{33}$ g) die Werte

$$\varphi_0=2{,}55\cdot 10^{15}\,\frac{\text{cm}^2}{\text{sec}^2};\qquad \varrho_0=8{,}35\,\frac{\text{g}}{\text{cm}^3};\qquad p_0=2{,}13\cdot 10^{16}\,\frac{\text{dyn}}{\text{cm}^2}$$

mit $n=\frac{3}{2}$, und

$$\varphi_0=6{,}54\cdot 10^{15}\,\frac{\text{cm}^2}{\text{sec}^2};\qquad \varrho_0=76{,}5\,\frac{\text{g}}{\text{cm}^3};\qquad p_0=50{,}0\cdot 10^{16}\,\frac{\text{dyn}}{\text{cm}^2}$$

mit $n=3$.

Der Spielraum zwischen den beiden extremen Modellen läßt also noch etwa einen Faktor 10 in der Mittelpunktsdichte und 20 im Mittelpunktsdruck an Unsicherheit zu; je höher der Polytropenindex, um so stärker ist die Materie zum Mittelpunkt hin konzentriert. Die Größenordnungen liegen damit aber ungefähr fest.

Den Übergang von der Sonne auf andere Sterne kann man, sofern überall die gleiche Polytrope zugrundegelegt werden darf, durch eine *Ähnlichkeitstransformation* vollziehen. Die Gln. (66) und (67) zeigen, daß

$$\frac{\varrho_{0,\,\text{Stern}}}{\varrho_{0,\,\text{Sonne}}}=\frac{M_{\text{Stern}}}{M_{\text{Sonne}}}\cdot\left(\frac{R_{\text{Sonne}}}{R_{\text{Stern}}}\right)^3;\qquad \frac{p_{0,\,\text{Stern}}}{p_{0,\,\text{Sonne}}}=\left(\frac{M_{\text{Stern}}}{M_{\text{Sonne}}}\right)^2\cdot\left(\frac{R_{\text{Sonne}}}{R_{\text{Stern}}}\right)^4. \tag{71}$$

Schließlich sei noch ein Wort über die *Temperatur* gesagt. Da das hochionisierte Gas im Sterninnern für alle normalen Sterntypen praktisch als ideales Gas behandelt werden kann, herrscht der Gasdruck

$$p_G=\frac{\mathscr{R}}{\mu}\,\varrho\,T, \tag{72}$$

wobei $\mathscr{R}=8{,}31\cdot 10^7$ erg/Mol,Grad die Gaskonstante und μ [g/Mol] das Molekulargewicht ist. Für ein Gas, in dem praktisch alle Elektronen durch Ionisation freigesetzt sind, entfällt im Mittel nur noch die Masse $A/(Z+1)$ in Atomgewichtseinheiten auf ein Teilchen (A = Atomgewicht, Z = Kernladungszahl), das ist für Wasserstoff 0,50 und für alle Elemente, die schwerer sind als Helium, ungefähr 2,2. Der Gasdruck ist nun bei den hohen Temperaturen keineswegs mit dem Gesamtdruck p zu identifizieren, der sich vielmehr aus Gasdruck und Strahlungsdruck zusammensetzt. Da ein Stern im Innern als nahezu schwarzer Körper angesehen werden darf, wird der Strahlungsdruck nach dem Stefan-Boltzmannschen Gesetz

$$p_S=\tfrac{1}{3}\,\sigma\,T^4 \tag{73}$$

mit $\sigma=7{,}57\cdot 10^{-15}$ erg/cm³ Grad⁴. Wir erhalten also

$$p=\frac{\mathscr{R}}{\mu}\,\varrho\,T+\frac{1}{3}\,\sigma\,T^4, \tag{74}$$

und andererseits sind uns p und ϱ bereits bekannt. Wir können daher aus dieser Gleichung T entnehmen. Damit ergeben sich die folgenden Werte für die Mittelpunktstemperatur T_0 der Sonne in Millionen Grad und für die Anteile

$$\beta = p_G/p; \qquad 1-\beta = p_S/p \tag{75}$$

von Gasdruck und Strahlungsdruck am Gesamtdruck:

μ	$n=\frac{3}{2}$			$n=3$		
	T_0	β	$1-\beta$	T_0	β	$1-\beta$
0,5	15	0,994	0,006	38	0,988	0,012
2,2	42	0,634	0,366	97	0,568	0,432

Diese Zusammenstellung zeigt erstens, daß die Größenordnung der Mittelpunktstemperatur der Sonne zwischen 10^7 und 10^8 Grad liegen muß, und daß zweitens der Anteil des Strahlungsdruckes am Gesamtdruck schon eine erhebliche Rolle spielen kann, wenn diese auch in einem Wasserstoffstern viel geringer ist als in einem Stern aus schwereren Elementen. Da man heute annehmen muß, daß die Sonne zu einem sehr hohen Prozentsatz aus Wasserstoff besteht, liegt die Wahrheit sicher beträchtlich näher an den Werten der oberen als der unteren Zeile der Tabelle.

f) Der Energieinhalt des Gravitationsfeldes. Eine durch die Schwerkraft zusammengehaltene Masse besitzt einen kleineren Energieinhalt als die gleiche Materie, wenn sie in ihre Bestandteile zerlegt wird. In einer sinnvollen Normierung der Energiekonstanten wollen wir dem in seine Bestandteile zerlegten System — d.h. also, einem Zustand, bei dem diese Bestandteile in unendlich großen Abständen voneinander (bei verschwindender Wechselwirkung) ruhen — die Energie Null zuschreiben. Dann ist der Energieinhalt des auf endlichem Raum vereinigten Systems negativ, und sein Betrag kann als *Bindungsenergie* bezeichnet werden.

Diese Bindungsenergie können wir berechnen, indem wir einen Bestandteil der Gesamtmasse nach dem anderen ins Unendliche weggeführt denken. Diese Rechnung ist begrifflich am klarsten für eine Anordnung von Punktmassen m_i auszuführen. Entfernt man die Masse m_1, ohne die Lage der anderen Massen dabei zu ändern, so muß man die Arbeit

$$\Gamma\, m_1 \left(\frac{m_2}{r_{12}} + \frac{m_3}{r_{13}} + \cdots + \frac{m_N}{r_{1N}}\right)$$

leisten, wenn mit r_{ij} der Abstand der Punktmassen m_i und m_j voneinander bezeichnet wird. Um nach Entfernung der ersten auch die zweite Masse ins Unendliche zu bringen, ist weiterhin die Arbeit

$$\Gamma\, m_2\left(\frac{m_3}{r_{23}} + \cdots + \frac{m_N}{r_{2N}}\right)$$

zu leisten, usw. Im ganzen wird die Arbeit zur Trennung des Systems daher

$$A = \Gamma \sum_{i<j}\sum \frac{m_i m_j}{r_{ij}} = \frac{\Gamma}{2}\sum_i \sum_j{}' \frac{m_i m_j}{r_{ij}}, \tag{76}$$

wobei die letzte Doppelsumme über $i = 1, 2, \ldots, N$ und $j = 1, 2, \ldots, N$ erstreckt wird *außer* über die Diagonalglieder $i = j$. Dies soll der Akzent am Summenzeichen andeuten. Der Energieinhalt des Systems ist

$$E = -A. \tag{77}$$

Für eine kontinuierliche Massenverteilung können wir Gl. (76) ebenfalls benutzen, wenn wir uns diese in infinitesimale Teile zerlegt denken. Mit $m_i = \varrho(\mathfrak{r}_i)\, d\tau_i$ und $m_j = \varrho(\mathfrak{r}_j)\, d\tau_j$ geht Gl. (76) über in

$$A = \frac{\Gamma}{2}\int d\tau_i \int d\tau_j \frac{\varrho(\mathfrak{r}_i)\,\varrho(\mathfrak{r}_j)}{r_{ij}}. \tag{78}$$

Hierbei ist es nicht mehr notwendig, die Punkte $\mathfrak{r}_i = \mathfrak{r}_j$, für welche der Nenner im Integranden verschwindet, ausdrücklich auszuschließen, da diese Singularität — anders als bei der Summe (76) — nur unendlich wenig zum Integral (78) beiträgt. Das Integral über eine kleine Kugel vom Radius ε ergibt nämlich im Grenzübergang $\varepsilon \to 0$:

$$\int_{(\varepsilon)} \frac{d\tau}{r} = \oint d\Omega \int_0^{\varepsilon} dr\, r = 4\pi \cdot \frac{\varepsilon^2}{2} \to 0.$$

Nach (77), (78) ist also die Gravitationsenergie einer beliebigen durch die Dichte $\varrho(\mathfrak{r})$ beschriebenen Massenverteilung

$$E = -\frac{\Gamma}{2}\int d\tau \int d\tau' \frac{\varrho(\mathfrak{r})\,\varrho(\mathfrak{r}')}{|\mathfrak{r} - \mathfrak{r}'|}. \tag{79}$$

Diesen Ausdruck können wir auch mit Hilfe von Gl. (8),

$$\varphi(\mathfrak{r}) = -\Gamma \int d\tau' \frac{\varrho(\mathfrak{r}')}{|\mathfrak{r} - \mathfrak{r}'|} \tag{8}$$

umformen in

$$E = \frac{1}{2}\int d\tau\, \varrho(\mathfrak{r})\, \varphi(\mathfrak{r}). \tag{80}$$

Schließlich können wir hierin $\varrho(\mathfrak{r})$ mit Hilfe der Poissonschen Gleichung (47) ersetzen:

$$E = \frac{1}{8\pi\Gamma}\int d\tau\, \varphi(\mathfrak{r})\, \Delta\varphi(\mathfrak{r}). \tag{81}$$

Nach einem Satz der Vektoranalysis ist nun

$$\int_V d\tau\,\psi\,\Delta\varphi = \oint df\,\psi\,\frac{\partial\varphi}{\partial n} - \int_V d\tau\,(\operatorname{grad}\psi\cdot\operatorname{grad}\varphi)\,, \tag{82}$$

wobei das Oberflächenintegral über die geschlossene Oberfläche des Integrationsvolumens V zu nehmen ist und n die Richtung der äußeren Normalen bedeutet (Greenscher Satz)[1]. Wendet man diesen Satz auf den Ausdruck (81) an, so verschwindet der Oberflächenanteil, weil auf einer unendlich fernen Kugel ($R\to\infty$), welche die Gesamtmasse umschließt, $\varphi = -\Gamma M/R$ und $\partial\varphi/\partial r = \Gamma M/R^2$ wird, mithin für eine solche Kugel

$$\oint df\,\varphi\,\frac{\partial\varphi}{\partial n} = 4\pi R^2\left(-\frac{\Gamma M}{R}\right)\frac{\Gamma M}{R^2} = -4\pi\Gamma^2 M^2/R \to 0\,.$$

Statt Gl. (81) kann man also auch schreiben

$$E = -\frac{1}{8\pi\Gamma}\int d\tau\,(\operatorname{grad}\varphi)^2. \tag{83}$$

Die Gln. (79), (80) und (83) sind einander völlig gleichwertig. Man beachte aber, daß die Integranden von (80) und (83) ganz verschiedene Funktionen sind. Während in (80) der Integrand für $\varrho = 0$ verschwindet, also nur solche Orte zum Integral beitragen, an welchen die Masse lokalisiert ist, ist der Integrand von (83) überall dort von Null verschieden, wo die gravitierenden Massen noch ein Feld erzeugen, da dessen Feldstärke $\mathfrak{g} = -\operatorname{grad}\varphi$ ist.

Wir wollen noch ein astrophysikalisches Anwendungsbeispiel hierzu behandeln. In einem ausgedehnten Nebel ist die Gravitationsenergie sehr viel kleiner als in einem Stern, der durch *Kontraktion der Nebelmasse* auf ein kleineres Volumen entsteht. Da die im Nebel wirkenden Gravitationskräfte eine solche Kontraktion hervorrufen, solange ihnen nicht andere Kräfte (z.B. der Gasdruck) entgegenwirken, ist anzunehmen, daß ein ausgedehnter Nebel allmählich in einen Stern übergeht. Dabei wird Gravitationsenergie freigesetzt, die zur Aufheizung des Sternes dienen kann. Diese Idee haben im 19. Jahrhundert HELMHOLTZ und

[1] Der Greensche Satz (82) geht für $\psi = 1$, $\operatorname{grad}\varphi = \mathfrak{v}$ in den Gaußschen Satz über:

$$\int_V d\tau\,\operatorname{div}\mathfrak{v} = \oint df\,v_n.$$

Setzt man im Gaußschen Satz umgekehrt $\mathfrak{v} = \psi\operatorname{grad}\varphi$ ein, so erhält man wegen der Differentiationsregel

$$\operatorname{div}(\psi\operatorname{grad}\varphi) = \psi\operatorname{div}\operatorname{grad}\varphi + (\operatorname{grad}\psi\cdot\operatorname{grad}\varphi)$$

gerade die Greensche Formel (82). Die Differentiationsregel kann man z.B. durch direktes Ausrechnen in kartesischen Koordinaten beweisen.

KELVIN verfolgt, um die Energiequellen der Sterne zu verstehen. Wenn wir auch heute wissen, daß die Sterne ihre Energie nicht aus diesem Mechanismus sondern aus Kernreaktionen entnehmen, so hat doch die Helmholtz-Kelvinsche Theorie auch heute noch einige Bedeutung für die frühen Stadien der Sternentwicklung bewahrt.

Nehmen wir für eine ganz rohe Abschätzung an, der Stern habe konstante Dichte, so können wir in Gl. (80) für φ den Ausdruck (39a) einführen und erhalten

$$E = \frac{1}{2}\int d\tau\,\varrho\,\varphi = \frac{\varrho}{2}\,4\pi\int_0^R dr\,r^2\,\varphi(r)$$

$$= -2\pi\varrho\frac{\Gamma M}{R}\int_0^R dr\,r^2\left(\frac{3}{2}-\frac{1}{2}\frac{r^2}{R^2}\right).$$

Die elementare Ausrechnung dieses Integrals gibt $\frac{2}{5}R^3$. Führt man noch statt ϱ die Masse ein:

$$\varrho = \frac{3M}{4\pi R^3},$$

so entsteht schließlich

$$E = -\frac{3}{5}\frac{\Gamma M^2}{R}. \tag{84}$$

Wäre dieser homogene Stern auf eine einheitliche Temperatur T aus der freiwerdenden Gravitationsenergie aufgeheizt, so hätte er pro Gramm den Wärmeinhalt $c_v T$ mit der spezifischen Wärme $c_v = \frac{3}{2}\mathcal{R}/\mu$ (vgl. §22a, S. 170), insgesamt wäre also gleichzusetzen:

$$\frac{3}{5}\frac{\Gamma M^2}{R} = \frac{3}{2}\frac{\mathcal{R}}{\mu}T\,M,$$

woraus man

$$T = \frac{2}{5}\frac{\Gamma}{\mathcal{R}}\mu\frac{M}{R} \tag{85}$$

entnimmt. Für die Sonne führt das mit $\mu = 2{,}2$ auf rund $2\cdot 10^6$ Grad und mit $\mu = 0{,}5$ auf rund $5\cdot 10^5$ Grad. Da während des ganzen Entstehungsprozesses laufend ein Teil der erzeugten Wärmemenge abgestrahlt worden ist, müßten die wirklichen Temperaturen noch tiefer liegen, in Widerspruch zu den Ergebnissen von §23e (S. 205). Daraus folgt notwendig, daß zum mindesten die hier als Beispiel benutzte Sonne ihre Energie nicht aus der Kontraktion allein bestreiten kann.

Anhang

Aufgaben

1. Aufgabe

Ersetzung einer Verrückung durch eine Drehung. Man beweise, daß sich die Verrückung einer Figur in der Ebene als reine Drehung um einen Bewegungspol darstellen läßt.

Lösung. Zur Festlegung der Lage einer Figur in der Ebene genügt es nach den Gesetzen der Geometrie, zwei ihrer Punkte zu fixieren. Daher genügt es für unseren Zweck, den Beweis für die Verrückung einer Strecke AB in eine neue Lage $A'B'$ zu führen (Fig. 42). Wir ziehen die Verbindungslinien AA' und BB', halbieren sie und errichten in den Halbierungspunkten M und N die Mittelsenkrechten MP und NP, die sich im Punkte P schneiden mögen. Dann ist $AP = A'P$ und $BP = B'P$, weil die Dreiecke $AA'P$ und $BB'P$ gleichschenklig sind. Außerdem ist $AB = A'B'$, da die Strecke AB bei der Verrückung ja kongruent bleiben muß. Die beiden Dreiecke ABP und $A'B'P$ stimmen also in drei Seiten überein, sind also kongruent, und da sie den Punkt P gemeinsam haben, geht das Dreieck $A'B'P$ aus dem Dreieck ABP durch eine Drehung um P hervor. Damit gilt dieser Satz aber auch für jede starr mit der Strecke AB verbundene Figur. P ist also der gesuchte Bewegungspol.

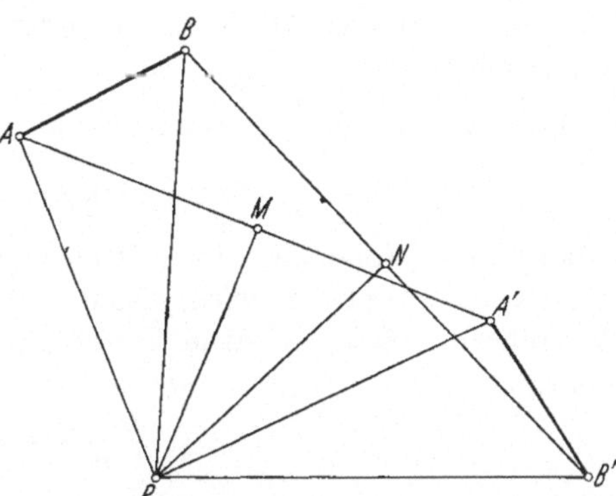

Fig. 42. Bewegungspol in der Ebene

Die Beweisführung läßt auch den Grenzfall der Parallelverschiebung einer Figur erkennen: Dann rückt der Schnittpunkt P der beiden Mittelsenkrechten ins Unendliche.

Anmerkung. Bewegt man einen Körper kontinuierlich, so kann seine Bewegung in eine Folge infinitesimaler Schritte zerlegt gedacht werden. Für jeden dieser Schritte gibt es einen momentanen Drehpol; dieser beschreibt selbst während der Bewegung des Körpers eine Bahn, die sog. Polbahn oder Polhodie. In dieser Form wurde der Satz dreidimensional 1742 von BERNOULLI ausgesprochen; die Polbahn wurde 1827 von CAUCHY in die Theorie des Kreisels eingeführt.

Um den Beweis in drei Dimensionen zu führen, muß man die Verrückung eines Dreiecks betrachten. Anstelle der Mittelsenkrechten treten dann drei Ebenen, die sich in P schneiden.

2. Aufgabe

Stokessche Widerstandsformel. Mit welcher Geschwindigkeit fallen Regentropfen verschiedenen Durchmessers (z. B. 0,1 mm und 1 mm), wenn der Luftwiderstand durch das Stokessche Gesetz zu

$$K = 6\pi\eta a v \tag{1}$$

gegeben ist? Dabei bedeutet $\eta = 1{,}83 \cdot 10^{-4}$ g/cm,sec die Viskosität der Luft bei Normalverhältnissen und a den Radius des kugelförmig gedachten Tropfens.

Lösung. Die Bewegungsgleichung des Regentropfens ist

$$m\ddot{z} = -mg - 6\pi\eta a\dot{z}; \tag{2}$$

dabei ist das Vorzeichen im letzten Gliede so gewählt, daß es bei $\dot{z} < 0$ (Fallbewegung) positiv wird, also der Fallbeschleunigung entgegenwirkt. Wir führen $-\dot{z} = v$ als neue Variable ein. Schreiben wir außerdem zur Abkürzung

$$\frac{6\pi\eta a}{m} = k, \tag{3}$$

so entsteht die Differentialgleichung erster Ordnung

$$\dot{v} = g - kv. \tag{4}$$

Die Lösung dieser Gleichung lautet allgemein

$$v = \frac{g}{k} + v_1 e^{-kt};$$

die Integrationskonstante v_1 bestimmen wir aus der Anfangsbedingung

$$v = 0 \quad \text{für} \quad t = 0.$$

Dann erhalten wir die Lösung

$$v = \frac{g}{k}(1 - e^{-kt}). \tag{5}$$

Für $t \ll 1/k$ kann man die Exponentialfunktion in eine Reihe entwickeln und erhält genähert

$$v = \frac{g}{k} kt = gt,$$

d.h. die Geschwindigkeit wächst an wie beim freien Fall im Vakuum. Sobald die Geschwindigkeit die Größenordnung g/k erreicht, wird aber der bremsende Einfluß der Luft spürbar, und schließlich für $t \to \infty$ die Grenzgeschwindigkeit

$$v_\infty = \frac{g}{k} \tag{6}$$

erreicht. Nach (3) ist

$$v_\infty = \frac{2}{9} \frac{g}{\eta} \varrho\, a^2 = 1{,}20 \cdot 10^6\, \varrho\, a^2 \text{ cm/sec},$$

wenn ϱ in g/cm³ und a in cm gemessen wird. Da für Wasser $\varrho = 1$ g/cm³ ist, erhält man für den Durchmesser

$$2a = 0{,}1 \text{ mm} \qquad v_\infty = 30 \text{ cm/sec},$$

$$2a = 1 \text{ mm} \qquad v_\infty = 30 \text{ m/sec}.$$

Für größere Tropfen gilt sicher nicht mehr das Stokessche Gesetz.

3. Aufgabe

Fall im widerstehenden Mittel. Ein freier Fall möge zur Zeit $t = 0$ ohne Anfangsgeschwindigkeit beginnen. Der Luftwiderstand soll einmal proportional der Geschwindigkeit (Formel von Stokes) und einmal proportional dem Quadrat der Geschwindigkeit (Formel von Newton) angesetzt werden. Wie unterscheiden sich die beiden Fallbewegungen?

Lösung. Wir rechnen den Fallweg s und die Geschwindigkeit v im folgenden positiv nach *unten*. Dann haben wir bei Gültigkeit der Stokesschen Formel

$$\dot v = g - k v \tag{1}$$

und für das Newtonsche Widerstandsgesetz

$$\dot v = g - \varrho v^2. \tag{2}$$

Wir behandeln beide Gleichungen nacheinander für die Anfangsbedingungen

$$v = 0, \qquad s = 0 \quad \text{für} \quad t = 0. \tag{3}$$

a) Stokessches Widerstandsgesetz. Die Integration wurde bereits in Aufgabe 2 vorgeführt; das Ergebnis zur Anfangsbedingung (3) ist für die Geschwindigkeit:

$$v = \frac{g}{k}(1 - e^{-kt}). \tag{4}$$

Da $v = ds/dt$ ist, erhält man hieraus durch abermalige Integration unter Berücksichtigung von (3):

$$s = \frac{g}{k}\left\{t - \frac{1}{k}(1 - e^{-kt})\right\}. \tag{5}$$

14*

Für $t \ll 1/k$ ergibt sich der Beginn der Bewegung durch Potenzreihenentwicklung von (4) und (5):

$$v = g t \left(1 - \tfrac{1}{2} k t + \tfrac{1}{6} k^2 t^2 \ldots\right), \tag{4a}$$

$$s = \tfrac{1}{2} g t^2 \left(1 - \tfrac{1}{3} k t + \tfrac{1}{12} k^2 t^2 \ldots\right). \tag{5a}$$

Wird $t \gg 1/k$, so erhält man asymptotisch $e^{-kt} \to 0$ und damit

$$v \to \frac{g}{k}; \qquad s \to \frac{g}{k}\left(t - \frac{1}{k}\right) \approx \frac{g}{k} t.$$

Es stellt sich also asymptotisch die Grenzgeschwindigkeit

$$v_g = \frac{g}{k} \tag{6}$$

ein; die Fallwege wachsen dann nur noch linear mit der Zeit an. Erst wenn die am Anfang gemäß (4a) wachsende Geschwindigkeit die Größenordnung von v_g erreicht, wird der Luftwiderstand spürbar.

b) Newtonsches Widerstandsgesetz. Zur Integration von Gl. (2) führt man zweckmäßig die dimensionslosen Variablen

$$w = \sqrt{\frac{\varrho}{g}}\, v; \qquad \tau = \sqrt{g \varrho}\, t \tag{7}$$

ein; dann geht (2) über in

$$\frac{dw}{d\tau} = 1 - w^2,$$

woraus

$$\tau = \int_0^w \frac{dw}{1 - w^2} = \mathfrak{Ar}\,\mathfrak{Tan}\, w$$

folgt. Kehrt man diese Gleichung um, so erhält man

$$w = \mathfrak{Tan}\, \tau \tag{8}$$

und durch abermalige Integration

$$\varrho s = \int_0^\tau \mathfrak{Tan}\, \tau \, d\tau = \ln \mathfrak{Cof}\, \tau. \tag{9}$$

Geht man schließlich von den dimensionslosen Formeln (8) und (9) mit Hilfe von (7) zu den physikalischen Größen selbst über, so findet man für die Geschwindigkeit

$$v = \sqrt{\frac{g}{\varrho}}\, \mathfrak{Tan}\left(\sqrt{g \varrho}\, t\right) \tag{10}$$

und für den Fallweg

$$s = \frac{1}{\varrho} \ln \mathfrak{Cof}\left(\sqrt{g \varrho}\, t\right). \tag{11}$$

Für $t \ll (g\varrho)^{-\frac{1}{2}}$ erhält man wieder den Anfang der Bewegung durch Potenzreihenentwicklung:

$$v = \sqrt{\frac{g}{\varrho}}\left(\tau - \frac{1}{3}\tau^3 \ldots\right) = g t\left(1 - \frac{1}{3} g\varrho t^2 + \cdots\right) \tag{10a}$$

und

$$s = \frac{1}{\varrho}\left(\frac{1}{2}\tau^2 - \frac{1}{12}\tau^4 \ldots\right) = \frac{1}{2} g t^2\left(1 - \frac{1}{6} g\varrho t^2 \ldots\right). \tag{11a}$$

Das erste Korrekturglied an den Vakuumformeln ist also hier proportional dem Quadrat der Fallzeit, während es beim Stokesschen Gesetz nach (4a), (5a) bereits der Fallzeit selbst proportional war; d.h., daß das Newtonsche Gesetz sich mit wachsender Geschwindigkeit langsamer bemerkbar macht als das Stokessche, was ja auch anschaulich einleuchtet.

Für $t \gg (g\varrho)^{-\frac{1}{2}}$ stellt sich asymptotisch nach (10) die Grenzgeschwindigkeit

$$v_g = \sqrt{\frac{g}{\varrho}} \tag{12}$$

ein; nach (11) wachsen dann wegen $\mathfrak{Cof}\,\tau \to \frac{1}{2}e^{\tau}$ die Wege wieder linear mit der Zeit.

Für beide Widerstandsgesetze kann man also eine Grenzgeschwindigkeit v_g und eine charakteristische Zeit t_c definieren, nach welcher der Luftwiderstand sich deutlich bemerkbar macht. Bei STOKES ist

$$v_g = \frac{g}{k}; \qquad t_c = \frac{1}{k},$$

bei NEWTON

$$v_g = \sqrt{\frac{g}{\varrho}}; \qquad t_c = \frac{1}{\sqrt{g\varrho}},$$

wobei in beiden Fällen der Zusammenhang besteht

$$v_g = g t_c.$$

4. Aufgabe

Gravitationsanziehung zwischen zwei Regentropfen. Zwei gleichgroße Regentropfen von 0,2 mm (bzw. 2 mm) Durchmesser fallen nebeneinander im anfänglichen Abstand von $x_0 = 2$ mm. Wie lange dauert es, bis sie sich infolge der gegenseitigen Gravitationsanziehung vereinigen?

Lösung. Die Horizontalbewegung der Tropfen gegeneinander ist unabhängig von der in Aufgabe 2 behandelten Vertikalbewegung, solange sie in der gleichen Horizontalebene bleiben (also nicht etwa der eine Tropfen gegen den anderen verzögert wird). Die Bewegungsgleichung in der Relativkoordinate $x = x_1 - x_2$ lautet

$$\mu \ddot{x} = -\frac{\Gamma m^2}{x^2}.$$

Da die Tropfen gleiche Massen (m) haben, ist die reduzierte Masse $\mu = m/2$; mithin

$$\ddot{x} = -\frac{2\Gamma m}{x^2}.$$

Hieraus erhält man durch Multiplikation mit $\dot{x}\,dt = dx$ und Integration den Energiesatz für die Bewegung um den Schwerpunkt

$$\frac{1}{2}\dot{x}^2 = 2\Gamma m\left(\frac{1}{x} - \frac{1}{x_0}\right);$$

dabei ist die Anfangsbedingung $x = x_0$, $\dot{x} = 0$ für $t = 0$ vorausgesetzt. Separation und nochmalige Integration führt auf

$$\sqrt{4\Gamma m}\,t = \int_x^{x_0} \frac{dx}{\sqrt{\frac{1}{x} - \frac{1}{x_0}}};$$

dabei ist das Vorzeichen der Wurzeln durchweg positiv gewählt. Mit der dimensionslosen Variablen $y = x/x_0\,(< 1)$ erhält man

$$t = \sqrt{\frac{x_0^3}{4\Gamma m}} \int_{x/x_0}^{1} \frac{dy}{\sqrt{\frac{1}{y} - 1}}.$$

Das Integral kann elementar gelöst werden:

$$\int_y^1 \frac{dy}{\sqrt{\frac{1}{y} - 1}} = y\sqrt{\frac{1}{y} - 1} + \arctan\sqrt{\frac{1}{y} - 1}.$$

Die Vereinigung der beiden Tropfen erfolgt, wenn $y \ll 1$ wird; dann geht das Integral gegen den endlichen Grenzwert $\pi/2$, und die erforderliche Zeit wird somit

$$t_0 = \sqrt{\frac{x_0^3}{4\Gamma m}} \cdot \frac{\pi}{2}.$$

Wegen $m = \frac{4\pi}{3}\varrho a^3$ kann man dafür auch schreiben

$$t_0 = \frac{1}{8}\sqrt{\frac{3\pi}{\Gamma\varrho}}\left(\frac{x_0}{a}\right)^{\frac{3}{2}}.$$

In Zahlen ergibt sich für 0,2 mm Durchmesser ($a = 0{,}01$ cm) eine Zeitdauer von $t_0 = 1{,}32 \cdot 10^5$ sec, und für 2 mm Durchmesser immer noch von $t_0 = 4{,}2 \cdot 10^3$ sec. Eine Vereinigung der beiden Tropfen unter dem Einfluß der gegenseitigen Gravitationsanziehung ist während der tatsächlichen, viel kürzeren Fallzeiten also nahezu ausgeschlossen.

Anmerkung. Die Aufgabe soll an einem drastischen Beispiel die Kleinheit der Gravitationswirkungen demonstrieren. Aus strömungsmechanischen Gründen treten tatsächlich sehr viel größere Anziehungskräfte auf, die eine Vereinigung herbeiführen können, wie OSEEN gezeigt hat.

5. Aufgabe

Bewegung im homogenen Magnetfeld. Ein elektrisch geladener Massenpunkt (Masse m, Ladung e) erfährt in einem Magnetfeld $\mathfrak{H}$ die Kraft

$$\mathfrak{K} = \frac{e}{c}\,(\mathfrak{v} \times \mathfrak{H}). \tag{1}$$

Welche Bahnkurve beschreibt er in diesem Feld, und mit welcher Geschwindigkeit durchläuft er sie?

Lösung. Die Bewegungsgleichungen lauten in Komponentenschreibweise:

$$\left.\begin{aligned} m\ddot{x} &= \frac{e}{c}\,(v_y H_z - v_z H_y)\,; \qquad m\ddot{y} = \frac{e}{c}\,(v_z H_x - v_x H_z)\,; \\ m\ddot{z} &= \frac{e}{c}\,(v_x H_y - v_y H_x)\,. \end{aligned}\right\} \tag{2}$$

Wir orientieren das Koordinatensystem so, daß $\mathfrak{H}$ in Richtung der z-Achse weist. Dann vereinfachen sich die Gln. (2) zu

$$m\ddot{x} = \frac{eH}{c}\dot{y}\,; \qquad m\ddot{y} = -\frac{eH}{c}\dot{x}\,; \qquad m\ddot{z} = 0. \tag{3}$$

Die dritte dieser Gleichungen kann sofort getrennt integriert werden zu

$$z = z_0 + w_0 t \tag{4}$$

mit Konstanten z_0 und w_0. Aus den beiden ersten Gleichungen (3) folgt

$$m\,(\dot{x}\ddot{x} + \dot{y}\ddot{y}) = 0,$$

d.h.

$$\frac{m}{2}\,(\dot{x}^2 + \dot{y}^2) = \frac{m}{2}\,(u_0^2 + v_0^2) \tag{5}$$

bleibt konstant. Da auch in z-Richtung nach (4) die Geschwindigkeit stets ihren Anfangswert w_0 behält, so folgt, daß der Geschwindigkeitsbetrag, bzw. die kinetische Energie des Massenpunktes konstant bleibt und sich lediglich die Richtung der Geschwindigkeit ändert. Die Tangentialbeschleunigung (vgl. S. 21) ist also Null, die Beschleunigung in der x, y-Ebene steht mithin senkrecht auf der momentanen Geschwindigkeit. Da nach Gl. (3)

$$\ddot{x}^2+\ddot{y}^2=\left(\frac{eH}{mc}\right)^2(\dot{x}^2+\dot{y}^2)=\left(\frac{eH}{mc}\right)^2(u_0^2+v_0^2),$$

so bleibt auch der Betrag der Beschleunigung längs der ganzen Bahn konstant. Andererseits muß die zum momentanen Krümmungsmittelpunkt zeigende Beschleunigung gleich $(u_0^2+v_0^2)/R$ sein, wenn R der momentane Krümmungsradius der in die x, y-Ebene projizierten Bahn ist. Daraus folgt

$$\left(\frac{u_0^2+v_0^2}{R}\right)^2=\left(\frac{eH}{mc}\right)^2(u_0^2+v_0^2)$$

oder

$$R=\frac{mc}{eH}\sqrt{u_0^2+v_0^2},$$

d.h. der Bahnradius ist ebenfalls eine Konstante. Die Projektion der Bahn in die x, y-Ebene ist daher ein Kreis, der mit konstanter Geschwindigkeit durchlaufen wird; die Bahn selbst ist eine Schraubenlinie, deren Achse parallel zur z-Achse liegt, und längs welcher der Massenpunkt gleichmäßig fortschreitet.

Das Problem vereinfacht sich teilweise sehr, wenn man zur vektoriellen Schreibweise übergeht:

$$m\ddot{\mathfrak{r}}=\frac{e}{c}(\dot{\mathfrak{r}}\times\mathfrak{H}).$$

Skalare Multiplikation mit $\dot{\mathfrak{r}}$ ergibt

$$m\dot{\mathfrak{r}}\ddot{\mathfrak{r}}=0,$$

oder durch Integration

$$\frac{m}{2}\dot{\mathfrak{r}}^2=\text{const}.$$

Die Konstanz der kinetischen Energie gilt also auch für ein von Ort zu Ort veränderliches Magnetfeld.

Anmerkung. Das hier behandelte Kraftfeld (1) ist ein Musterbeispiel für ein Feld, das kein Potential besitzt, da

$$\operatorname{rot}\mathfrak{K}=\frac{e}{c}\operatorname{rot}(\dot{\mathfrak{r}}\times\mathfrak{H})$$

weder überall verschwindet, noch überhaupt nur vom Ort abhängig wird, sondern je nach dem Bewegungszustand ($\dot{\mathfrak{r}}$) ganz verschiedene Werte annimmt.

6. Aufgabe

Rakete. Eine Rakete wird senkrecht nach oben abgeschossen. Bei konstanter Verbrennungsgeschwindigkeit verliert sie von ihrer anfänglichen Masse m_0 in der Zeiteinheit den Betrag μ [g/sec]; die Auspuffgase treten in einem Strahl mit der konstanten Geschwindigkeit u an ihrem hinteren Ende aus. Ihre Geschwindigkeit soll als Funktion der Zeit berechnet werden.

Lösung. In der Zeit dt wird die Masse $\mu\,dt$ mit der Geschwindigkeit u ausgestoßen, d.h. an Impuls gewinnt die Rakete während dieser Zeit den Betrag $\mu\,u\,dt$. Gleichzeitig geht ihr infolge der Schwerkraft in der Zeiteinheit an Impuls der Betrag mg verloren. Daher lautet die Bewegungsgleichung

$$\frac{dp}{dt} = \mu\,u - m\,g\,.$$

In dieser Gleichung ist

$$p = m\,v$$

der jeweilige Impuls der Rakete, welche die Geschwindigkeit v erreicht hat und deren Masse auf

$$m = m_0 - \mu\,t$$

gesunken ist. Daher wird

$$\frac{d}{dt}(m\,v) = \mu\,u - m_0\,g + \mu\,g\,t;$$

mithin

$$m\,v = (\mu\,u - m_0\,g)\,t + \frac{\mu\,g}{2}\,t^2 + m_0\,v_0,$$

wenn wir mit v_0 die Anfangsgeschwindigkeit bezeichnen. Die Geschwindigkeit v der Rakete zur Zeit t nach dem Abschuß ergibt sich also zu

$$v = \frac{m_0\,v_0 + (\mu\,u - m_0\,g)\,t + \frac{1}{2}\mu\,g\,t^2}{m_0 - \mu\,t}\,.$$

Soll die Rakete aus der Ruhelage mit $v_0 = 0$ abgeschossen werden, so muß also $\mu u > m_0 g$ sein, damit sie sich überhaupt in Bewegung setzt.

7. Aufgabe

Gekoppelte Pendel: Normalschwingungen. Zwei gleiche Pendel (kleine Ausschläge) sind miteinander durch eine Feder harmonisch gekoppelt. Man suche einfach periodische Schwingungszustände des Gesamtsystems (sog. „Normalschwingungen") auf und beschreibe sie!

Lösung. Die Koordinaten der beiden Pendelkörper seien x_1 und x_2 und jede von der Ruhelage des betreffenden Pendels aus gerechnet; dann lauten die Bewegungsgleichungen

$$\left.\begin{aligned} m\ddot{x}_1 &= -f\,x_1 + f_{12}(x_2 - x_1)\,,\\ m\ddot{x}_2 &= -f\,x_2 + f_{12}(x_1 - x_2)\,.\end{aligned}\right\} \qquad (1)$$

Die Konstante f_{12} gibt ein Maß für die Stärke der Kopplung zwischen beiden Pendeln, und $f=mg/l$ für die Rückstellkraft jedes einzelnen Pendels. Ist die Differenz $x_2-x_1>0$, so ist die Feder gedehnt, und das linke Pendel (*1*) erfährt eine positive, zum rechten (*2*) hingerichtete Kraft, umgekehrt das rechte Pendel nach links. Dem entsprechen die Vorzeichen des Kopplungsgliedes in den Bewegungsgleichungen (1).

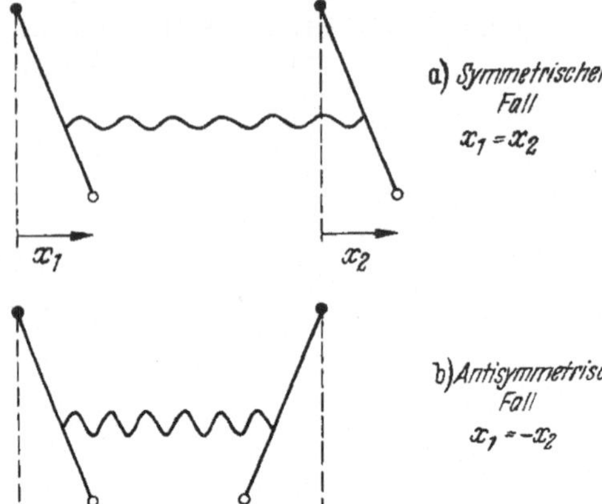

Fig. 43a u. b. Gekoppelte gleiche Pendel. a Symmetrische Normalschwingung. b Antisymmetrische Normalschwingung

Wir führen die Abkürzungen

$$\left.\begin{aligned} \frac{f}{m} &= \frac{g}{l} = \omega_0^2; \\ \frac{f_{12}}{m} &= \lambda^2 \end{aligned}\right\} \tag{2}$$

ein; dann erhalten wir statt (1):

$$\left.\begin{aligned} \ddot{x}_1 + (\omega_0^2 + \lambda^2)\, x_1 - \\ - \lambda^2 x_2 = 0, \\ \ddot{x}_2 + (\omega_0^2 + \lambda^2)\, x_2 - \\ - \lambda^2 x_1 = 0. \end{aligned}\right\} \tag{3}$$

Eine Normalschwingung ist durch ihre einheitliche Frequenz ω definiert. In komplexer Schreibweise können wir also setzen

$$x_1(t) = a_1\, e^{i\omega t}; \qquad x_2(t) = a_2\, e^{i\omega t}, \tag{4}$$

wobei jede beliebige Phasenkonstante durch geeignete komplexe Amplitudenwerte a_1 und a_2 berücksichtigt werden kann. Einsetzen von (4) in (3) ergibt

$$\left.\begin{aligned} (\omega_0^2 + \lambda^2 - \omega^2)\, a_1 - \lambda^2 a_2 = 0; \\ - \lambda^2 a_1 + (\omega_0^2 + \lambda^2 - \omega^2)\, a_2 = 0. \end{aligned}\right\} \tag{5}$$

Die Determinante dieses algebraischen Gleichungssystems muß verschwinden, damit eine von Null verschiedene Lösung existieren kann:

$$(\omega_0^2 + \lambda^2 - \omega^2)^2 - \lambda^4 = 0$$

oder

$$(\omega_0^2 + 2\lambda^2 - \omega^2)\,(\omega_0^2 - \omega^2) = 0. \tag{6}$$

Dies ist eine Gleichung zur Bestimmung der möglichen Normalfrequenzen ω; wir finden, abgesehen von der Doppeldeutigkeit des Vorzeichens, zwei verschiedene Lösungen $\omega=\omega_1$ und $\omega=\omega_2$:

$$\omega_1 = \pm\,\omega_0; \qquad \omega_2 = \pm\sqrt{\omega_0^2 + 2\lambda^2}. \tag{7}$$

Für die erste Lösung $\omega_1 = \pm\omega_0$ ergibt das System (5) $a_1 = a_2$ und für die zweite Lösung $a_1 = -a_2$. Daher ergeben sich die beiden in Fig. 43 gezeichneten Schwingungstypen, aus denen sich jeder mögliche Bewegungstyp durch Linearkombination aufbauen läßt. Für den *symmetrischen* Typ $a_1 = a_2$ bleibt die koppelnde Feder stets ungedehnt; die beiden Pendel schwingen in Phase ohne sich gegenseitig in ihrer Bewegung zu stören; daher ist die Frequenz die gleiche wie für die freie Schwingung der getrennten Pendel. Im *antisymmetrischen* Fall $a_1 = -a_2$ haben die Pendel genau entgegengesetzte Phasen (Phasendifferenz π, denn $-1 = e^{i\pi}$); Dehnung und Verkürzung der Feder wechseln miteinander ab, und es entsteht eine maximale gegenseitige Störung.

8. Aufgabe

Gekoppelte Pendel: Anfangswertproblem. Für die gekoppelten Pendel der vorstehenden Aufgabe soll das Anfangswertproblem gelöst werden, wenn zur Zeit $t = 0$ beide Pendel in der Ruhelage sind und das linke Pendel mit der Geschwindigkeit v angestoßen wird.

Lösung. Die Anfangsbedingungen lauten in Formeln:

$$x_1(0) = 0; \quad x_2(0) = 0; \quad \dot{x}_1(0) = v; \quad \dot{x}_2(0) = 0. \tag{1}$$

Die vollständige Lösung kann man auf Grund der Ergebnisse der vorstehenden Aufgabe schreiben:

$$\left.\begin{aligned} x_1(t) &= (A\,e^{i\omega_1 t} + B\,e^{-i\omega_1 t}) + (C\,e^{i\omega_2 t} + D\,e^{-i\omega_2 t}),\\ x_2(t) &= (A\,e^{i\omega_1 t} + B\,e^{-i\omega_1 t}) - (C\,e^{i\omega_2 t} + D\,e^{-i\omega_2 t}) \end{aligned}\right\} \tag{2}$$

mit

$$\omega_1 = \omega_0; \quad \omega_2 = \sqrt{\omega_0^2 + 2\lambda^2}. \tag{3}$$

Dabei bezeichnet die erste Klammer in (2) den Anteil der symmetrischen Normalschwingung, bei der x_1 und x_2 gleiche Amplituden besitzen, und die zweite Klammer den antisymmetrischen Anteil mit entgegengesetzten Amplituden von x_1 und x_2. Dann folgt aus (1) und (2)

$$\left.\begin{aligned} x_1(0) &= A + B + C + D = 0;\\ x_2(0) &= A + B - C - D = 0;\\ \dot{x}_1(0) &= i\omega_1(A - B) + i\omega_2(C - D) = v;\\ \dot{x}_2(0) &= i\omega_1(A - B) - i\omega_2(C - D) = 0. \end{aligned}\right\} \tag{4}$$

Diese Gleichungen ergeben als Lösung die Konstanten

$$B = -A; \quad C = \frac{\omega_1}{\omega_2}A; \quad D = -\frac{\omega_1}{\omega_2}A; \quad A = \frac{v}{4i\omega_1}. \tag{5}$$

Mit diesen Werten der Konstanten kann man die Exponentialfunktionen in Gl. (2) leicht in reeller Form zusammenfassen und erhält

$$\left.\begin{aligned} x_1(t) &= \frac{v}{2\omega_1}\left(\sin\omega_1 t + \frac{\omega_1}{\omega_2}\sin\omega_2 t\right); \\ x_2(t) &= \frac{v}{2\omega_1}\left(\sin\omega_1 t - \frac{\omega_1}{\omega_2}\sin\omega_2 t\right). \end{aligned}\right\} \qquad (6)$$

Die Bewegung jedes Pendelkörpers kann als Schwebung bezeichnet werden, die durch Überlagerung der beiden Schwingungen mit den verschiedenen Frequenzen ω_1 und ω_2 entsteht.

9. Aufgabe

Gekoppelte Pendel: Energieaustausch. Man berechne die kinetische Energie der beiden Pendel der vorstehenden Aufgabe. Unter der Voraussetzung, daß die Kopplung sehr schwach ist ($\lambda \ll \omega_0$), berechne man ferner die potentielle Energie jedes Pendels und zeige, daß die Energie zwischen den beiden Pendeln periodisch hin und her flutet.

Lösung. Aus dem Ergebnis der vorstehenden Aufgabe erhält man sofort die kinetischen Energien:

$$T_1 = \frac{m}{2}\dot{x}_1^2 = \frac{m v^2}{8}(\cos\omega_1 t + \cos\omega_2 t)^2 = \frac{m v^2}{2}\cos^2\frac{(\omega_1+\omega_2)\,t}{2}\cos^2\frac{(\omega_1-\omega_2)\,t}{2},$$

$$T_2 = \frac{m}{2}\dot{x}_2^2 = \frac{m v^2}{8}(\cos\omega_1 t - \cos\omega_2 t)^2 = \frac{m v^2}{2}\sin^2\frac{(\omega_1+\omega_2)\,t}{2}\sin^2\frac{(\omega_1-\omega_2)\,t}{2}.$$

Vernachlässigt man die Kopplung, so werden die Ausdrücke für die potentielle Energie jedes Pendels

$$V_1 = \frac{m\omega_0^2}{2}x_1^2 = \frac{m v^2}{8}\left(\frac{\omega_0}{\omega_1}\sin\omega_1 t + \frac{\omega_0}{\omega_2}\sin\omega_2 t\right)^2,$$

$$V_2 = \frac{m\omega_0^2}{2}x_2^2 = \frac{m v^2}{8}\left(\frac{\omega_0}{\omega_1}\sin\omega_1 t - \frac{\omega_0}{\omega_2}\sin\omega_2 t\right)^2.$$

Infolge der Kleinheit der Kopplung können wir in den Faktoren vor den Sinusfunktionen die Unterschiede der Frequenzen vernachlässigen; dann erhalten wir genähert

$$V_1 \approx \frac{m v^2}{2}\sin^2\frac{(\omega_1+\omega_2)\,t}{2}\cos^2\frac{(\omega_1-\omega_2)\,t}{2},$$

$$V_2 \approx \frac{m v^2}{2}\cos^2\frac{(\omega_1+\omega_2)\,t}{2}\sin^2\frac{(\omega_1-\omega_2)\,t}{2}.$$

Kombinieren wir diese Ausdrücke mit denjenigen für die kinetische Energie, so erhalten wir für die Energie jedes der beiden Pendel einfache Ausdrücke:

$$E_1 = T_1 + V_1 = \frac{m v^2}{2}\cos^2\frac{(\omega_2-\omega_1)\,t}{2},$$

$$E_2 = T_2 + V_2 = \frac{m v^2}{2}\sin^2\frac{(\omega_2-\omega_1)\,t}{2}.$$

Die Energie schwingt also mit der *Austauschfrequenz*

$$\omega_A = \frac{\omega_2 - \omega_1}{2} = \frac{1}{2}\left(\sqrt{\omega_0^2 + 2\lambda^2} - \omega_0\right) \approx \frac{\lambda^2}{2\omega_0}$$

zwischen den beiden Pendeln hin und her.

10. Aufgabe

Lissajoussche Kurven. Ein Massenpunkt bewegt sich in der Ebene unter der Wirkung von zwei verschieden starken Rückstellkräften in x- und y-Richtung (anisotroper Oszillator). Gesucht ist die Bahnkurve.

Lösung. Die Bewegungsgleichungen können geschrieben werden

$$\ddot{x} = -\omega_1^2 x; \qquad \ddot{y} = -\omega_2^2 y; \tag{1}$$

ihre Lösungen sind

$$x = x_0 \sin(\omega_1 t + \alpha); \qquad y = y_0 \sin(\omega_2 t + \beta), \tag{2}$$

woraus durch Elimination von t

$$t = \frac{1}{\omega_1}\left(\arcsin\frac{x}{x_0} - \alpha\right) = \frac{1}{\omega_2}\left(\arcsin\frac{y}{y_0} - \beta\right)$$

folgt. Durch Auflösen nach y erhält man daraus die Bahnkurve zunächst in der Gestalt

$$y = y_0 \sin\left[\frac{\omega_2}{\omega_1}\arcsin\frac{x}{x_0} + \left(\beta - \frac{\omega_2}{\omega_1}\alpha\right)\right]. \tag{3}$$

Die Bahn muß also im Intervall $-y_0 \leqq y \leqq +y_0$ liegen; hätte man analog nach x aufgelöst, so würde man Beschränkung auf $-x_0 \leqq x \leqq +x_0$ erhalten haben. Dies Rechteck markiert also den Bereich, innerhalb dessen die Bewegung abläuft. Die beiden Phasenkonstanten α und β, von denen eine lediglich den Zeitnullpunkt definiert, treten nur in der festen Kombination

$$\beta - \frac{\omega_2}{\omega_1}\alpha = \lambda \tag{4}$$

auf; hinsichtlich der beiden Frequenzen hängt die Bahnkurve nur von dem Verhältnis

$$\frac{\omega_2}{\omega_1} = \nu \tag{5}$$

ab. Wählen wir schließlich noch x_0 und y_0 als Längeneinheiten in x- und y-Richtung, d.h. führen wir

$$\frac{x}{x_0} = \xi, \qquad \frac{y}{y_0} = \eta \tag{6}$$

ein, so erhalten wir als Gleichung der Bahnkurve

$$\eta = \sin(\nu \arcsin \xi + \lambda). \tag{7}$$

Für die Bahnkurve bestehen wesentliche Unterschiede je nach den Werten von ν. Mit Hilfe der Identitäten

$$\arcsin\xi = -i\ln\left(i\xi + \sqrt{1-\xi^2}\right)$$

und

$$\sin\tau = \frac{1}{2i}\left(e^{i\tau} - e^{-i\tau}\right)$$

geht Gl. (7) über in

$$\eta = \frac{1}{2i}\left\{e^{i[-i\nu\ln(i\xi+\sqrt{1-\xi^2})+\lambda]} - e^{-i[-i\nu\ln(i\xi+\sqrt{1-\xi^2})+\lambda]}\right\}$$

$$= \frac{1}{2i}\left\{e^{i\lambda}\left(i\xi+\sqrt{1-\xi^2}\right)^{\nu} - e^{-i\lambda}\left(i\xi+\sqrt{1-\xi^2}\right)^{-\nu}\right\},$$

und, da

$$\left(i\xi+\sqrt{1-\xi^2}\right)^{-1} = -i\xi+\sqrt{1-\xi^2},$$

erhält man schließlich

$$\eta = \frac{1}{2i}\left\{e^{i\lambda}\left(i\xi+\sqrt{1-\xi^2}\right)^{\nu} - e^{-i\lambda}\left(-i\xi+\sqrt{1-\xi^2}\right)^{\nu}\right\}. \tag{8}$$

Diese Formel kann in elementarer Weise ausgewertet werden, wenn ν eine *ganze Zahl* ist. Man erhält z.B.

$$\text{für } \nu = 1: \quad \eta = \xi\cos\lambda + \sqrt{1-\xi^2}\sin\lambda, \tag{9a}$$

$$\text{für } \nu = 2: \quad \eta = (1-2\xi^2)\sin\lambda + 2\xi\sqrt{1-\xi^2}\cos\lambda, \tag{9b}$$

usw. Schwieriger, aber immer noch elementar ist die Auswertung für nichtganze, aber *rationale* Frequenzverhältnisse ν. Wir erläutern das am Beispiel $\nu = n/2$. Dann erhält man durch Quadrieren von (8), da die beiden Glieder in der Klammer zueinander reziprok sind,

$$\eta^2 = -\tfrac{1}{4}\left\{e^{2i\lambda}\left(i\xi+\sqrt{1-\xi^2}\right)^{n} + e^{-2i\lambda}\left(-i\xi+\sqrt{1-\xi^2}\right)^{n} - 2\right\}, \tag{10}$$

und dies ist wiederum eine algebraische Gleichung. Man findet z.B.

für $\nu = \frac{1}{2}$, d.h. $n = 1$:

$$\eta^2 = \tfrac{1}{2}\xi\sin 2\lambda - \tfrac{1}{2}\sqrt{1-\xi^2}\cos 2\lambda + \tfrac{1}{2}, \tag{10a}$$

für $\nu = 1$, d.h. $n = 2$:

$$\eta^2 = -\tfrac{1}{2}(1-2\xi^2)\cos 2\lambda + \xi\sqrt{1-\xi^2}\sin 2\lambda + \tfrac{1}{2}. \tag{10b}$$

Gl. (10b) muß mit (9a) identisch sein; in der Tat erweist sich die rechte Seite von (10b) als das Quadrat der rechten Seite von (9a), wenn man von den Funktionen von 2λ zu denjenigen von λ übergeht. Auch die beiden Formeln für $\nu=2$, Gl. (9b), und $\nu=\frac{1}{2}$, Gl. (10a), entsprechen einander, wie man leicht nachrechnet, wenn man ξ und η vertauscht und λ durch -2λ ersetzt.

Ist das Verhältnis ν der beiden Frequenzen eine *irrationale* Zahl, so ist keine algebraische Darstellung mehr möglich. Während sich bei allen rationalen Frequenzverhältnissen die Bahn nach einer endlichen Zahl von Schwingungen schließt und aufs Neue durchlaufen wird, tritt dies bei irrationalem Frequenzverhältnis nie ein, so daß immer wieder andere Bahnen durchlaufen werden und das Amplitudenrechteck nach und nach dicht mit Bahnen überdeckt wird.

Anmerkung. Die Lösung (7) bzw. (8) hängt eng mit den Tschebyscheffschen Funktionen $T_\nu(\xi)$ und $U_\nu(\xi)$ zusammen, mit deren Hilfe sie geschrieben werden kann:

$$\eta = \cos\left[\lambda + \frac{\pi}{2}(\nu - 1)\right] T_\nu(\xi) + \sin\left[\lambda + \frac{\pi}{2}(\nu - 1)\right] U_\nu(\xi).$$

11. Aufgabe

Kugeloszillator. Die räumlichen Bewegungen eines Massenpunktes, der harmonisch und isotrop an ein Zentrum gebunden ist, sollen beschrieben werden.

Lösung. Der Massenpunkt bewegt sich im Felde der potentiellen Energie

$$V(r) = \frac{m\omega^2}{2}(x^2 + y^2 + z^2) = \frac{m\omega^2}{2} r^2; \tag{1}$$

denn hieraus erhält man für die auf ihn wirkenden Kraftkomponenten

$$\left.\begin{aligned} K_x = -\frac{\partial V}{\partial x} = -m\omega^2 x; \quad K_y = -\frac{\partial V}{\partial y} = -m\omega^2 y; \\ K_z = -\frac{\partial V}{\partial z} = -m\omega^2 z. \end{aligned}\right\} \tag{2}$$

Da die Kraft der Auslenkung aus der Gleichgewichtslage entgegengerichtet ist, ist sie eine zu Schwingungen führende Rückstellkraft; da sie den Auslenkungen proportional ist, ist die Schwingung in jeder der drei Koordinatenrichtungen harmonisch; da in allen drei Komponenten der gleiche Faktor ω^2 steht, ist der Oszillator isotrop.

Die Bewegungsgleichungen

$$m\ddot{x} = -m\omega^2 x; \quad m\ddot{y} = -m\omega^2 y; \quad m\ddot{z} = -m\omega^2 z \tag{3}$$

sind vollständig entkoppelt und können daher getrennt gelöst werden:

$$x = x_0 \sin(\omega t + \alpha); \quad y = y_0 \sin(\omega t + \beta); \quad z = z_0 \sin(\omega t + \gamma). \tag{4}$$

Diese drei Gleichungen sind die Parameterdarstellung der Bahnkurve. Die Bahn ist *eben*; denn die wirkende Kraft ist eine Zentralkraft

$$\mathfrak{K} = -\operatorname{grad} V = -m\omega^2 \mathfrak{r}, \tag{5}$$

so daß der allgemeine Beweis von § 5 e (S. 38 oder 40) angewandt werden kann. Wir legen das Koordinatensystem so, daß die z-Achse senkrecht auf der Bahnebene steht, d.h. wir wählen $z_0 = 0$. Die verbleibenden Gleichungen (4) für $x(t)$ und $y(t)$ schreiben wir dann in die Form

$$\left.\begin{aligned} x &= x_0 \cos\alpha \sin\omega t + x_0 \sin\alpha \cos\omega t, \\ y &= y_0 \cos\beta \sin\omega t + y_0 \sin\beta \cos\omega t \end{aligned}\right\} \tag{6}$$

um. Aus diesen Bewegungsgleichungen eliminieren wir die Zeit, indem wir zunächst auflösen:

$$\sin\omega t = -\frac{x \sin\beta}{x_0 \sin(\alpha-\beta)} + \frac{y \sin\alpha}{y_0 \sin(\alpha-\beta)},$$

$$\cos\omega t = \frac{x \cos\beta}{x_0 \sin(\alpha-\beta)} - \frac{y \cos\alpha}{y_0 \sin(\alpha-\beta)}$$

und dann die Quadratsumme bilden:

$$\left(-\frac{x \sin\beta}{x_0} + \frac{y \sin\alpha}{y_0}\right)^2 + \left(\frac{x \cos\beta}{x_0} - \frac{y \cos\alpha}{y_0}\right)^2 = \sin^2(\alpha-\beta).$$

Beim Ausmultiplizieren der Klammern führt das auf

$$\left(\frac{x}{x_0}\right)^2 + \left(\frac{y}{y_0}\right)^2 - 2\frac{x}{x_0}\frac{y}{y_0}\cos(\alpha-\beta) = \sin^2(\alpha-\beta), \tag{7}$$

und das ist die Gleichung einer Ellipse, in deren Mittelpunkt (nicht Brennpunkt wie beim Kepler-Problem!) das Attraktionszentrum steht.

Die beiden interessantesten Sonderfälle sind:

1. Wenn $\alpha - \beta = \pm\frac{\pi}{2}$, dann haben wir die Ellipse

$$\left(\frac{x}{x_0}\right)^2 + \left(\frac{y}{y_0}\right)^2 = 1$$

mit den Halbachsen x_0 und y_0 in Richtung der Koordinatenachsen.

2. Wenn $\alpha - \beta = 0$, bzw. $= \pm\pi$, dann wird

$$\frac{x}{x_0} = \frac{y}{y_0}, \quad \text{bzw.} \quad = -\frac{y}{y_0};$$

die Bahn wird also eine Gerade durch das Attraktionszentrum („Pendelbahn").

In allen anderen Fällen liegen die Achsen der Ellipse gegen die Koordinatenachsen gedreht.

Das Problem läßt sich auch in Polarkoordinaten in der Bahnebene behandeln. Dann lautet der Energiesatz

$$\frac{m}{2}(\dot{r}^2 + r^2\dot{\varphi}^2) + \frac{m\omega^2}{2}r^2 = E. \tag{8}$$

Hierzu tritt der Flächensatz

$$r^2\dot{\varphi} = f. \tag{9}$$

Aus (8) und (9) kann man $\dot{\varphi}$ eliminieren und erhält $\dot{r}$ als Funktion von r. Indem man hieraus und aus (9) $\dot{\varphi}/\dot{r}$ entnimmt,

$$\dot{\varphi}/\dot{r} = d\varphi/dr$$

bildet und integriert, erhält man die Bahnkurve in Form des Integrals

$$\varphi - \varphi_0 = f\int \frac{dr}{r^2\sqrt{\frac{2E}{m} - \frac{f^2}{r^2} - \omega^2 r^2}}. \tag{10}$$

Die oben gegebene Lösung in kartesischen Koordinaten ist einfacher als die Behandlung dieser Quadratur. Der Grund ist evident: In kartesischen Koordinaten kann das Problem von Anfang an nach seinen Freiheitsgraden in unabhängige Teilprobleme separiert werden, die erst nach der Integration durch Elimination der Zeit wieder zusammengefügt werden. Dies ist in Polarkoordinaten nicht möglich.

12. Aufgabe

Entfernungen im Planetensystem. a) Die Parallaxe der Sonne ergibt den mittleren Abstand von Sonne und Erde zu $a_E = 1{,}49 \cdot 10^8$ km. Die Umlaufszeit von Jupiter um die Sonne beträgt 11,86 Jahre. Wie groß ist der mittlere Abstand zwischen Sonne und Jupiter? b) Wenn Sonne und Jupiter in Opposition stehen, erscheint der Bahnradius des Jupitersatelliten Io unter einem Winkel von 2,3 Bogenminuten. Wie groß ist der Radius der Iobahn?

Lösung. Nach dem dritten Keplerschen Gesetz (§ 5c, S. 34) sind Umlaufszeiten (T_E, T_J) und mittlere Sonnenabstände (a_E, a_J) von Erde und Jupiter durch die Relation

$$T_E^2/T_J^2 = a_E^3/a_J^3$$

miteinander verknüpft. Daher wird

$$a_J = a_E\,(T_J/T_E)^{\frac{2}{3}} = 1{,}49 \cdot 10^8 \text{ km} \cdot 11{,}86^{\frac{2}{3}} = 7{,}76 \cdot 10^8 \text{ km}.$$

Stehen Sonne und Jupiter in Opposition, so ist der Abstand des Jupiters von der Erde $a_J - a_E = 6{,}27 \cdot 10^8$ km. Der Radius der Iobahn ist also wegen

$$\text{arc } 2{,}'3 = 6{,}73 \cdot 10^{-4}$$

gleich

$$r_{\text{Io}} = 6{,}27 \cdot 10^8 \text{ km} \cdot 6{,}73 \cdot 10^{-4} = 422\,000 \text{ km}.$$

13. Aufgabe

Massenbestimmung von Himmelskörpern. a) Der Sirius ist ein Doppelstern, der aus zwei Komponenten *A* und *B* besteht, die in 50 Jahren einmal einander umkreisen. Ihr mittlerer Abstand kann dabei aus der Parallaxe zu rund 20 astronomischen Einheiten (= mittleren Erdbahnradien) bestimmt werden. Wie groß ist die Gesamtmasse der beiden Komponenten zusammen? b) Der Jupitersatellit Io läuft in 1,77 Tagen um diesen Planeten in einem mittleren Abstand, der in der vorstehenden Aufgabe berechnet wurde. Welche Masse hat Jupiter?

Lösung. Nach Gl. (44) von § 5 c ist die Umlaufszeit

$$T = \frac{2\pi}{\sqrt{\gamma}} a^{\frac{3}{2}},$$

wobei die Konstante

$$\gamma = \Gamma M$$

ist. Dabei bedeutet M nach § 7 die Masse des Zentralgestirns, korrekter nach § 14 die Summe der Massen beider Himmelskörper. Es ist also

$$M = \frac{4\pi^2 a^3}{\Gamma T^2} \tag{1}$$

die Gesamtmasse der beiden Siriuskomponenten zusammen. Mit

$$a = 20 \text{ astr. Einh.} = 3 \cdot 10^9 \text{ km} = 3 \cdot 10^{14} \text{ cm}$$

und

$$T = 50 \text{ Jahre} = 1{,}58 \cdot 10^9 \text{ sec}$$

führt das auf

$$M = 6{,}4 \cdot 10^{33} \text{ g},$$

das ist etwas mehr als drei Sonnenmassen. Die Aufteilung dieser Gesamtmasse auf die beiden Komponenten läßt sich aus dieser Betrachtung nicht entnehmen[1].

Für den Jupitersatelliten Io fanden wir in Aufgabe 12

$$a = 4{,}22 \cdot 10^{10} \text{ cm};$$

seine Umlaufszeit ist gegeben zu

$$T = 1{,}53 \cdot 10^5 \text{ sec};$$

damit erhält man aus Gl. (1) die Masse des Zentralgestirns Jupiter zu

$$M = 1{,}90 \cdot 10^{30} \text{ g},$$

[1] Man findet, daß Sirius *A* und *B* sich um den gemeinsamen, gegenüber dem Fixsternhintergrund definierten Schwerpunkt *S* derart bewegen, daß ungefähr $SB = 2\,SA$ gilt. Daraus folgt die Aufteilung der Gesamtmasse im Verhältnis $M_A : M_B = 2:1$.

das ist rund ein Tausendstel der Sonnenmasse oder das 300fache der Erdmasse. Obwohl dies streng genommen die Summe der Massen von Io und Jupiter ist, können wir sie in unserer rohen Näherung derjenigen des Jupiter gleichsetzen, da die Masse von Io sehr klein dagegen ist.

14. Aufgabe

Größe des Jupiter. Im Teleskop wird Jupiter zu einer Scheibe aufgelöst, deren scheinbarer Äquatordurchmesser 38″ beträgt, wenn Sonne und Jupiter in Quadratur zueinander stehen. Wie groß ist der Radius R_J des Jupiter (Abplattung vernachlässigt) und wie groß daher seine mittlere Dichte? Wie groß ist die Fallbeschleunigung an der Jupiteroberfläche?

Lösung. In Quadratur, d.h. wenn die Fahrstrahlen von der Erde zum Jupiter und zur Sonne senkrecht aufeinander stehen, ist die Entfernung von Erde und Jupiter

$$d = \sqrt{a_J^2 - a_E^2},$$

also nach Aufgabe 12 mit $a_J = 7{,}76 \cdot 10^8$ km und $a_E = 1{,}49 \cdot 10^8$ km

$$d = 7{,}63 \cdot 10^8 \text{ km}.$$

In diesem Abstand erscheint der Äquator des Jupiter unter einem Winkel

$$\alpha = 38'' = 1{,}85 \cdot 10^{-4};$$

daher ist der Äquatordurchmesser

$$2R_J = d \cdot \alpha = 1{,}41 \cdot 10^5 \text{ km} = 1{,}41 \cdot 10^{10} \text{ cm}.$$

Vernachlässigt man die Abplattung und approximiert Jupiter durch eine Kugel, so wird deren Volumen

$$V_J = \frac{4\pi}{3} R_J^3 = 1{,}47 \cdot 10^{30} \text{ cm}^3.$$

Die Masse wurde in Aufgabe 13 zu

$$M_J = 1{,}90 \cdot 10^{30} \text{ g}$$

bestimmt; mithin ist die mittlere Dichte des Jupiter

$$\bar{\varrho}_J = M_J/V_J = 1{,}3 \text{ g/cm}^3.$$

Das ist nur etwa ein Viertel der mittleren Dichte der Erde.

Die Fallbeschleunigung an der Jupiteroberfläche ergibt sich zu

$$g_J = \frac{\Gamma M_J}{R_J^2} = 25{,}5 \text{ m/sec}^2,$$

das ist also fast der dreifache Wert der Fallbeschleunigung an der Erdoberfläche.

15. Aufgabe

Valenzschwingungen eines gestreckten Moleküls. Ein CO_2-Molekül hat im Grundzustand eine gestreckte Form O=C=O, bei der die beiden Sauerstoffatome in guter Näherung harmonisch an die Gleichgewichtslagen in Abständen a vom Kohlenstoffatom gebunden sind. Man untersuche unter dieser Voraussetzung, welche Schwingungstypen das Molekül ausführen kann, bei denen die gestreckte Form erhalten bleibt (sog. Valenzschwingungen).

Lösung. Die Orte der drei Atome längs der Molekülachse seien x, y, z und ihre Massen m, M, m. Dann haben kinetische und potentielle Energie die Gestalt

$$T = \frac{m}{2}(\dot{x}^2 + \dot{z}^2) + \frac{M}{2}\dot{y}^2; \tag{1}$$

$$V = \frac{f}{2}\{(y - x - a)^2 + (z - y - a)^2\}. \tag{2}$$

Das eindimensionale Problem hat also zunächst drei Freiheitsgrade; bei Abtrennung der Schwerpunktsbewegung können wir es auf zwei Freiheitsgrade reduzieren. Wählen wir den Schwerpunktsort

$$X = \frac{m(x+z) + My}{2m + M}$$

als Bezugspunkt unseres Koordinatensystems:

$$X = 0,$$

so können wir z.B. die Koordinate des Kohlenstoffatoms

$$y = -\frac{m}{M}(x + z)$$

durch die Koordinaten x und z der beiden Sauerstoffatome ausdrücken. In der Gleichgewichtslage wird $x = -a$, $y = 0$, $z = +a$; anstelle von x und z wollen wir noch die (kleinen) Verschiebungen ξ und ζ gegen diese Lage einführen. Mit der Abkürzung

$$\frac{m}{M} = \varrho \tag{3}$$

setzen wir dann

$$x = \xi - a; \qquad y = -\varrho(\xi + \zeta); \qquad z = \zeta + a \tag{4}$$

in die Ausdrücke (1) und (2) ein. Dann erhalten wir

$$T = \frac{m}{2}\{(1+\varrho)(\dot{\xi}^2 + \dot{\zeta}^2) + 2\varrho\,\dot{\xi}\dot{\zeta}\}; \tag{5}$$

$$V = \frac{f}{2}\{[(1+\varrho)^2 + \varrho^2](\xi^2 + \zeta^2) + 4\varrho(1+\varrho)\,\xi\zeta\}. \tag{6}$$

Um dies Problem mit zwei Freiheitsgraden separieren zu können, bringen wir durch Einführung neuer Koordinaten q_1 und q_2 die beiden quadratischen Formen $T(\dot{\xi}, \dot{\zeta})$ und $V(\xi, \zeta)$ gleichzeitig auf Diagonalform. Dazu müssen q_1 und q_2 jedenfalls geeignete Linearkombinationen von ξ und ζ sein; infolge der völligen Symmetrie beider quadratischen Formen in den Variablen ξ und ζ erweisen sich Summe und Differenz als geeignete Kombinationen. In zweckmäßiger Normierung setzen wir deshalb

$$\xi = \frac{1}{\sqrt{2}}(q_1 + q_2); \qquad \zeta = \frac{1}{\sqrt{2}}(q_1 - q_2). \tag{7}$$

Dann ergibt sich nach einfacher Rechnung:

$$T = \frac{m}{2}\{(1 + 2\varrho)\dot{q}_1^2 + \dot{q}_2^2\}; \tag{8}$$

$$V = \frac{f}{2}\{(1 + 2\varrho)^2 q_1^2 + q_2^2\}. \tag{9}$$

Die Energie $E = T + V$ zerfällt also in zwei Summanden

$$E_1 = \frac{m}{2}(1 + 2\varrho)\dot{q}_1^2 + \frac{f}{2}(1 + 2\varrho)^2 q_1^2 \tag{10}$$

und

$$E_2 = \frac{m}{2}\dot{q}_2^2 + \frac{f}{2}q_2^2, \tag{11}$$

von denen der erste nicht von q_2 und der zweite nicht von q_1 abhängt. Soll ihre Summe

$$E = E_1 + E_2 \tag{12}$$

konstant sein, so muß also jeder von ihnen selbst konstant sein. Die Gln. (10) und (11) stellen daher zwei voneinander unabhängige einfache Oszillatoren dar mit den Lösungen

$$\left.\begin{aligned} q_1(t) &= q_1^0 \sin(\omega_1 t + \delta_1); \\ q_2(t) &= q_2^0 \sin(\omega_2 t + \delta_2) \end{aligned}\right\} \tag{13}$$

mit

$$\omega_1 = \sqrt{\frac{f}{m}(1 + 2\varrho)}, \qquad \omega_2 = \sqrt{\frac{f}{m}}. \tag{14}$$

Es existieren also zwei *Normalschwingungen* des CO_2-Moleküls:

1. Die q_1-Schwingung mit der Frequenz ω_1. Bei dieser ist $q_2 = 0$; nach (7) und (3) wird also

$$x = \frac{1}{\sqrt{2}} q_1(t) - a; \qquad y = -\frac{1}{\sqrt{2}}\frac{2m}{M} q_1(t); \qquad z = \frac{1}{\sqrt{2}} q_1(t) + a. \tag{15}$$

Man erhält also eine Schwingung mit Verschiebungen nach der Art von Fig. 44a; der Schwingungstyp heißt deshalb *antisymmetrische Valenzschwingung.*

2. Die q_2-Schwingung mit der Frequenz ω_2. Bei dieser ist $q_1=0$, also

$$x=\frac{1}{\sqrt{2}}\,q_2(t)-a\,;\qquad y=0\,;\qquad z=-\frac{1}{\sqrt{2}}\,q_2(t)+a\,. \tag{16}$$

b)

Fig. 44a u. b. Valenzschwingungen eines CO_2-Moleküls. a Antisymmetrische Normalschwingung. b Symmetrische Normalschwingung. (Das Molekül besitzt außerdem noch eine dritte Normalschwingung, die „Knickschwingung", bei der die drei Atome nicht auf einer Geraden bleiben. Diese ist hier nicht behandelt)

Man erhält Fig. 44b; der Schwingungstyp heißt *symmetrische Valenzschwingung.*

Quantitativ können wir hieraus für das CO_2-Molekül folgende Schlüsse ziehen:

1. Das Verhältnis der beiden Frequenzen ω_1/ω_2 zueinander hängt allein von den Atommassen ab:

$$\frac{\omega_1}{\omega_2}=\sqrt{1+2\frac{m}{M}}\,. \tag{17}$$

Für $m=16$, $M=12$ ist daher $\omega_1/\omega_2=1{,}916$. Diese Relation ist experimentell nicht allzugut erfüllt; die ω_1-Schwingung liegt bei der Wellenzahl $2350\,\text{cm}^{-1}$, die ω_2-Schwingung bei $1330\,\text{cm}^{-1}$, d.h. man findet $\omega_1/\omega_2=1{,}77$.

2. Die Anregung der symmetrischen Normalschwingung ω_2 ist in Absorption schwierig und nur bei hohen Drucken zu erreichen. Daher ist ein Vergleich verschiedener Isotope bei der antisymmetrischen Schwingung ω_1 leichter. Man erhält hier die nebenstehende Tabelle, wenn man mit den darin angegebenen ganzzahligen Massenwerten rechnet. Berücksichtigt man die Abweichungen der Kernmassen von der Ganzzahligkeit (Massendefekte), so verschwindet auch nahezu völlig die kleine in der Tabelle noch enthaltene Diskrepanz zu den beobachteten Werten.

Masse von		$\frac{1}{m}\left(1+2\frac{m}{M}\right)$	Wellenzahlen in cm^{-1}	
C	O		berechnet	beobachtet
12	16	11/48	2349,4	
13	16	45/208	2282,8	2283,5
14	16	23/112	2224,0	2225,9
12	18	2/9	2313,6	?
13	18	49/234	2245,8	?

16. Aufgabe

Schwingende Saite. Man entwickle das Bernoullische Lösungsverfahren durch Zusammensetzung laufender Wellen zu einer graphischen Methode für die angezupfte Saite.

Lösung. Die gezupfte Saite ist dadurch definiert, daß die Lösung $u(x, t)$ für $t=0$ eine vorgegebene Gestalt $u_0(x)$ besitzt und die Geschwindigkeit $\dot{u}=v_0(x)$ überall Null ist:

$$u(x, 0) = u_0(x); \quad \dot{u}(x, 0) = 0. \tag{1}$$

Dabei ist die Gestalt der Saite durch den Ort des zupfenden Fingers im Augenblick des Loslassens als Linienzug aus zwei Geradenstücken im Intervall $0 \leqq x \leqq l$ eindeutig festgelegt.

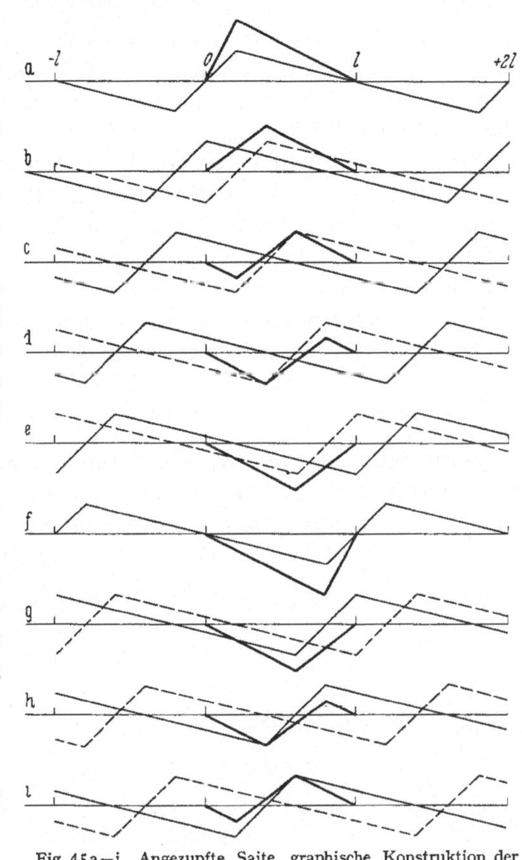

Fig. 45a–i. Angezupfte Saite, graphische Konstruktion der Schwingung. a Anfangszustand. b–i Aufeinanderfolgende Phasen

Die zugrundeliegende allgemeine Theorie baut auf den Gleichungen (32) bis (34) von §18d auf. Die Lösung läßt sich zur Zeit t schreiben

$$\left.\begin{aligned} u(x,t) &= -g(ct-x) + \\ &+ g(ct+x); \end{aligned}\right\} \tag{2}$$

dabei ist g eine periodische Funktion der Periodenlänge $2l$. Sie hängt mit u_0 und v_0 zusammen gemäß

$$\left.\begin{aligned} u_0(x) &= g(x) - g(-x); \\ \frac{1}{c} v_0(x) & \\ &= g'(x) - g'(-x). \end{aligned}\right\} \tag{3}$$

In unserem Falle ist $v_0 = 0$, daher $g'(x)$ eine gerade Funktion von x. Mithin muß $g(x)$ eine ungerade Funktion von x und

$$u_0(x) = 2g(x) \tag{4}$$

werden. $u_0(x)$ ist daher außerhalb des Intervalls $0 \leqq x \leqq l$ zu einer ungeraden periodischen Funktion der Periodenlänge $2l$ zu ergänzen; dadurch wird es für $-\infty < x < +\infty$ eindeutig fortgesetzt. Die Lösung (2) geht dann über in

$$u(x, t) = \tfrac{1}{2}\{u_0(x - ct) + u_0(x + ct)\}. \tag{5}$$

Die graphische Methode, die sich hierauf aufbauen läßt, ist in Fig. 45 erläutert. Zunächst zeigt Fig. 45a die Funktion $u_0(x)$ mit ihrer Fortsetzung über das physikalisch reale Intervall $0 \leq x \leq l$ hinaus; dies ist der Anfangszustand für $t=0$. Für eine etwas spätere Zeit t sind in Fig. 45b die nach links und rechts um die gleiche Strecke ct verschobenen Funktionen der halben Amplitude gezeichnet; ihre Summe ergibt nach (5) die Gestalt der Saite zur Zeit t. Dasselbe zeigen die folgenden Diagramme (Fig. 45c bis i) für eine Reihe späterer Zeitpunkte. Von Fig. 45f an, die das Spiegelbild $-u_0(-x)$ der Anfangsfunktion $u_0(x)$ ist, kehren die gleichen Formen in umgekehrter Reihenfolge wieder; die Gestalt in Fig. 45g ist mit derjenigen von Fig. 45e identisch, ebenso h mit d, i mit c. Bezeichnet man das Zeitintervall zwischen zwei in der Figur aufeinander folgenden Gestalten der Saite mit τ, so ist also nach Verlauf der Zeit 10τ die ursprüngliche Form (Fig. 45a) wieder hergestellt und die Geschwindigkeit wie zu Anfang Null; daher ist 10τ die zeitliche Periode des Schwingungsvorganges.

17. Aufgabe

Schwingungen eines Gases in einem Hohlzylinder. Man berechne die Eigenfrequenzen, mit denen eine Gasmasse schwingen kann, die in einem schallharten zylindrischen Raum der Höhe h und vom Radius R eingeschlossen ist. Man gebe die tiefsten Eigenfrequenzen für $h=2R$ an.

Lösung. Die in § 20a abgeleitete Differentialgleichung für die Druckdifferenz

$$u = \frac{p-p_0}{p_0} \tag{1}$$

gilt auch hier; für eine Schwingung $\sim e^{i\omega t}$ gilt also

$$\Delta u + \frac{\omega^2}{c^2} u = 0. \tag{2}$$

Hierbei drücken wir jetzt den Laplaceschen Operator zweckmäßig in Zylinderkoordinaten r, φ, z aus:

$$\frac{\partial^2 u}{\partial r^2} + \frac{1}{r}\frac{\partial u}{\partial r} + \frac{1}{r^2}\frac{\partial^2 u}{\partial \varphi^2} + \frac{\partial^2 u}{\partial z^2} + \frac{\omega^2}{c^2} u = 0; \tag{3}$$

denn dann lassen sich die Randbedingungen am einfachsten formulieren. Die Differentialgleichung (3) gestattet die Abseparation eines von z allein abhängenden Faktors in der Form

$$u(r, \varphi, z) = \psi(r, \varphi)\, e^{\pm i\varkappa z}; \tag{4}$$

dann genügt $\psi(r, \varphi)$ der Gleichung

$$\frac{\partial^2 \psi}{\partial r^2} + \frac{1}{r}\frac{\partial \psi}{\partial r} + \frac{1}{r^2}\frac{\partial^2 \psi}{\partial \varphi^2} + \left(\frac{\omega^2}{c^2} - \varkappa^2\right)\psi = 0, \tag{5}$$

die mit der Differentialgleichung der schwingenden Kreismembran identisch ist (vgl. §19e). Sie wird daher bei abermaliger Separation gelöst durch

$$\psi(r, \varphi) = J_m(K r)\, e^{i m \varphi}, \tag{6}$$

wobei

$$K = \sqrt{\frac{\omega^2}{c^2} - \varkappa^2} \tag{7}$$

gesetzt ist.

Wir formulieren nun die Randbedingungen. Bei schallharten Wänden des Zylinders muß die Normalkomponente der Geschwindigkeit überall an der Oberfläche verschwinden, nach §20a also $\partial u/\partial n = 0$ sein. Für die Böden $z=0$ und $z=h$ des Zylinders muß also $\partial u/\partial z = 0$ werden; daher kann in (1) nur die Kombination $\cos \varkappa z$ mit $\varkappa = \frac{n\pi}{h}$ $(n = 0, 1, 2, \ldots)$ auftreten. Auf dem Zylindermantel $r = R$ ist $\partial u/\partial r = 0$ zu fordern, d.h.

$$J'_m(z) = 0 \quad \text{für} \quad KR = z. \tag{8}$$

Wir bezeichnen mit z_{mq} die q-te Nullstelle von $J'_m(z)$; dann wird $K = z_{mq}/R$. Damit lautet die Lösung in willkürlicher Normierung:

$$u(r, \varphi, z) = J_m\left(z_{mq} \frac{r}{R}\right) \cos m(\varphi - \varphi_0) \cos \frac{n \pi z}{h}, \tag{9}$$

und die zugehörige Eigenfrequenz wird nach (7):

$$\omega = c\sqrt{K^2 + \varkappa^2} = c\sqrt{\frac{1}{R^2} z_{mq}^2 + \frac{1}{h^2} n^2 \pi^2}; \tag{10}$$

sie hängt also von drei „Quantenzahlen" n, m, q ab, wobei q vom Radialteil, m vom Winkelanteil und n vom Anteil der Längsrichtung des Zylinders herrührt.

Um die niedrigsten Frequenzen quantitativ zu bestimmen, brauchen wir die Lösungen z_{mq} der Gleichungen (8). Nun wurden in §20d bereits die Rekursionsformeln

$$\frac{2m}{z} J_m = J_{m-1} + J_{m+1} \tag{11a}$$

und

$$J'_m = \tfrac{1}{2}(J_{m-1} - J_{m+1}) \tag{11b}$$

bewiesen. Aus (11a) erhalten wir, wenn wir der Reihe nach $m = 0, 1, 2, \ldots$ einsetzen:

$$0 = J_{-1} + J_1; \quad \frac{2}{z} J_1 = J_0 + J_2; \quad \frac{4}{z} J_2 = J_1 + J_3; \ \ldots,$$

woraus wir

$$\left.\begin{aligned} J_{-1} &= -J_1; \quad J_2 = \frac{2}{z} J_1 - J_0; \\ J_3 &= \frac{4}{z} J_2 - J_1 = \left(\frac{8}{z^2} - 1\right) J_1 - \frac{4}{z} J_0; \ \ldots \end{aligned}\right\} \tag{12a}$$

entnehmen. Gehen wir damit in die Gleichungen (11b) ein, so finden wir der Reihe nach für $m=0, 1, 2, \ldots$:

$$J_0' = -J_1; \quad J_1' = J_0 - \frac{1}{z} J_1; \quad J_2' = \left(\frac{3}{2} - \frac{4}{z^2}\right) J_1 + \frac{2}{z} J_0; \ldots \tag{12b}$$

Die Gln. (12a, b) zeigen, daß man alle J_m und J_m' mit ganzzahligen Indizes m durch die beiden Funktionen J_0 und J_1 ausdrücken kann. Daran ermißt man die überragende Bedeutung der Tabulierung dieser beiden Funktionen.

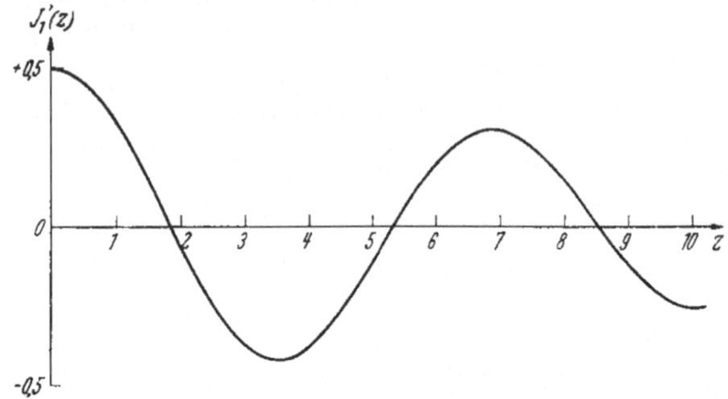

Fig. 46. Die Funktion J_1'. Zur Bestimmung der Eigenfrequenzen einer in einem zylindrischen Hohlraum eingeschlossenen Gasmasse

Für $m=0$ und $m=1$ erhalten wir nach (12b) die Nullstellen $z=z_{0q}$ von $J_0'(z)$ und z_{1q} von $J_1'(z)$ aus den Beziehungen

$$\text{für } z=z_{0q}\colon \quad J_1(z)=0 \tag{13a}$$

$$\text{für } z=z_{1q}\colon \quad J_0(z) - \frac{1}{z} J_1(z) = 0. \tag{13b}$$

Die Nullstellen von J_1 sind bereits in §19 auf S. 137 angegeben; die Nullstellen von (13b) entsprechen den Maxima und Minima der Funktion J_1 in Fig. 30 (S. 131); besser werden sie gemäß (13b) aus den Nullstellen der Funktion $J_1'(z)$ bestimmt, die gemäß (12b) berechnet wurde und in Fig. 46 dargestellt ist. So findet man

$$\left.\begin{array}{lll} z_{01} = 3{,}83 & z_{02} = 7{,}02 & \\ z_{11} = 1{,}84 & z_{12} = 5{,}33 & z_{13} = 8{,}53. \end{array}\right\} \tag{14}$$

Für $m=2$ kann man die erste Nullstelle z_{21} aus der auf S. 247 tabulierten Funktion J_2 ohne Rechnung abschätzen, deren erstes Minimum, das also einer Nullstelle von J_2' entspricht, bei etwa $z_{21}=6{,}5$ liegt. Die drei tiefsten Eigenwerte z_{mq} sind also z_{11}, z_{01}, z_{12} in dieser Reihenfolge.

Schreiben wir nun (10) in die Form

$$\omega = \frac{c}{R}\sqrt{z_{mq}^2 + \left(\frac{h}{R} n\pi\right)^2} = \frac{c}{R} w_{nmq} \tag{15}$$

um, so erhalten wir für $h=0$ die Eigenwerte $w_{0mq}=z_{mq}$ und für $h/R=\frac{1}{2}$ nach (14) die in der folgenden Tabelle zusammengestellten tiefsten Werte für die Wurzel in Gl. (15).

n	m	q	z_{mq}	w_{nmq}	n	m	q	z_{mq}	w_{nmq}
0	1	1	1,84	1,84	3	1	1	1,84	5,06
1	1	1	1,84	2,42	0	1	2	5,33	5,33
2	1	1	1,84	3,64	1	1	2	5,33	5,56
0	0	1	3,83	3,83	3	0	1	3,83	6,06
1	0	1	3,83	4,15	2	1	2	5,33	6,20
2	0	1	3,83	4,95					

Man überlegt sich leicht, daß alle anderen Eigenwerte zu höheren Eigenfrequenzen gehören. In der nebenstehenden Fig. 47 sind die berechneten Eigenwerte in einem „Termschema" aufgetragen. In der linken Hälfte der Figur sind die sich für $h=0$ ergebenden Grenzwerte z_{mq} angegeben; in der rechten sind die Eigenfrequenzen für $h=R/2$ gezeigt. Die dünnen Verbindungslinien zeigen schematisch, wie jeder Eigenwert z_{mq} für $h\neq 0$ nach der Quantenzahl n aufspaltet.

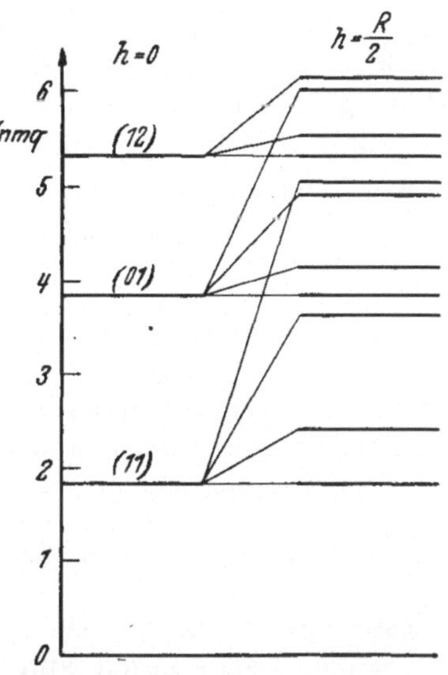

Fig. 47. Eigenfrequenzspektrum der in einem Hohlzylinder eingeschlossenen Gasmasse. Links der Grenzfall des unendlich flachen Zylinders ($h=0$). Rechts Aufspaltung der Eigenwerte bei endlicher Zylinderhöhe

Anmerkung. Man kann das Aufspalten der Eigenfrequenzen natürlich genauer verfolgen, wenn man das Verhältnis h/R kontinuierlich variiert. Läßt man h dabei immer weiter wachsen, so daß schließlich $h\gg R$ wird, so ordnen sich die Terme wieder in ein einfacheres Schema, da $w_{nmq}\to \frac{h}{R}\, n\pi$ geht, d.h. wir erhalten eine äquidistante Folge von Eigenfrequenzen nach Art der schwingenden Saite, deren jede eine Aufspaltung nach den Quantenzahlen m und q zeigt.

18. Aufgabe

Anfangswertproblem bei radioaktiver Diffusion. In einem kugelförmigen Korn (Radius R) eines radioaktiven Präparats ist Radium mit der konstanten Konzentration N eingebaut. Die Konzentration der daraus gebildeten Emanation soll als Funktion von Zeit und Ort berechnet werden.

Lösung. Das Problem ist dasselbe wie das in § 21 b bereits besprochene, nur daß dort lediglich der stationäre Endzustand behandelt wurde. Die Konzentration $n(r, t)$ der Emanation genügt also der Differentialgleichung

$$\frac{\partial n}{\partial t} = D \Delta n - \lambda n + \Lambda N, \tag{1}$$

und die zu erfüllenden Randbedingungen sind

$$n(0, t) \text{ regulär}; \qquad n(R, t) = 0. \tag{2}$$

Hierzu tritt jetzt aber noch die Anfangsbedingung

$$n(r, 0) = 0, \tag{3}$$

wenn $t = 0$ der Zeitpunkt der Ausfällung des Präparats ist, an dem die Bildung der Emanation im Korn beginnt.

Wir wissen bereits, daß sich für $t \to \infty$ asymptotisch der stationäre Endzustand

$$n_\infty(r) \equiv n(r, \infty) = \frac{\Lambda}{\lambda} N \left(1 - \frac{R}{r} \frac{\mathfrak{Sin}\, k r}{\mathfrak{Sin}\, k R}\right) \tag{4}$$

mit

$$k = \sqrt{\frac{\lambda}{D}} \tag{5}$$

einstellt. Das Problem besteht jetzt darin, den Übergang vom Anfangszustand (3) zum Endzustand (4) quantitativ darzustellen.

Hierzu setzen wir an

$$n(r, t) = n(r, \infty) + \sum_{\nu=1}^{\infty} \varphi_\nu(r)\, e^{-\lambda_\nu t}. \tag{6}$$

Dieser Ansatz enthält das richtige asymptotische Verhalten, da für $t \to \infty$ die Summe gegen Null geht. Setzen wir (6) in die Differentialgleichung (1) ein, so erhalten wir wegen

$$D \Delta n_\infty - \lambda n_\infty + \Lambda N = 0$$

die Beziehung

$$\sum_\nu \{D \Delta \varphi_\nu - \lambda \varphi_\nu + \lambda_\nu \varphi_\nu\}\, e^{-\lambda_\nu t} = 0;$$

die Funktionen $\varphi_\nu(r)$ genügen also den Differentialgleichungen

$$\Delta \varphi_\nu + \varkappa_\nu^2 \varphi_\nu = 0, \tag{7}$$

wenn wir die Abkürzung

$$\varkappa_\nu^2 = \frac{\lambda_\nu - \lambda}{D} \tag{8}$$

einführen. Die Differentialgleichungen (7) werden vollständig gelöst durch

$$\varphi_\nu(r) = \frac{1}{r} (A_\nu \sin \varkappa_\nu r + B_\nu \cos \varkappa_\nu r).$$

Die Regularitätsforderung (2) an der Stelle $r=0$ erfordert das Verschwinden aller Konstanten $B_\nu=0$; die Randbedingung $n(R,t)=0$ wird von n_∞ ebenfalls erfüllt und muß daher auch allen φ_ν auferlegt werden: $\varphi_\nu(R)=0$. Das wird aber nur erreicht, wenn

$$\varkappa_\nu R = \nu\pi \tag{9}$$

ein ganzzahliges Vielfaches von π ist:

$$\varphi_\nu(r) = \frac{A_\nu}{r}\sin\frac{\nu\pi r}{R}; \qquad \lambda_\nu = D\left(\frac{\nu\pi}{R}\right)^2 + \lambda. \tag{10}$$

Der Ansatz (6) führt also auf die zeitabhängige Lösung

$$n(r,t) = n(r,\infty) + \sum_{\nu=1}^{\infty}\frac{A_\nu}{r}\sin\frac{\nu\pi r}{R}\,e^{-\left(\lambda + D\frac{\pi^2\nu^2}{R^2}\right)t}. \tag{11}$$

Wir müssen nun noch die Koeffizienten A_ν so bestimmen, daß die Anfangsbedingung (3) erfüllt ist:

$$\frac{1}{r}\sum_{\nu=1}^{\infty} A_\nu \sin\frac{\nu\pi r}{R} = -\,n(r,\infty).$$

Die Summe ist eine Fourier-Reihe; für die Koeffizienten A_ν erhält man in bekannter Weise (vgl. etwa S. 109)

$$A_\nu = -\frac{2}{R}\int_0^R dr\, r\, n(r,\infty)\sin\frac{\nu\pi r}{R}. \tag{12}$$

Da die Funktion $n(r,\infty)$ aus Gl. (4) bekannt ist, kann man dies Integral unschwer ausrechnen. Damit ist die Lösung vollständig bestimmt.

Anmerkung. Die Reihenentwicklung (11) konvergiert sehr gut, wenn t nicht allzu klein ist. Verlangt man z.B., daß der Exponentialfaktor in (11) für $\nu=2$ nur noch $^1/_{1000}$ des Wertes für $\nu=1$ betragen soll, so erhält man

$$\frac{D\pi^2 t}{R^2} = 2{,}30 \quad \text{oder} \quad t = 0{,}233\,\frac{R^2}{D}.$$

Von diesem Zeitpunkt ab kann man sich daher in sehr guter Näherung auf das erste Summenglied in der Lösung (11) beschränken.

19. Aufgabe

Wärmeleitung im Metallring (Neumannsche Aufgabe). Einem Metallring vom Umfang L wird an der Stelle $x=0$ zur Zeit $t=0$ die Wärmemenge Q zugeführt. Diese Wärmemenge breitet sich allmählich den Ring entlang aus, wobei ein Teil durch die Oberfläche des Ringes in die Umgebung abfließt. Die Differentialgleichung für die Temperatur

$\vartheta(x, t)$ ist zu lösen und insbesondere anzugeben, wie man durch Messung des zeitlichen Verlaufs der Temperatur an den einander gegenüberliegenden Stellen $x=0$ und $x=L/2$ die beiden in der Differentialgleichung auftretenden Konstanten bestimmen kann.

Lösung. Der Temperaturverlauf $\vartheta(x, t)$ längs des Ringes genügt nach §22e (S. 184) der *Differentialgleichung*

$$\frac{\partial \vartheta}{\partial t} = k \frac{\partial^2 \vartheta}{\partial x^2} - p\,\vartheta. \tag{1}$$

Diese Differentialgleichung soll mit den *Randbedingungen*

$$\left(\frac{\partial \vartheta}{\partial x}\right)_{x=0} = 0; \qquad \left(\frac{\partial \vartheta}{\partial x}\right)_{x=L/2} = 0 \tag{2}$$

gelöst werden, da die Temperatur an der Stelle $x=0$, wo zur Zeit $t=0$ die Wärmemenge Q zugeführt wird, ein Maximum sein muß, und da, wenn diese von dort symmetrisch nach links und rechts abfließt, an der gegenüberliegenden Stelle $x=L/2$ ein Minimum der Temperatur bestehen muß. Der Unterschied zwischen diesen beiden Temperaturen wird anfänglich am größten sein und sich nach und nach ausgleichen, wobei die Temperatur an der Stelle $x=0$ monoton auf die Temperatur der Umgebung abfällt, während diejenige bei $x=L/2$ über ein Maximum geht und schließlich ebenfalls wieder auf die konstante Umgebungstemperatur sinkt.

Führt man zur Zeit $t=0$ einem extrem kurzen Ringstück

$$-\frac{a}{2} \leqq x \leqq +\frac{a}{2}$$

vom Volumen $F \cdot a$ ($F=$ Querschnitt des Ringes) die Wärmemenge Q zu, so wird dort die Temperatur um den sehr großen Wert $Q/(Fa \cdot c\varrho)$ erhöht. Die Lösung der Differentialgleichung soll, wenn wir die Anfangstemperatur des Ringes und seine beständige Umgebungstemperatur als Temperaturnullpunkt wählen, der *Anfangsbedingung*

$$\vartheta(x, 0) = \begin{cases} \dfrac{Q}{F a c \varrho} & \text{in} \quad -\dfrac{a}{2} \leqq x \leqq +\dfrac{a}{2}, \\ 0 & \text{sonst} \end{cases}$$

genügen. Im Grenzfall $a \to 0$ können wir dafür schreiben

$$\vartheta(x, 0) = \frac{Q}{F c \varrho}\,\delta(x). \tag{3}$$

Die Gleichungen (1) bis (3) definieren vollständig eine bestimmte Lösung, die wir nun aufsuchen.

Produktansatz für ϑ führt sofort auf

$$\vartheta = e^{-\gamma t}\cos(\alpha x + \delta) \quad \text{mit} \quad \gamma = p + k\alpha^2. \tag{4}$$

Die Randbedingungen (2) werden befriedigt, wenn wir

$$\delta = 0 \quad \text{und} \quad \alpha = \frac{2\pi n}{L}\ (n = 0, 1, 2, \ldots) \tag{5}$$

setzen. Daher ist die allgemeinste, die Randbedingungen (2) befriedigende Lösung der Differentialgleichung (1) die Summe

$$\vartheta(x, t) = \sum_{n=0}^{\infty} A_n e^{-\left(p + k\frac{4\pi^2 n^2}{L^2}\right)t} \cos\frac{2\pi n x}{L}. \tag{6}$$

Die Koeffizienten A_n müssen nun aus der Anfangsbedingung (3) bestimmt werden:

$$\sum_{n=0}^{\infty} A_n \cos\frac{2\pi n x}{L} = \frac{Q}{F c \varrho}\,\delta(x),$$

d.h. die δ-Funktion ist durch eine Fourier-Reihe darzustellen. In bekannter Weise (vgl. S. 109) ergibt sich dann für die Koeffizienten[1]

$$A_0 = \frac{1}{L}\frac{Q}{F c \varrho}; \qquad A_n = \frac{2}{L}\frac{Q}{F c \varrho}\ (n = 1, 2, \ldots). \tag{7}$$

Die Formeln (6) und (7) beschreiben gemeinsam vollständig die Lösung.

Nun soll insbesondere die Temperatur an den Stellen $x = 0$ und $x = L/2$ verfolgt werden. Warten wir eine Zeitspanne von der Größenordnung $t \approx \frac{L^2}{4\pi^2 k}$, so konvergiert die Reihenentwicklung (6) gut genug, um nur die beiden ersten Glieder mitnehmen zu müssen. Dann gilt

$$\left.\begin{aligned} \vartheta(0, t) &= \frac{Q}{L F c \varrho} e^{-pt}\left\{1 + 2e^{-\frac{4\pi^2 k}{L^2}t}\right\}; \\ \vartheta\left(\frac{L}{2}, t\right) &= \frac{Q}{L F c \varrho} e^{-pt}\left\{1 - 2e^{-\frac{4\pi^2 k}{L^2}t}\right\}. \end{aligned}\right\} \tag{8}$$

Daher fällt die Summe

$$\vartheta(0, t) + \vartheta\left(\frac{L}{2}, t\right) = \frac{2Q}{L F c \varrho} e^{-pt}$$

in der Zeit $1/p$ auf den e-ten Teil ab; man kann aus diesem Abfall also die Konstante p bestimmen. Die Differenz

$$\vartheta(0, t) - \vartheta\left(\frac{L}{2}, t\right) = \frac{4Q}{L F c \varrho} e^{-\left(\frac{4\pi^2 k}{L^2} + p\right)t}$$

[1] Diese Fourier-Reihe hat abgesehen von A_0 konstante Koeffizienten:

$$L\,\delta(x) = 1 + 2\sum_{n=1}^{\infty} \cos\frac{2\pi n x}{L}.$$

In der Reihe (6) für ϑ nehmen dagegen für $t > 0$ die Koeffizienten rasch ab.

gestattet in der gleichen Weise die Konstante k zu ermitteln, wenn p bereits bekannt ist. Bequemer ist es, mit der Kombination

$$\frac{1}{2}\,\frac{\vartheta(0,t)-\vartheta\left(\frac{L}{2},t\right)}{\vartheta(0,t)+\vartheta\left(\frac{L}{2},t\right)}=e^{-\frac{4\pi^2 k}{L^2}t}$$

zu arbeiten, deren charakteristische Abfallszeit $\frac{L^2}{4\pi^2 k}$ ist.

Den Ausdrücken (8) sieht man unmittelbar an, daß $\vartheta(0,t)$ monoton abfällt und $\vartheta\left(\frac{L}{2},t\right)$ zunächst über ein Maximum geht, wie wir oben bereits qualitativ überlegt haben.

20. Aufgabe

Gravitationsenergie eines Sternhaufens. In einem Sternhaufen sei die Materie nach einer Gaußschen Kurve verteilt:

$$\varrho(r)=\varrho_0\,e^{-r^2/a^2}. \tag{1}$$

Man berechne das Gravitationspotential $\varphi(r)$ und die Masse des ganzen Haufens M, schließlich die Gravitationsenergie in Vielfachen von $\Gamma M^2/a$.

Lösung. Das Potential φ für die kugelsymmetrische Anordnung können wir entweder nach Gl. (37) oder Gl. (49) von §23 berechnen. Da Gl. (49) zweimalige Integration erfordert, ist es bequemer Gl. (37) zugrunde zu legen. Diese enthält die Integrale

$$\frac{1}{r}\int_0^r dr'\,r'^2\,\varrho(r')=\frac{\varrho_0}{r}\,a^3\int_0^{r/a}dx\,x^2\,e^{-x^2} \tag{2}$$

und

$$\int_r^\infty dr'\,r'\,\varrho(r')=\varrho_0\,a^2\int_0^{r/a}dx\,x\,e^{-x^2}. \tag{3}$$

Das zweite Integral läßt sich mit $x^2=y$, also $dx\,x=\frac{1}{2}\,dy$, elementar berechnen und gibt

$$\varrho_0\,a^2\cdot\tfrac{1}{2}\,e^{-r^2/a^2}. \tag{4}$$

Das erste Integral läßt sich auf das in § 22d (S. 180) behandelte Fehlerintegral zurückführen:

$$\Phi(z)=\frac{2}{\sqrt{\pi}}\int_0^z d\zeta\,e^{-\zeta^2}=\frac{2}{\sqrt{\pi}}\sqrt{\beta}\int_0^{z/\sqrt{\beta}}ds\,e^{-\beta s^2};$$

hieraus folgt durch Differenzieren nach dem künstlich eingeführten Parameter β:

$$0=\frac{2}{\sqrt{\pi}}\left\{\frac{1}{2}\beta^{-\frac{1}{2}}\int_0^{z/\sqrt{\beta}}ds\,e^{-\beta s^2}+\sqrt{\beta}\,e^{-z^2}\cdot\left(-\frac{z}{2\beta^{\frac{3}{2}}}\right)-\sqrt{\beta}\int_0^{z/\sqrt{\beta}}ds\,s^2\,e^{-\beta s^2}\right\},$$

oder, wenn wir hierin wieder $\beta=1$ setzen:

$$0=\frac{1}{2}\Phi(z)-\frac{1}{\sqrt{\pi}}z\,e^{-z^2}-\frac{2}{\sqrt{\pi}}\int_0^z d\zeta\,\zeta^2 e^{-\zeta^2},$$

so daß das gesuchte Integral

$$\int_0^z d\zeta\,\zeta^2 e^{-\zeta^2}=\frac{\sqrt{\pi}}{4}\Phi(z)-\frac{z}{2}e^{-z^2} \tag{5}$$

wird. Damit geht (2) über in

$$\frac{\varrho_0}{r}a^3\left\{\frac{\sqrt{\pi}}{4}\Phi\left(\frac{r}{a}\right)-\frac{r}{2a}e^{-r^2/a^2}\right\}, \tag{6}$$

und wir erhalten für das Gravitationspotential der Verteilung (1) durch Zusammenfügen von (4) und (6) gemäß Gl. (37) von § 23:

$$\varphi(r)=-4\pi\Gamma\left\{\frac{\varrho_0}{r}a^3\left[\frac{\sqrt{\pi}}{4}\Phi\left(\frac{r}{a}\right)-\frac{r}{2a}e^{-r^2/a^2}\right]+\varrho_0 a^2\cdot\frac{1}{2}e^{-r^2/a^2}\right\}$$

oder kürzer

$$\varphi(r)=-\pi^{\frac{3}{2}}\Gamma\varrho_0 a^2\frac{\Phi(r/a)}{r/a}. \tag{7}$$

Das Potential läßt sich auch durch die Gesamtmasse

$$M=4\pi\varrho_0\int_0^\infty dr\,r^2 e^{-r^2/a^2}=4\pi\varrho_0 a^3\int_0^\infty dx\,x^2 e^{-x^2}$$

ausdrücken, die nach (5) zu

$$M=\pi^{\frac{3}{2}}\varrho_0 a^3 \tag{8}$$

angegeben werden kann; daher ist

$$\varphi(r)=-\frac{\Gamma M}{r}\Phi\left(\frac{r}{a}\right). \tag{9}$$

Die Gravitationsenergie des Sternhaufens wird nach Gl. (80) von § 23

$$E=\tfrac{1}{2}\int d\tau\,\varrho\,\varphi,$$

worin wir ϱ aus (1) und φ aus (9) einsetzen können. Bei erneuter Verwendung der dimensionslosen Variablen $x=r/a$ erhalten wir

$$E=-2\pi\varrho_0\Gamma M a^2\int_0^\infty dx\,x\,e^{-x^2}\Phi(x).$$

Das Integral ist elementar nicht lösbar; numerische Berechnung nach der Simpsonschen Regel führt auf den Wert 0,353, das ist gleich $\frac{1}{5}\sqrt{\pi}$. Benutzen wir noch Gl. (8), um ϱ_0 durch die Masse M zu ersetzen, so entsteht

$$E=-2\pi\frac{M}{\pi^{\frac{3}{2}}a^3}\Gamma M a^2\cdot\frac{\sqrt{\pi}}{5}=-\frac{2}{5}\frac{\Gamma M^2}{a}. \tag{10}$$

Anmerkung. Es ist empfehlenswert, die Rechnung nach der Simpsonschen Regel einmal mit dem Intervallschritt 0,5 und einmal mit 0,2 auszuführen. In beiden Fällen genügt es, bis etwa in die Gegend $x \approx 2,5$ zu integrieren, wo das Fehlerintegral praktisch den Wert 1 erreicht und der Rest elementar abgeschätzt werden kann. Der Unterschied in der Intervalleinteilung verbessert den Wert des Integrals von 0,356 beim Intervall 0,5 auf 0,353 beim Intervall 0,2; der Arbeitsaufwand, der mit dieser geringen Verbesserung verbunden ist, beläuft sich auf einen Faktor 2,5.

21. Aufgabe

Bewegung eines Sterns im Kugelhaufen. Ein Stern tritt mit sehr kleiner Anfangsgeschwindigkeit am Rande in einen Kugelsternhaufen ein, dessen Dichteverteilung durch die vorstehende Aufgabe beschrieben ist. Für einen mittleren Kugelhaufen kann man dabei etwa eine Masse von 10^6 Sonnenmassen und einen „Radius" von $a = 15$ parsec annehmen. Welche Geschwindigkeit kann der Stern maximal erreichen?

Lösung. Mit dem in der vorstehenden Aufgabe beschriebenen Gravitationspotential $\varphi(r)$ lautet der Energiesatz

$$\frac{m}{2}(\dot{r}^2 + r^2\dot{\varphi}^2) - \frac{\Gamma M m}{a}\frac{\Phi(r/a)}{r/a} = E. \tag{1}$$

Er wird ergänzt durch den Flächensatz

$$r^2\dot{\varphi} = f. \tag{2}$$

Hat der Stern im Unendlichen die Geschwindigkeit Null, und ist dort auch $r^2\dot{\varphi} = 0$, so vereinfacht sich der Energiesatz zu

$$\frac{m}{2}v^2 = \frac{\Gamma M m}{a}\frac{\Phi(r/a)}{r/a}, \tag{3}$$

wobei $v = \dot{r}$ eine reine, auf das Zentrum des Haufens hin gerichtete Fallbewegung beschreibt. Die rechts stehende Funktion in (3) wächst dann monoton mit abnehmenden r von Null bis zu einem Maximum bei $r = 0$; die maximale Geschwindigkeit erreicht der Stern daher für $r = 0$. Nun wird bei kleinen r/a (vgl. S. 181)

$$\Phi\left(\frac{r}{a}\right) \approx \frac{2}{\sqrt{\pi}}\frac{r}{a};$$

daher ist die maximale Geschwindigkeit, die bei $r = 0$ erreicht wird, durch

$$\frac{m}{2}v_{\max}^2 = \frac{\Gamma M m}{a}\frac{2}{\sqrt{\pi}}$$

gegeben. Für einen hypothetischen Kugelhaufen von der Gesamtmasse $M_\odot = 2 \cdot 10^{33}$ g (Sonnenmasse) und der Radiuskonstante[1]

$$a_0 = 1 \text{ parsec} = 3,07 \cdot 10^{18} \text{ cm}$$

[1] 1 parsec ist diejenige Entfernung, in welcher der mittlere Abstand von Sonne und Erde unter dem parallaktischen Winkel 1″ erscheint.

würde das auf

$$v_0 = 10^4 \text{ cm/sec}$$

führen. Es wird daher

$$v_{max} = v_0 \sqrt{\frac{M/M_\odot}{a\,(\text{parsec})}},$$

also für das Zahlenbeispiel der Aufgabe ($M = 10^6\, M_\odot$ und $a = 15$ parsec)

$$v_{max} = 26 \text{ km/sec}.$$

Dies ist ein Zahlenwert, dessen Größenordnung gut zu den beobachteten Eigengeschwindigkeiten von Fixsternen paßt (vgl. §14: Apexbewegung der Sonne mit 20 km/sec).

Hat der Stern am Rande des Sternhaufens die Geschwindigkeit Null, so besagt das nur, daß $\lim\limits_{r\to\infty} (r\dot{\varphi}) = 0$ ist; die Konstante f des Flächensatzes, Gl. (2) kann trotzdem einen endlichen Wert besitzen. Elimination von $\dot{\varphi}$ aus den Gleichungen (1) und (2) ergibt dann für die Radialkomponente der Bewegung die Differentialgleichung

$$\frac{m}{2}\left(\dot{r}^2 + \frac{f^2}{r^2}\right) - \frac{\Gamma M m}{a} \frac{\Phi(r/a)}{r/a} = 0, \tag{4}$$

wenn wir wieder die Geschwindigkeit im Unendlichen gleich Null setzen. Daher kann eine Bewegung nur erfolgen, solange

$$\dot{r}^2 = \frac{2\Gamma M}{a} \frac{\Phi(r/a)}{r/a} - \frac{f^2}{r^2} \tag{5}$$

positiv bleibt; da für kleine r der zweite, negative Term auf der rechten Seite von (5) aber über alle Grenzen wächst, während der erste, positive gegen einen konstanten Grenzwert geht, kann dies nur der Fall sein, solange r größer bleibt als ein Minimalradius r_0, der aus der transzendenten Gleichung

$$\frac{2\Gamma M}{r_0} \Phi\left(\frac{r_0}{a}\right) = \frac{f^2}{r_0^2} \tag{6}$$

zu berechnen ist. Aus dem Energiesatz, Gl. (3), in dem v jetzt aber nicht mehr $\dot{r}$ sondern

$$v = \sqrt{\dot{r}^2 + \frac{f^2}{r^2}}$$

bedeutet, folgt daher für v das gleiche Gesetz monotonen Wachsens mit abnehmenden r bis hin zum Minimalradius r_0, wo sich aus (3) und (6) die maximale Geschwindigkeit zu $v_{max} = f/r_0$ ergibt.

Anmerkung. Bei den vorstehenden Rechnungen wurde mit einem starren Potentialfeld gerechnet, das selbst keine Energie aufnimmt. Tatsächlich wird ein in den Kugelhaufen eindringender Stern bei Einzelstößen kinetische Energie auf Sterne des Haufens übertragen oder von ihnen aufnehmen, so daß zusätzliche Brems- und Beschleunigungseffekte auftreten, deren statistische Zusammensetzung natürlich ein schwieriges Problem ist.

22. Aufgabe

Polytroper Aufbau der Erde. Masse M und Radius R der Erde sind bekannt (vgl. etwa §23b). Man gebe Druck p_0 und Dichte ϱ_0 im Erdmittelpunkt an unter Voraussetzung eines polytropen Aufbaus der Erde nach den Polytropenindices $n=\frac{3}{2}$ und $n=3$.

Lösung. Aus den Gln. (66) und (67) von § 23 entnehmen wir für $u=1$ die gesuchten Mittelpunktswerte. Nach Gl. (70a, b) ist für $n=\frac{3}{2}$

$$\xi = \frac{Z}{3\,|u'(Z)|} = 5{,}90$$

$$\eta = \tfrac{9}{5}\,(n+1)\,|u'(Z)|^2 = 0{,}191\,.$$

Für die Polytrope $n=3$ sind die entsprechenden Werte

$$\xi = 52{,}0 \quad \text{und} \quad \eta = 0{,}01286\,.$$

Für die Erde ist die mittlere Dichte

$$\bar{\varrho} = \frac{3M}{4\pi R^3} = 5{,}50 \text{ g/cm}^3$$

und die charakteristische Druckkonstante

$$W = \frac{9\Gamma M^2}{20\pi R^4} = 2{,}07 \cdot 10^{12} \text{ dyn/cm}^2\,.$$

Die letzte Konstante hat eine anschauliche Bedeutung, da die Dimension des Druckes (dyn/cm²) die gleiche ist wie diejenige einer Energiedichte (erg/cm³). Schreibt man

$$W = \left(\frac{3}{5}\,\frac{\Gamma M^2}{R}\right)\Big/\left(\frac{4\pi R^3}{3}\right),$$

so sieht man, daß W gleich der mittleren Gravitationsenergie der Volumeneinheit in einer Kugel konstanter Dichte ist. Nach Gl. (66) und (67) ist nun

$$\varrho_0 = \bar{\varrho}\,\xi\,; \qquad p_0 = \frac{W}{\eta}\,.$$

Mit den angegebenen Zahlenwerten erhält man daraus für die Erde die in der ersten und zweiten Zeile der folgenden Tabelle angegebenen Werte. In der dritten Zeile haben wir zum Vergleich die aus dem in

§ 23 b behandelten Modell gefundenen Zahlenwerte angegeben. Man sieht, daß die Konzentration der Materie zum Mittelpunkt hin bei den polytropen Modellen viel zu stark ist. Denn wir haben in § 23 gesehen, daß die Größe des Trägheitsmomentes J im Vergleich zu MR^2:

$$J = \alpha \cdot MR^2$$

den Wert $\alpha = 0{,}334$ ergeben muß. Berechnet man diesen Faktor aber für die polytropen Modelle nach der dimensionslos gemachten Formel

Erdmodell	ϱ_0 g/cm³	p_0 10^{12} dyn/cm²
Polytrope $n = 3$	286	161
Polytrope $n = \frac{3}{2}$	32,5	10,8
Kern-Mantel-Modell (§ 23 b)	12,3	3,75

$$\alpha = \frac{2}{3Z^2} \frac{\int_0^Z dz\, z^4 u^n}{\int_0^Z dz\, z^2 u^n}$$

mit Hilfe der Simpsonschen Regel, so erhält man für die Polytrope $n = \frac{3}{2}$ den zu kleinen Wert $\alpha = 0{,}241$. Für die Polytrope $n = 3$ würde sich ein noch kleineres α, entsprechend der noch stärkeren Konzentration der Materie zum Mittelpunkt hin ergeben.

Tabellenanhang

1. Tabelle der Exponentialfunktion und des Fehlerintegrals

x	x^2	e^{-x}	e^{-x^2}	$\Phi(x)$
0,00	0,0000	1,0000	1,0000	0,0000
0,05	0,0025	0,9512	0,9975	0,0564
0,10	0,0100	0,9048	0,9900	0,1125
0,15	0,0225	0,8607	0,9778	0,1680
0,20	0,0400	0,8187	0,9608	0,2227
0,25	0,0625	0,7788	0,9394	0,2763
0,30	0,0900	0,7408	0,9139	0,3286
0,35	0,1225	0,7047	0,8847	0,3794
0,40	0,1600	0,6703	0,8521	0,4284
0,45	0,2025	0,6376	0,8167	0,4755
0,50	0,2500	0,6065	0,7788	0,5205
0,55	0,3025	0,5769	0,7390	0,5633
0,60	0,3600	0,5488	0,6977	0,6039
0,65	0,4225	0,5220	0,6554	0,6420
0,70	0,4900	0,4966	0,6126	0,6778
0,75	0,5625	0,4724	0,5698	0,7112
0,80	0,6400	0,4493	0,5273	0,7421
0,85	0,7225	0,4274	0,4855	0,7707
0,90	0,8100	0,4066	0,4449	0,7969
0,95	0,9025	0,3867	0,4056	0,8209
1,00	1,0000	0,3679	0,3679	0,8427
1,05	1,1025	0,3499	0,3320	0,8624
1,10	1,2100	0,3329	0,2982	0,8802
1,15	1,3225	0,3166	0,2665	0,8961
1,20	1,4400	0,3012	0,2369	0,9103
1,25	1,5625	0,2865	0,2096	0,9229
1,30	1,6900	0,2725	0,18452	0,9340
1,35	1,8225	0,2592	0,16162	0,9438
1,40	1,9600	0,2466	0,14086	0,9523
1,45	2,1025	0,2346	0,12215	0,9597
1,50	2,2500	0,2231	0,10540	0,9661
1,55	2,4025	0,2122	0,09058	0,9716
1,60	2,5600	0,2019	0,07730	0,9763
1,65	2,7225	0,19205	0,06571	0,9804
1,70	2,8900	0,18268	0,05558	0,9838
1,75	3,0625	0,17377	0,04677	0,9867
1,80	3,2400	0,16530	0,03916	0,9891
1,85	3,4225	0,15724	0,03263	0,9911
1,90	3,6100	0,14957	0,02705	0,9928
1,95	3,8025	0,14227	0,02232	0,9942
2,00	4,0000	0,13534	0,01832	0,99532
2,1	4,41	0,12246	0,012155	0,99702
2,2	4,84	0,11080	0,007907	0,99814
2,3	5,29	0,10026	0,005042	0,99886
2,4	5,76	0,09072	0,003151	0,99931
2,5	6,25	0,08209	0,001930	0,99959

2. Tabelle der einfachsten Bessel-Funktionen

x	J_0	$J_{\frac{1}{2}}$	J_1	$J_{\frac{3}{2}}$	J_2
0,0	+ 1,000	+ 0,000	+ 0,000	+ 0,000	+ 0,000
0,1	+ 0,998	+ 0,252	+ 0,050	+ 0,008	+ 0,001
0,2	+ 0,990	+ 0,354	+ 0,100	+ 0,024	+ 0,005
0,3	+ 0,978	+ 0,440	+ 0,148	+ 0,045	+ 0,011
0,4	+ 0,960	+ 0,490	+ 0,196	+ 0,066	+ 0,020
0,5	+ 0,939	+ 0,540	+ 0,242	+ 0,092	+ 0,031
0,6	+ 0,912	+ 0,581	+ 0,287	+ 0,119	+ 0,044
0,7	+ 0,881	+ 0,614	+ 0,329	+ 0,148	+ 0,059
0,8	+ 0,846	+ 0,639	+ 0,369	+ 0,178	+ 0,076
0,9	+ 0,808	+ 0,658	+ 0,406	+ 0,209	+ 0,094
1,0	+ 0,765	+ 0,671	+ 0,440	+ 0,240	+ 0,115
1,1	+ 0,720	+ 0,678	+ 0,471	+ 0,271	+ 0,136
1,2	+ 0,671	+ 0,679	+ 0,498	+ 0,302	+ 0,159
1,3	+ 0,620	+ 0,675	+ 0,522	+ 0,332	+ 0,183
1,4	+ 0,567	+ 0,664	+ 0,542	+ 0,360	+ 0,208
1,5	+ 0,512	+ 0,650	+ 0,558	+ 0,387	+ 0,232
1,6	+ 0,455	+ 0,630	+ 0,570	+ 0,412	+ 0,257
1,7	+ 0,398	+ 0,606	+ 0,578	+ 0,436	+ 0,281
1,8	+ 0,340	+ 0,579	+ 0,582	+ 0,457	+ 0,306
1,9	+ 0,282	+ 0,547	+ 0,581	+ 0,475	+ 0,330
2,0	+ 0,224	+ 0,513	+ 0,577	+ 0,491	+ 0,353
2,1	+ 0,167	+ 0,475	+ 0,568	+ 0,504	+ 0,374
2,2	+ 0,110	+ 0,435	+ 0,556	+ 0,514	+ 0,395
2,3	+ 0,056	+ 0,392	+ 0,540	+ 0,521	+ 0,413
2,4	+ 0,003	+ 0,347	+ 0,520	+ 0,524	+ 0,430
2,5	− 0,048	+ 0,302	+ 0,497	+ 0,524	+ 0,446
2,6	− 0,097	+ 0,255	+ 0,471	+ 0,522	+ 0,459
2,7	− 0,142	+ 0,207	+ 0,442	+ 0,515	+ 0,469
2,8	− 0,185	+ 0,160	+ 0,410	+ 0,506	+ 0,478
2,9	− 0,224	+ 0,112	+ 0,375	+ 0,493	+ 0,483
3,0	− 0,260	+ 0,065	+ 0,339	+ 0,478	+ 0,486
3,5	− 0,380	− 0,150	+ 0,137	+ 0,357	+ 0,458
4,0	− 0,397	− 0,302	− 0,066	+ 0,185	+ 0,364
4,5	− 0,321	− 0,367	− 0,231	− 0,002	+ 0,218
5,0	− 0,178	− 0,342	− 0,328	− 0,170	+ 0,047
5,5	− 0,007	− 0,240	− 0,341	− 0,285	− 0,117
6,0	+ 0,151	− 0,091	− 0,277	− 0,328	− 0,243
6,5	+ 0,260	+ 0,067	− 0,154	− 0,295	− 0,307
7,0	+ 0,300	+ 0,198	− 0,005	− 0,199	− 0,301
7,5	+ 0,266	+ 0,273	+ 0,135	− 0,064	− 0,230
8,0	+ 0,172	+ 0,279	+ 0,235	+ 0,076	− 0,113
8,5	+ 0,042	+ 0,218	+ 0,273	+ 0,190	+ 0,022
9,0	− 0,090	+ 0,110	+ 0,245	+ 0,255	+ 0,144
9,5	− 0,194	− 0,019	+ 0,161	+ 0,256	+ 0,228
10,0	− 0,246	− 0,137	+ 0,044	+ 0,198	+ 0,255
10,5	− 0,237	− 0,217	− 0,079	+ 0,096	+ 0,222
11,0	− 0,171	− 0,241	− 0,177	− 0,023	+ 0,139
11,5	− 0,068	− 0,206	− 0,228	− 0,132	+ 0,028
12,0	+ 0,048	− 0,124	− 0,223	− 0,205	− 0,085
12,5	+ 0,147	− 0,015	− 0,166	− 0,226	− 0,174

3. Lösung der Polytropengleichung für $n = \frac{3}{2}$

z	$u(z)$	z	$u(z)$	z	$u(z)$	z	$u(z)$
0,0	1,0000	1,4	0,7166	2,8	0,2182	3,61	0,00900
0,2	0,9934	1,6	0,6448	3,0	0,1589	3,62	0,00693
0,4	0,9737	1,8	0,5707	3,2	0,10455	3,63	0,00486
0,6	0,9416	2,0	0,4959	3,3	0,07931	3,64	0,00281
0,8	0,8983	2,2	0,4221	3,4	0,05534	3,65	0,00076
1,0	0,8452	2,4	0,3505	3,5	0,03262	3,6537	0,00000
1,2	0,7840	2,6	0,2823	3,6	0,01109		

Sachverzeichnis